U0255755

星座全书

CONSTELLATIONS

星座全书

全天88星座及其他天体野外观测图鉴

[英] 贾尔斯·斯帕罗 / 著　董乐乐 / 译

北京联合出版公司
Beijing United Publishing Co.,Ltd.

目 录 | CONTENTS

我们生活的星球悬浮于茫茫宇宙之中，无论往哪个方向探寻上亿光年甚至上十亿光年，都看不到边际。举头仰望，我们看到日月星辰、气体尘埃云，以及遥远的星系，它们似乎毫无章法地散落在宇宙中。我们如何才能在庞杂无序的空间中理清头绪呢？数千年来，"星座"扮演了重要角色，为解决这个问题提供了很大帮助。

当今，国际通用的 88 个星座是从史前时代不断演化而来的：与金牛座相关的最早记录，出自法国拉斯科洞窟一幅 17000 年前绘制的壁画。早在 4000 多年前的古美索不达米亚时期，我们的祖先就编制出了人类历史上第一份星座表。

人类最先认识的，很可能是黄道十二星座——这 12 个星座被人类赋予了特殊的象征意义，因为太阳的周年视运动会经过这 12 个星座（地球公转时，从地球上看太阳，太阳在天球上、在众星间缓慢地移动着位置，方向与地球公转方向相同，即自西向东，也是一年移动一大圈，叫作太阳的周年视运动。太阳周年视运动在天球上的路径，就是黄道。——译者注）。黄道十二宫 "zodiac" 这个词，来源于希腊语，意思是"动物世界"，这 12 个星座中，除了天秤座，都是以动物名称命名的（天秤座曾经属于与之相邻的天蝎座）。由于各大行星的绕日轨道几乎在同一个平面上，因此常常可以在这 12 个星座内发现太阳系行星的身影。在公元前至少一千年，人们认为，黄道十二宫中的这些天体"游荡"到什么位置，与地球上发生的大事件有关，占星术由此诞生，且一直风靡至今。由于地球的自转轴会发生长周期变化，如今太阳在天空中的轨迹已无法与占星学概念的黄道十二宫相对应。

在不同的文化背景下，在不同历史阶段，世界各地发展出了各自的占星体系，其中的很多概念一直沿用至今。今天的天文学界，使用的是通用星座表。现行的国际通用星座表，源自希腊裔埃及天文学家、地理学家托勒密在亚历山大城编制的星座表。公元 150 年左右，托勒密将自己掌握的天文学知识集结成册，编撰了一部伟大的天文学经典著作——《至大论》（*Almagest*）。托勒密星座表中罗列了包含 12 星座在内的 48 个星座，其中大部分依然能从北纬地区和赤道上空辨认出来，托勒密的星座表一直沿用了大约 1400 年。

直到 16 世纪，欧洲的探险家们才带回有关南半球星空的信息。天文学家很快就把这些新发现融入了自己绘制的图表，与此同时也在不断完善北半球的星空图。继 17 世纪前后的荷兰航海家皮特·狄克松·凯泽和弗德里克·德·豪特曼踏出第一步之后，后来的航海家们再接再厉，帮助天文学家们在第一份南半球星图的基础之上添加了 12 个星座。在那之后，法国天文学家尼古拉·路易·德·拉卡伊继续扩大对南半球星空的探索，又添加了 14 个星座，并在 1763 年出版了自己绘制的星空图。

1922 年到 1930 年间，国际天文学联合会正式公布了 88 个星座，且将星座定义为天空中的区域，而非星体的集合。88 个星座组成完整的天球，天空中的所有天体分属于各个星座。

天文学家按照各种规制，将星体纳入各个星座。德国天文学家约翰·拜耳于 1603 年设计的命名体系，通常用希腊字母来表示最亮的星体。相对昏暗的星体通常采用的是"弗拉姆斯蒂德数"命名法（英国天文学家约翰·弗拉姆斯蒂德于 18 世纪初提出），不容易发现的星星和其他天体（通常统称为"深空天体"）遵循其他命名体系，以数字或字母标记。

"视星等"衡量的是星体的亮度——星体越亮，数字越小。星等体系起源于古希腊，到 19 世纪才正式成为天文学界通用的分级体系：按照现在的标准，星体之间的亮度相差一个星等，就表示星体之间的亮度相差 2.5 倍。最亮的星体，星等可以是负数；眼睛可以看到的最暗的星体，星等是 6.0。书中的星图用星体大小表示星体亮度——更多相关说明参见下一页。

这本书就像一份综合指南，可以帮助大家了解整个夜空中的各个星座。全书分为四个部分，四个部分合在一起，我们便可按图索骥游览完整的太空世界。"变幻的星空"主要包括两方面内容：一是地球所处的独特位置影响了人类对宇宙的认识；二是天文学家是如何制定出有序的天空坐标和星座系统的。"固定的星座"将带领我们游览国际天文学联合会正式确认的 88 个星座，向读者展示用肉眼、双筒望远镜或是入门级别的天文望远镜即可欣赏的奇观美景。"移动的行星"将对在太阳系中漫游的行星展开探索，正是这些星体在天空中的移动改变了星座的外观。"月度星图"详细列举了在地球围绕太阳公转的一年间，两个半球的星空变化。

星座是研究天文学最基本的工具，是将宇宙进行排序的重要方法。即便到了今天，区分天空中的星座样式、了解明亮的星体以及天空中的重要目标，仍然是天文爱好者探索宇宙需要具备的最基本的能力。读完本书，你就能了解星座，就能通过星座去认识整个宇宙。

为了衡量星体的明暗程度，天文学家创造出了"星等"的概念——星等的数值越小，星体的亮度越高，反之越暗。右上方图示展示的是星体的等级及对应的图标，大家可以在研究"固定的星座"一章中的大型星座图时加以参考（在"变幻的星空"和"月度星图"中，为方便起见，将图标缩小了一些）。

在"固定的星座"一章的星座图中，"深空天体"也是用代表低亮度星体的符号表示的。星图上的这些星体，用肉眼就能在夜空中看到，而大部分深空天体需要借助双筒望远镜或小型天文望远镜才能观测到。

深空天体							
球状星团	行星状星云	疏散星团	弥漫星云	旋涡星系	椭圆星系	不规则星系	其他有价值的目标

希腊字母

各个星座中，最亮星用"拜耳字母"，即下面的希腊字母表示。但是这个命名系统并不完美，由于历史原因，很多字母用错了。肉眼可见的暗淡星体通常用"弗拉姆斯蒂德数"表示，该命名法的数字排序与星体在星座中的位置有关。

α 阿尔法 alpha	ι 约 (yāo) 塔 iota	ρ 柔 rho
β 贝塔 beta	κ 卡帕 kappa	σ 西格马 sigma
γ 伽玛 gamma	λ 拉姆达 lambda	τ 陶 tau
δ 得尔塔 delta	μ 谬 mu	υ 宇普西龙 upsilon
ε 艾普西隆 epsilon	ν 纽 nu	φ 斐 Phi
ζ 泽塔 zeta	ξ 克西 xi	χ 希 chi
η 伊塔 eta	ο 奥米克戎 omicron	ψ 普西 psi
θ 西塔 theta	π 派 pi	ω 奥米伽 omega

相对明亮的
底色表示银河

按照惯例
以线条勾勒出
星座的样式

以"弗拉姆斯
蒂德数"命名
相对较暗的星体

除去以"拜耳字母"
和"弗拉姆斯蒂德数"
命名的星体之外，
其他有价值目标以
英语字母命名，如变星

NGC 2359

NGC 2360

θ

μ

γ

ι

SIRIUS 天狼星

α

ν₃

ν₂

MIRZAM
军市一

β

M41

NGC 2207

π

15

ξ₂

ξ₁

NGC
2362

29

NGC
2354

O₂

O₁

VY

τ

δ

CANIS MAJOR
大犬座

27

ω

σ

ADHARA 弧矢七

η

ε

ζ

κ

λ

国际天文学联合会
定义的星座边界

亮星用希腊字母，
即"拜耳字母"表示

网格线表示
赤道坐标系

深空天体及其
对应的序号名称

相邻星座的
边界

变幻的星空

站在地球上任意角落看宇宙，
球自转和绕日公转的影响。这
相互作用，从而创造出我们所
介绍了星座的大致样式，以及

太空中的地球

我们在宇宙中的位置

在古代，天文学家认为：地球是宇宙的中心；太阳、月亮、行星，以及包括其他星星在内的所有天体，都是围绕地球运行的，而地球本身在太空中的位置是不变的。乍看之下，这似乎是显而易见的事实，可是真实的宇宙全然不是如此。

古人思维中的宇宙模型，大多是在宗教的基础上发展形成的，但是出自古希腊的人类历史上第一套宇宙学理论，却是为了解释天空中观测到的天体样式和运行周期。这期间取得的最大成果是，那些天文学家认为，地球处于宇宙中心静止不动，太阳、月亮、行星和恒星都围绕着地球旋转。公元 150 年左右，古希腊天文学家托勒密提出了以地球为中心的宇宙模型，简称"地心说"，被人们广为信奉，在那之后的一千年，没有人对该理论提出过任何质疑。

直到 1543 年，波兰神父尼古拉斯·哥白尼在自己的著作《天体运行论》中提出了"日心说"，并列举了一系列的证据加以佐证，他认为地球和其他行星都在围绕太阳运行。到了 1610 年左右，通过约翰内斯·开普勒的理论推导，以及伽利略·伽利雷的早期望远镜观测，进一步验证了"日心说"的正确性，人类延续了千年之久的宇宙观自此发生改变。开普勒还意识到，如果行星的运行轨道不是正圆形而是椭圆形，那么"日心说"理论中存在的问题就可以得到解决。

当我们认识到，天上的繁星点点，其实都像太阳一样，无比巨大且发着耀眼的光，只是由于距离太过遥远，才显得那么微小，那么在脑海中，地球的体量会进一步缩小。十九世纪，人类发明了更大型的天文望远镜，天文学家开始绘制银河星图。时至今日，我们已经知道，太阳只是无数繁星中再平凡不过的一颗恒星，即便是银河系，也只是宇宙无数星系中的普通一员。

在无限广阔的宇宙中，就算以光速穿梭，也可以自由驰骋。这也意味着，天文学是一门主要通过观测进行研究的科学。天文学家不可能亲自到每颗星体上开展科学研究，甚至连近距离观测都无法实现，但是通过分析星体发出的光线，他们依然能发现很多隐藏在宇宙中的秘密。天文学家们的不断钻研，让我们认识到星体的生命周期要以十亿年计，同时他们带我们领略恒星诞生的壮美，以及星体死亡之后遗留的非凡残迹。天文学家们还为我们揭示了很多谜团，例如美丽的星系如何保持自己的结构，恒星系统和行星的形成过程，甚至提供了宇宙的诞生和未来命运的线索。

为了抓住宇宙的本质，我们一定要了解，地球所处的位置影响了我们对更广阔宇宙的认识，也要明白具体是如何影响的。

观天

无论站在地球上的哪个位置，我们看到的都是半个天空，其余部分被我们脚下的地球遮住了。至于我们看到的是天空的哪个区域，则取决于两个条件，一是我们在地球上的位置，二是地球在太空中的位置（参见第 16 页）。

图中展示的是，身处不同地区——地球北极、中纬度地区和赤道地区——的观测者看到的天空。由于地球的自转，身处中纬度地区和赤道地区的观测者，在一天之内看到的天空实际上是整个天空的不同部分。

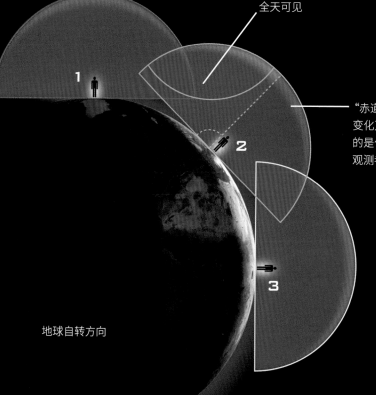

1 极地观测者
这位身处地球北极的观测者，每天看到的是相同的天空半球日复一日地绕着头顶上方的北极点旋转。

"拱极星"
全天可见

2 中纬度地区
站在中纬度地区观测，随着地球的自转，每天在不同时间会看到整个天空的不同部分。头顶的繁星有升有落，但是一直能看到"拱极星"。

"赤道星"在一天之内变化万千，具体看到的是什么星，取决于观测者目视的方向。

3 赤道地区观测者
站在赤道上观测，天球两极位于地平线的两端，随着地球的自转，任何时候看到的天空都是不一样的。

地球自转方向

季节
地球的时间轴

由于地球自转轴与太阳系黄道面之间的夹角并非直角，因此一年有四季之分。不同的季节，日夜长短有别，看到的天空也不相同。不断变化的天空以及天球两极的指向，周期也受自转轴倾角的影响，变得更长。

地球一边围绕太阳公转一边自转，自转轴倾角大约是 23.5 度。地轴始终指向一个方向，因此两个半球接受的光照永远不一样（参见对页）。

六月份时，北半球处于"夏至"，太阳出现的时间长，太阳高度角大。与此同时，南半球白天的时间短于夜间，太阳在天空中的位置看起来更低，太阳发出的热对南半球的影响减弱。六个月之后，北半球迎来"冬至"，南半球的状况与六个月前正好相反。冬至和夏至之间的三月和九月，南北半球接收的光照相当，分别处于春分和秋分时节。

午夜的太阳

季节变化对高纬度地区的影响最大（地球赤道附近的热带地区，一年四季接受的光照几乎没什么变化）。北极圈和南极圈内（北纬 66.5 度线以北，南纬 66.5 度线以南），冬至期间完全见不到太阳，夏至期间太阳不会落入地平线——在午夜也能看到太阳。南极点和北极点更极端，夏天连续六个月日不落，冬天连续六个月看不见日出。

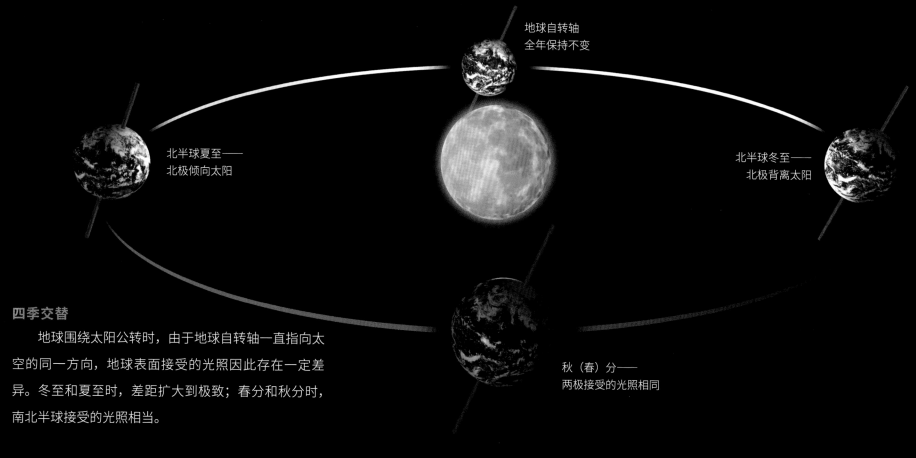

地球自转轴
全年保持不变

北半球夏至——
北极倾向太阳

北半球冬至——
北极背离太阳

秋（春）分——
两极接受的光照相同

四季交替

　　地球围绕太阳公转时，由于地球自转轴一直指向太空的同一方向，地球表面接受的光照因此存在一定差异。冬至和夏至时，差距扩大到极致；春分和秋分时，南北半球接受的光照相当。

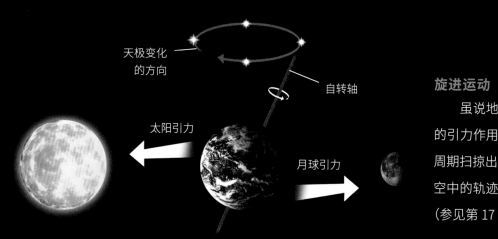

天极变化
的方向

自转轴

太阳引力

月球引力

旋进运动

　　虽说地球的自转轴长年指向同一方向，但是由于太阳和月亮对地球赤道地区的引力作用，导致地球自转轴逐渐偏移，追踪它摇摆的顶部，以大约 25800 年的周期扫掠出一个圆锥。自转轴周期性的偏移，就形成了所谓的"岁差"，天极在天空中的轨迹以及昼夜平分点时太阳的位置缓慢西移。长年累月，导致赤道坐标系（参见第 17 页）中，天极的方向以及星体的位置渐渐发生了变化。

天球

一个与地球同心的假想球体

宇宙的本质究竟是什么，说法不一。我们可以将宇宙想象成一个与地球同心的透明球体，繁星和其他天体分布其间，且有固定的位置，继而以这个简单的模型为基础，制定天文测量体系，绘制星图。

天球是一个虚构的概念，将复杂的三维宇宙简化成一个拟地球式的球体。天球概念刻意忽略了地球以一天为周期的自转运动，以及以一年为周期的公转运动（参见第 15 页），该宇宙模型重新回归到了"地球不动"的古代观点，假设天球上的繁星每天围绕地球运行，太阳和其他行星在天球上的运行速度比其他天体更慢。

如右图所示，天球以贯穿天极的轴为中心旋转（天极指的是地球南北两极对应的天球极点），天赤道将天球分为两个半球。太阳每年在天空中移动一圈，它的移动路线被称为黄道，黄道与天赤道相交于两点，即春分点和秋分点。

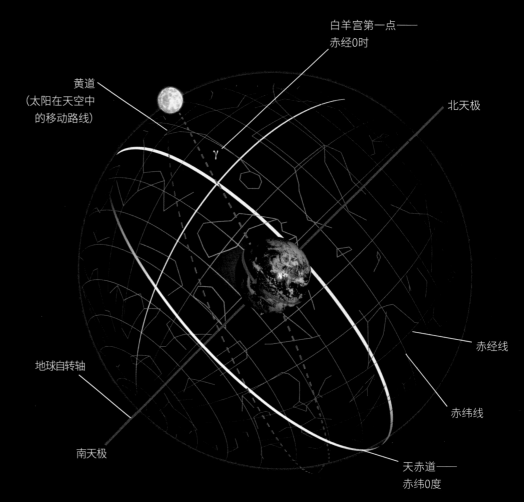

黄道
（太阳在天空中
的移动路线）

白羊宫第一点——
赤经0时

北天极

γ

赤经线

赤纬线

地球自转轴

南天极

天赤道——
赤纬0度

天球上的星体

这张图中，为了更清晰地展示天球的结构，隐藏了近侧星体。天球两极与地球两极在同一直线上，天赤道与地球赤道在同一平面，天球的赤纬线与天赤道平行，赤经线 (R.A.) 连接两个南北天极。黄道（假设地球不动，太阳运行的轨道）与天赤道之间存在一定夹角，黄道与天赤道有两个交点。太阳进入北半球天界的点即春分点，也就是白羊宫第一点（以符号表示）。这一点的坐标是：赤经 0 时，赤纬 0 度。

坐标系

　　和地球上定位的位置一样，要有固定的参照体系，才能测定天体在天空中的位置。以观察者看到的地平线为基础，制定水平坐标系，是给天体定位的最简单的方法。地球每天自转一周，也就是说，在特定的地点和时间，对应的水平坐标是特定的。在实践中，测定天体位置时，相较于水平坐标，"赤道坐标"更实用。

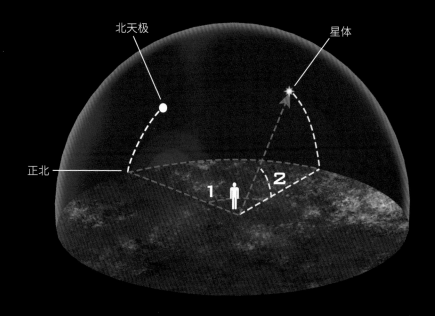

北天极

星体

正北

1

2

◀ **水平坐标**

　　测定一颗星体（或任意物体）的位置，要先判断它与水平面的夹角（高度角），以及指北方向线依顺时针方向到目标方向线的水平夹角（方位角）。如果观察者在地球上的位置或观测时间发生变化，星体的水平坐标也会随之改变。

1 方位角（正北起，顺时针方向夹角）

2 高度角（与水平面夹角）

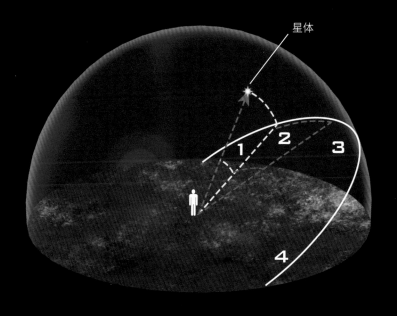

星体

1　2　3

4

◀ **赤道坐标**

　　赤道坐标系中，用赤纬（天赤道以南或以北的纬度）和赤经（以时、分、秒为单位，将白羊宫第一点定义为赤经0时）来描述恒星的位置。

1 赤纬（与天赤道的夹角）

2 赤经（白羊宫第一点以东的角度）

3 白羊宫第一点

4 天赤道

星座定义

天空中的图案

起初，人们认为星座只是天空中由最亮的星体组合而成的简单图形。随着新技术的发展，很多新天体被发现，对星座的定义不得不随之发生改变。

如果说星座只是简单地将明亮的星体用线连起来，这个定义明显存在问题。如果星座的图形以及其中包含的星体没有得到广泛认可，怎么办？图形之外的邻近星体到底算不算星座的一部分？后续发现的星体怎么处置？天文仪器越来越先进，发现的星体肯定会越来越多，情况会越来越复杂，如果要给所有星体都赋予独特的名字，太不切实际。1603年，德国天文学家约翰·拜耳提出了一套命名方案，将希腊字母（一般与星体亮度相对应）和星座的拉丁文所有格相结合，归纳了一份星表。大犬座的最亮星天狼星，因此就变成了大犬座 α 星。后来收录星体时，人们也试图根据亮度或位置给星体编号，但是任何方案都不是十全十美的，因此，实际为天体命名时，并没有遵循单一的方案。

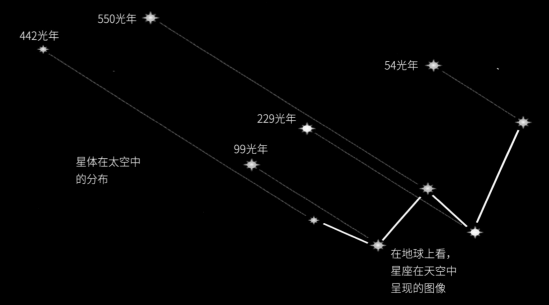

星体在太空中的分布

在地球上看，星座在天空中呈现的图像

视觉差异

由星体组成的星座图案，通常只是视距效应的结果。在星座中，星体看似排列在一起，实际上与地球的距离各不相同，差距极大。比如，仙后座"W"形图案上的五颗亮星，实际上分别距离地球 442 光年、99 光年、550 光年、229 光年和 54 光年（从东至西）。

观测者从地球上观测到的星体亮度，被称为"视星等"。视星等取决于星体的真实亮度及星体与观测者的距离（目视亮度与距离平方成反比）。换句话说，如果两颗视星等相同的星体，分别距离地球 10 光年和 20 光年，那么远处星体的亮度实际上是近处星体的 4 倍。

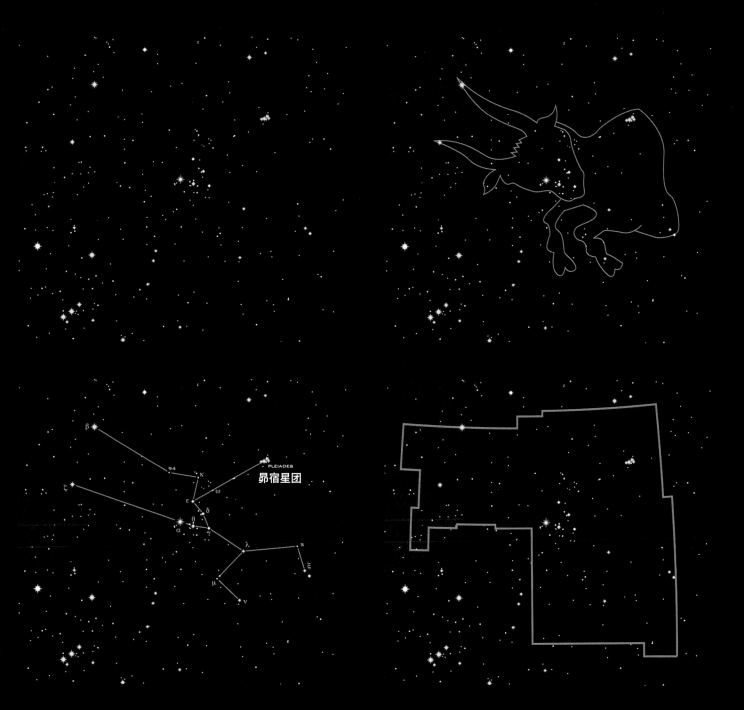

PLEIADES

昴宿星团

（右上图）金牛座是天空中最容易辨认的星座图形之一，星座中的恒星排列成一头牛的形状，周围分布着很多星团。

（左下图）星座的传统定义是"恒星组成的图形"，将亮星用线连起来，并以希腊字母或数字为这些亮星命名。

（右下图）但是，国际天文学联合会将星座定义为天球上的一个区域，区域内的一切天体都归属于该星座。

天体

行星、恒星、星云和星系

透过望远镜观测天空，能看到各种各样的天体，既能看到或固态或气态的行星、正在熊熊燃烧的恒星，还能看到稀薄的星云，以及恒星表面缓慢流转的云层和螺旋结构。

看向夜空，我们首先会注意到发光的恒星，如果仔细观察，哪怕只是用肉眼看，也能很快发现其中的很多差异。恒星看起来像点点灯光，行星则看起来像一个个小小的光盘。行星本身不发光，是反射其所在恒星系中的恒星发出的光。行星是宇宙天体中相对较小的星体，恒星形成之后，会有很多残留物质围绕恒星运行，行星就诞生于此。

恒星是明亮的气态球体，不仅巨大，而且会发光，由核聚变提供能量，将星核内的轻元素转变成重元素。恒星的颜色反映了它的表面温度——温度相对较低的恒星看起来是红色的，温度相对较高的看起来则是蓝色。我们头顶黄白色的太阳是一颗相当普通的恒星，表面温度约为5500 摄氏度（9900 华氏度）。恒星的亮度也大不相同——红矮星亮度比太阳弱 10000 倍，最亮的巨型恒星（通常呈蓝色或红色）亮度则能达到太阳的 100000 倍。恒星的寿命与它的质量有关，有的能在宇宙中存在数十亿年，有的生命周期仅仅只有几百万年。恒星死亡时，外层气体会逸散到

太空中形成"行星状星云"，或者在壮观的超新星爆炸中灰飞烟灭。恒星死亡后，可能化作低质量的"白矮星"，也可能变成大质量的中子星或巨大的黑洞。

恒星在星云中诞生，星云是恒星之间由气体和尘埃颗粒组成的无比巨大的云团。星云通常无法被观测到，只有当背后有明亮的背景时，才能映衬出星云昏暗的轮廓。当某些东西 ——也许是超新星爆炸产生的冲击波，也许是来自一颗路过的星体的潮汐力，也许是星系的旋转——触发星云崩塌，星云的稳定结构就会遭到破坏，分离之后迅速凝结成原恒星，当原恒星的温度和密度达到一定程度，触发核聚变，就会发光。在原恒星密集的星团中，年轻的恒星破茧而出，散发的强烈辐射通过周围气体的折射或使其发光，于是就形成了美丽的反射星云和发射星云。

从宏观的角度来讲，星系群就是一大批恒星聚集在一起形成的星系团和超星系团。复杂而美丽的螺旋星系，以及混沌却明亮的不规则星系中，形成恒星的物质非常丰富，因此耀眼、质量巨大却短命的年轻恒星在其中占据主导地位。相较之下，椭圆形的星系缺乏形成恒星的物质，因此寿命更长久的红黄色恒星在其中占据主导地位。

宇宙奇观

（左上图）木星是太阳系中最大的行星——即使用最低倍的望远镜观测，也能看到木星周围因激烈天气造成的明暗交错的云带。

（右上图）在位于船底座的NGC 3603星云中，发出耀眼光芒的大质量恒星占据主导地位，这些星体往往被孕育它们的星云包围。

（左下图）在人马座的三叶星云中，既有昏暗的尘埃道，也有粉红色的气体区，还有蓝色的反射区。

（右下图）以Arp 273为例，这是一对相互作用的旋涡星系，由于距离太遥远，几乎无法辨认其中的个体。然而，我们可以通过其中最明亮的星云和星团发出的光，勾勒出星系的结构。

绘制星图

拱极星空

即将看到的一系列星图，描绘的是在天球这个广泛领域内的星座。出于实用性考虑，将天球划分成了六个部分——南北天极的拱极星空，以及由天赤道和指定赤经线分割成的四个象限。本页中的星图展示的是南天、北天拱极星空。

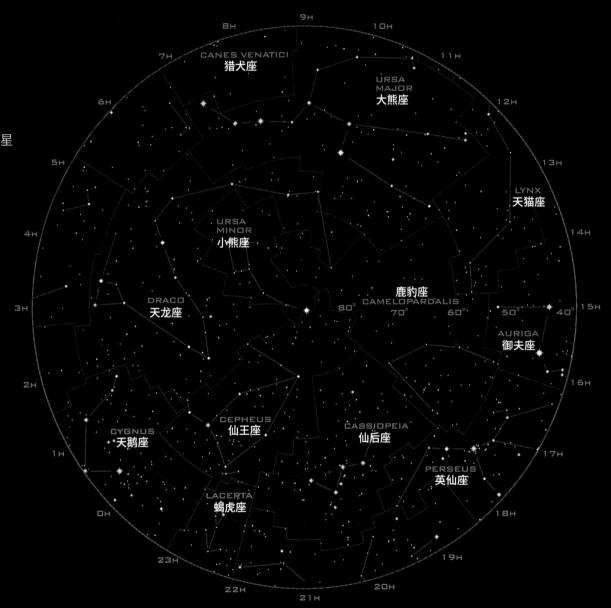

北天拱极星空包括著名的大熊座和仙后座，以及星光相对暗淡的仙王座和鹿豹座。北天极极点是北极星，北极星属于小熊座（星图正中心）。

北天拱极星空

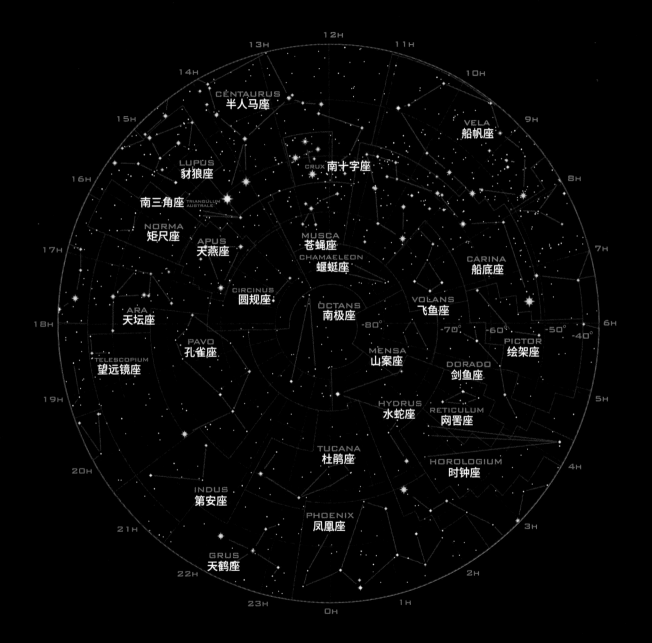

VELA
船帆座

CENTAURUS
半人马座

CRUX 南十字座

LUPUS
豺狼座

南三角座 TRIANGULUM
AUSTRALE

NORMA
矩尺座

APUS
天燕座

MUSCA
苍蝇座

CHAMAELEON
蝘蜓座

CARINA
船底座

CIRCINUS
圆规座

OCTANS
南极座

VOLANS
飞鱼座

ARA
天坛座

PICTOR
绘架座

PAVO
孔雀座

MENSA
山案座

DORADO
剑鱼座

TELESCOPIUM
望远镜座

HYDRUS
水蛇座

RETICULUM
网罟座

TUCANA
杜鹃座

HOROLOGIUM
时钟座

INDUS
第安座

PHOENIX
凤凰座

GRUS
天鹤座

-80° -70° -60° -50° -40°

12H 13H 14H 15H 16H 17H 18H 19H 20H 21H 22H 23H 0H 1H 2H 3H 4H 5H 6H 7H 8H 9H 10H 11H

南天拱极星空

散布在南天拱极星空的星座轮廓都比较模糊，比如水蛇座、孔雀座和飞鱼座。南天极点在南极座范围内，附近没有可以作为标志的耀眼恒星。不过，在极点30度之外，有一圈相对明亮的恒星。

赤道星空 1

这两张星图展示的是以赤经 18 时和赤经 12 时（参见第 16 页）为中线的天赤道区星空。这片天空中的星体，在南、北两个半球的中纬度地区都能观测到，只是观测到的季节和具体时间不同。六月间，赤经 18 时附近的恒星，在当地时间下午六点左右升起；三月间，赤经 12 时附近的恒星，在当地时间下午六点左右升起。

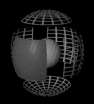

赤经 18 时附近的恒星在北半球夏天（南半球冬天）的夜晚十分常见。这些恒星散布在明亮宽阔的银河带，从北边的天鹅座、天琴座，穿过蛇夫座和巨蛇座，直到南边的人马座和天蝎座。

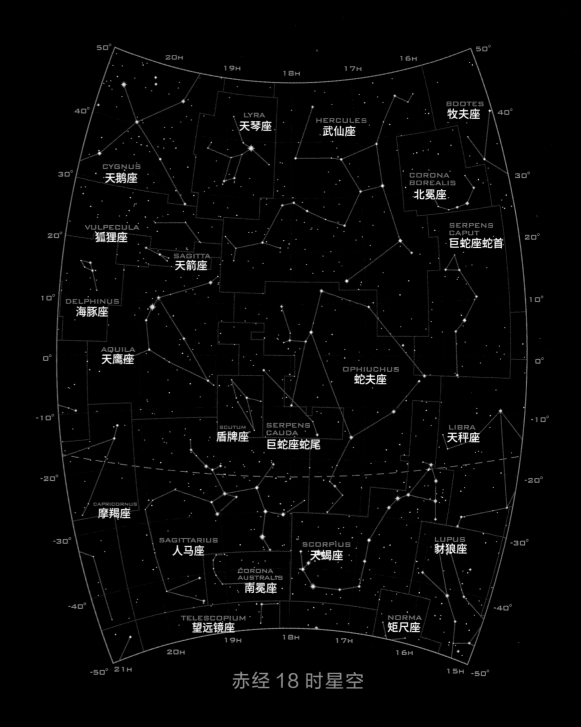

赤经 18 时星空

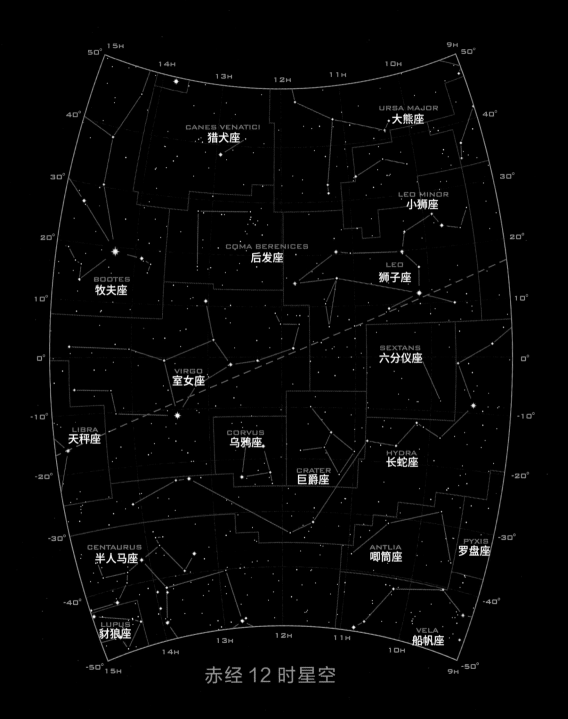

CANES VENATICI
猎犬座

URSA MAJOR
大熊座

LEO MINOR
小狮座

CQMA BERENICES
后发座

LEO
狮子座

BOOTES
牧夫座

SEXTANS
六分仪座

VIRGO
室女座

LIBRA
天秤座

CORVUS
乌鸦座

HYDRA
长蛇座

CRATER
巨爵座

CENTAURUS
半人马座

ANTLIA
唧筒座

PYXIS
罗盘座

LUPUS
豺狼座

VELA
船帆座

赤经 12 时星空

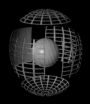

在北半球春天和南半球秋天的夜空中，赤经 12 时周围的恒星是最主要的星体。在这片天空，我们能十分容易地辨认出巨大的狮子座，还能看到两颗耀眼的恒星——牧夫座的大角星和室女座的角宿一，除此之外，还有巨大却暗淡的长蛇座，以及上游的半人马座。

赤道星空 2

这两张星图展现的是天赤道附近以赤经 6 时和赤经 0 时为中线的星空。这两个区域的恒星在南北半球中纬度地区可以观测到，只是观测到的时期不同。十二月间，赤经 6 时周围的恒星在当地时间下午六时左右升起；九月间，赤经 0 时周围的恒星在下午六时左右升起。

在北半球冬天和南半球夏天的夜空中，赤经 6 时附近的星座显得尤其突出，其中包括猎户座中的几颗亮星及其他星体、天赤道附近的大犬座和小犬座、猎户座以北的金牛座、双子座和御夫座。猎户座南边的长河是波江座，再往南是船尾座和船帆座的亮星。

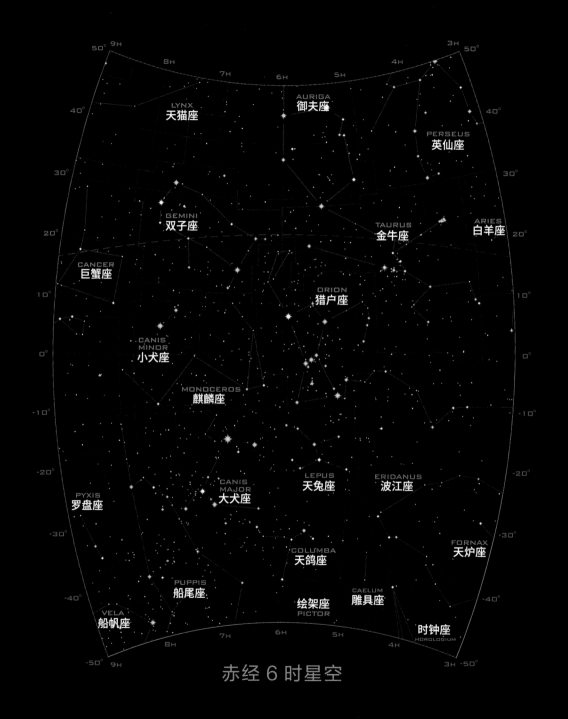

赤经 6 时星空

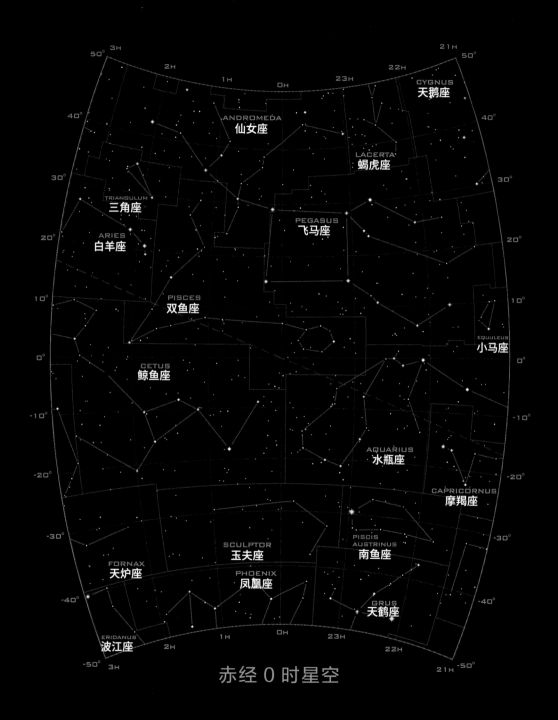

赤经 0 时星空

　　在北半球春天和南半球秋天的夜空中，最常见到的就是赤经 0 时周围的星座。我们抬头就能在北部天空看到飞马座亮星组成的四边形，它的周围是仙女座、三角座和双鱼座，在天赤道附近还有鲸鱼座和摩羯座。这片天空南部的星座普遍暗淡，因此显得南鱼座的亮星北落师门尤为突出。

27

固定的星座

88 个星座将整个天球分成多个区域，这样一来，面对点点繁星，我们就不会觉得无从下手。星座概念早在公元前就已经形成，具体从何而来，早已被历史长河冲刷得无迹可循。现在通行的星座概念源自 18 世纪的启蒙运动时期，在那之后陆续发现星座内的各种天体，人们对星座的认识变得越来越清晰。这一章中的星座，大致按照从南到北的顺序出场。

小熊座

小熊

　　小熊座是天空最北端的星座，其中的最亮星是北极星，小熊座也因为这颗耀眼的明星变得广为人知。北极星与极点只有半度之差，从地球上看，它在天空中的位置几乎保持不变。

　　小熊座有七颗中等亮度的星体，由此组成的图形看起来和附近更亮更大的大熊座很像，大熊座又称北斗七星或大北斗（参见第 44 页）。或许正因为二者看起来这么像，小熊座才因此得名，尽管有的人认为，小熊座看起来更像猎犬或巨龙展开的翅膀。小熊座中的最亮星是北极星（小熊座 α），北极星的星等是 2.0，距离地球 430 光年。北极星是少数几颗有记载的被古人注意到一直在发生变化的星体。现在的北极星看起来比古时候亮得多，是一颗脉动变星——体积和亮度会发生变化。

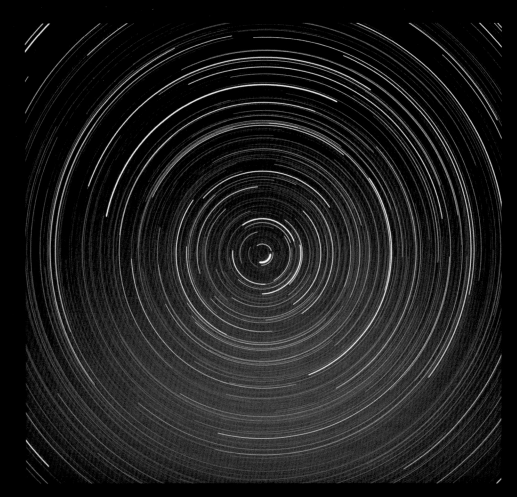

天极星迹　这是一张长曝光照片，拍摄的是北天极周围的天空，照片中的旋转效果是因为曝光时间长达一小时。由于地球在自转，天上的所有星星都变成了光弧，北极星也不例外，只是越靠近天极，弧长越短。

	赤经	赤纬	类型	星等	距离
小熊座α	02时31分	+89°15′	双星	2.0	430光年
小熊座γ	15时20分	+71°50′	变星	c.3.1 (变)	540光年
小熊座η	16时18分	+75°45′	目视双星	5.0,5.5	97650光年

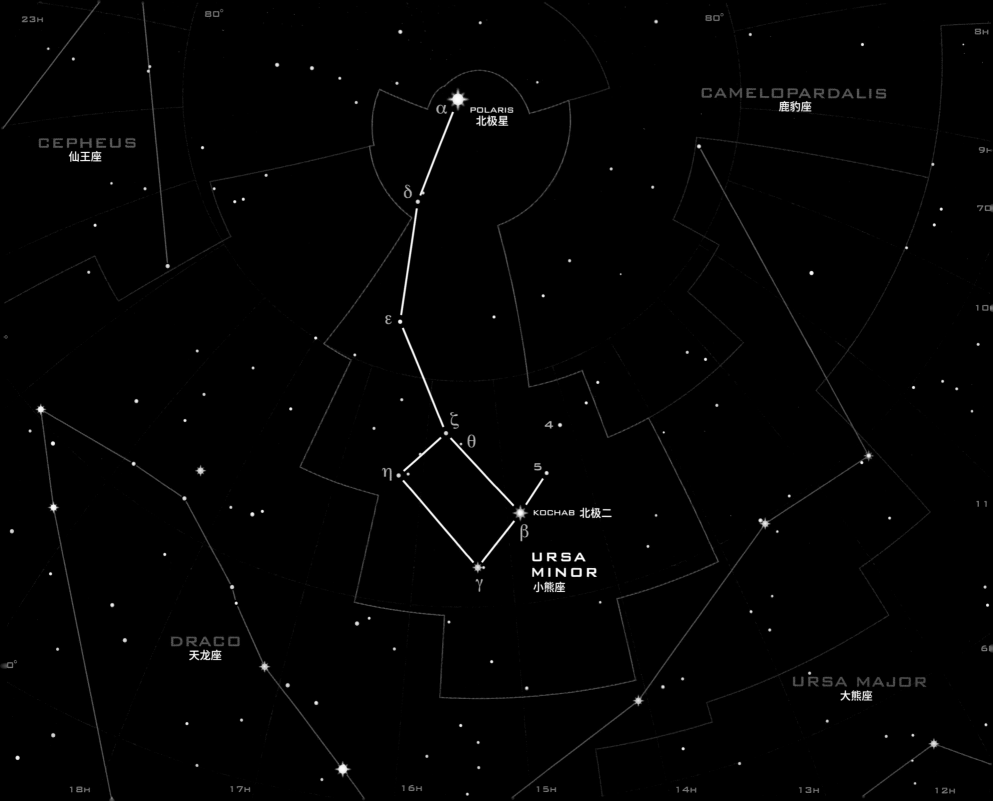

天龙座

龙

天龙座蜿蜒曲折，看起来就像盘旋在北天极空中的飞龙，环绕着小熊座。天龙座虽然面积不小，但是由于缺少深空天体和亮星，所以并不显眼。

在神话传说中，天龙德科拉负责守护金苹果园里的金苹果，他被伟大的英雄赫拉克勒斯打败，因为赫拉克勒斯的十二任务中有一项就是摘取金苹果。如今，我们依然能在天空中看到赫拉克勒斯屈膝在龙头前，手举武器做击杀状。

天龙座的最亮星是天棓四，又名天龙座 γ，这颗橙黄色的巨星距离地球 150 光年，星等是 2.2。目前，天棓四正以每秒 28 千米的速度接近地球，再过 150 万年，它与地球之间的距离会达到最近——与地球相隔仅 28 光年，到那时，天棓四将会是我们能看到的天空中最亮的恒星。星等为 3.6 的天龙座 α 星，又名右枢，它实际上是一对紧密的双星，受旋进运动（参见第 15 页）的影响，它曾于公元前2800 年位居极点。

猫眼星云　天龙座中最著名的天体是行星状星云 NGC 6543，又称猫眼星云。猫眼星云距离地球3600 光年，通过小倍数望远镜观测它时，我们只能看到一团微弱的光。实际上，猫眼星云是一颗垂死的恒星喷发出的耀眼的气体。这张哈勃望远镜拍摄的图片显示了猫眼星云错综复杂的螺旋结构——位于星云中间的恒星吹出恒星风，这些新近逃离出来的物质正在"追赶"好几百年前扩散出去的物质。

	赤经	赤纬	类型	星等	距离
天龙座α	14时04分	+64°22′	双星	3.6	310光年
天龙座η	17时05分	+54°28′	双星	4.9	90光年
天龙座39	18时24分	+58°48′	聚星	5.0	190光年
NGC 6543	17时58分	+66°38′	行星状星云	8.1	3600光年

仙王座

埃塞俄比亚国王

仙王座位于北天极附近，其中几颗亮星组成的图案看起来像小孩子画的房子。由于仙王座周围的邻居太耀眼，不留心观察的话，人们很容易忽略它。尽管如此，位于银河北端的仙王座中蕴藏着不少没得到大家重视的宝藏。

仙王座得名于埃塞俄比亚国王柯普斯，在和英仙座有关的传说中，柯普斯是卡西奥佩亚（即仙后座）的丈夫、公主安德罗墨达（即仙女座）的父亲（参见第 74 页）。仙王座中的变星在其中占据主导地位，在主体框架上已经找到至少三颗脉动变星。仙王座 β（上卫增一）是仙王座的最亮星，这颗蓝白巨星距离地球约 595 光年，每隔 4.6 小时，亮度变化 0.1 等。由于变化不是很明显，不用特殊设备很难观察到这细微的差别。仙王座 δ（造父一）的星等在 3.5 和 4.4 之间变化，光变周期是 5.37 天，相比之下变化幅度较大。如果以旁边的恒星作为参照，很容易发现仙王座 δ 亮度的变化。天文学家常以造父变星为标准测定其他星系的距离。

石榴石星　仙王座 μ 星是天空中最著名的恒星之一，天文学家威廉·赫歇尔根据它的颜色，将其命名为石榴石星。石榴石星是一颗红超巨星，星等是 4.0，距离地球 5000 光年，散发出的能量是太阳的 350000 倍。它的亮度变化目前还没发现规律，周围是著名的猫眼星云。

	赤经	赤纬	类型	星等	距离
仙王座β	21时29分	+70°34′	变星	3.15-3.2	595光年
仙王座δ	22时29分	+58°25′	变星	3.5-4.4	890光年
仙王座M	21时44分	+58°47′	变星	3.6-5.0	5000光年
仙王座o	23时18分	+68°07′	双星	4.9/7.1	211光年

鹿豹座

长颈鹿

鹿豹座在天空中占据的面积很大，它是北天星座中后期加入的成员，据说形状像长颈鹿，实际上由于星光过于暗淡，很难分辨出具体的图形。

荷兰天文学家和神学家彼得勒斯·普朗修斯在 1600 年左右将鹿豹座引入天体图。《旧约》中说，丽贝卡骑着骆驼进入她和伊萨卡的婚礼现场，普朗修斯本打算说这个星座像骆驼，结果用拉丁语说这个词的时候说错了，误说成了"长颈鹿"。人们以讹传讹，这个名字就定了下来，中文译为鹿豹座。

鹿豹座中最主要的天体是两颗无规律的变星——鹿豹座 β 和鹿豹座 Z。鹿豹座 β 是一颗黄色超巨星，星等为 4.0，会突然变亮：1967 年，它的亮度突然提升了一等，不过只持续了几分钟。鹿豹座 Z 是矮新星——双星系统，星等通常为 13，由于其中一颗星体的大气层发生大规模爆炸，每隔几周，它的亮度会提升两个等级。

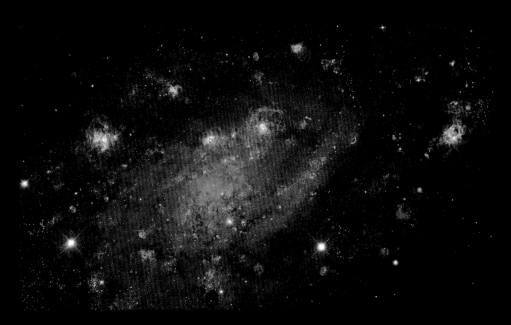

NGC 2403 星系　鹿豹座最亮的星系，距离地球 1200 万光年，星等为 8.4。由于这个星系的延展面几乎正对着地球，所以我们在夜晚用双筒望远镜或低倍天文望远镜就能观测到它。NGC 2403 和梅西耶 81、梅西耶 82 同属于一个位于大熊座和鹿豹座交界处的小星系群。（参见第 44 页）

	赤经	赤纬	类型	星等	距离
鹿豹座β	05时03分	+60°27′	聚星	4	1000光年
鹿豹座ζ	08时25分	+73°07′	矮新星	10.0-14.5	530光年
NGC 1502	04时08分	+62°20′	疏散星团	6.9	3100光年
NGC 2403	07时37分	+65°36′	螺旋星云	8.4	1200万光年

仙后座

埃塞俄比亚王后

这个独特的 W 形星座位于远北天空，与北斗七星遥相呼应，将北天极围在中心。仙后座的西名是卡西奥佩亚（Cassiopeia），同样得名于英仙座传说，卡西奥佩亚是埃塞俄比亚国王柯普斯（仙王座）的妻子、安德罗墨达公主（仙女座）的母亲。

在北半球夏天的夜晚，仙后座会出现在头顶正上方的天空。这个位于银河最北端的星座，星光最耀眼，其中包括疏散星团 M52、M103 和 NGC 457 在内的深空天体，以及超新星残骸仙后座 A。

仙后座 α，又名王良四，是一颗橘巨星，距离地球 230 光年，亮度是太阳的 500 倍。19 世纪的天文学家认为，仙后座 α 是一颗变星，但是如今它的亮度一直保持在 2.25 等。仙后座 ι，属于聚星，如果你用小型天文望远镜观测，能看到一颗星等为 4.5 的主星和一颗星等为 8.4 的伴星，通过大型设备则能进一步分辨出一颗 6.9 等的星体。

仙后座 A 它是一个正在扩散的超高温气泡，几乎探测不到任何波段的光波。但是由于它辐射出非常强烈的 X 射线和无线电波，天文学家终于探测到了这次在银河系发生的超新星爆炸的残骸——300 年前，一颗距离地球 11000 光年的大质量恒星死亡之后，变成了这颗超新星，虽然那时候就能在地球上观测到，但是没有人注意到。

	赤经	赤纬	类型	星等	距离
仙后座γ	00时47分	+60°43′	变星	2.2-3.4	610光年
仙后座ι	02时29分	+67°24′	聚星	4.5/8.4/6.9	141光年
M52	23时24分	+61°35′	疏散星团	7.3	5000光年

御夫座和天猫座

驾驭战车的车夫和猞猁

御夫座是中北部天空中的重要星座，其中最耀眼的星体是御夫座 α，除此之外还有很多值得探索的恒星和星团。天猫座与御夫座相邻，相较之下，天猫座显得有些暗淡朦胧。

从古时候起，人们就普遍觉得御夫座像一个驾驭战车的英勇车夫，但是对他的具体身份存在分歧：一种说法认为他是传说中的希腊英雄厄里克托尼俄斯；另一种说法认为他应该是弥尔提洛斯。御夫座中的几颗主星也与不同的神话故事有关：御夫座 α，又名五车二，西名是"Capella"，意思为"母羊"，代表的是给宙斯哺乳的山羊阿玛提亚；御夫座 α 西南边有一个紧凑的三角形，被视作阿玛提亚的孩子，通常被称为"小山羊"。御夫座 α 本身是复杂的四重星系统，距离地球 42 光年，即便是这个星组中最亮的恒星，我们也要借助中等程度的望远镜才能分辨。

与御夫座形成鲜明对比的是天猫座。直到 17 世纪，波兰天文学家约翰内斯·赫维留才在天猫座所在的星空发现一串微弱的星光，他当时感叹，只有猞猁的眼睛才能发现这些星星，于是将其命名为天猫座。

御夫座 AE   这颗星体距离地球 1400 光年左右，是一颗非常不显眼的蓝星，它的亮度是裸眼可见的极限，辐射出的光芒照亮了 IC 405 星云，IC 405 星云即所谓的火焰星云，虽然星光微弱却很美。火焰星云虽然位于御夫座内，却并非诞生自这个区域，而是 200 万年前从猎户座星云喷射出来的，更稀奇的是，它现在仍然处于高速逃离状态。

	赤经	赤纬	类型	星等	距离
御夫座α	05时17分	+46°0'	聚星	0.1	42光年
御夫座ε	05时02分	+43°49'	变星	2.9-3.8	2000光年
御夫座ζ	05时02分	+41°05'	双星	3.8	790光年
天猫座12	06时46分	+59°27'	聚星	5.3/6.2/7.2	230光年
M38	05时28分	+35°50'	疏散星团	7.4	4200光年
NGC 2419	07时38分	+38°53'	球状星团	10.4	295000光年

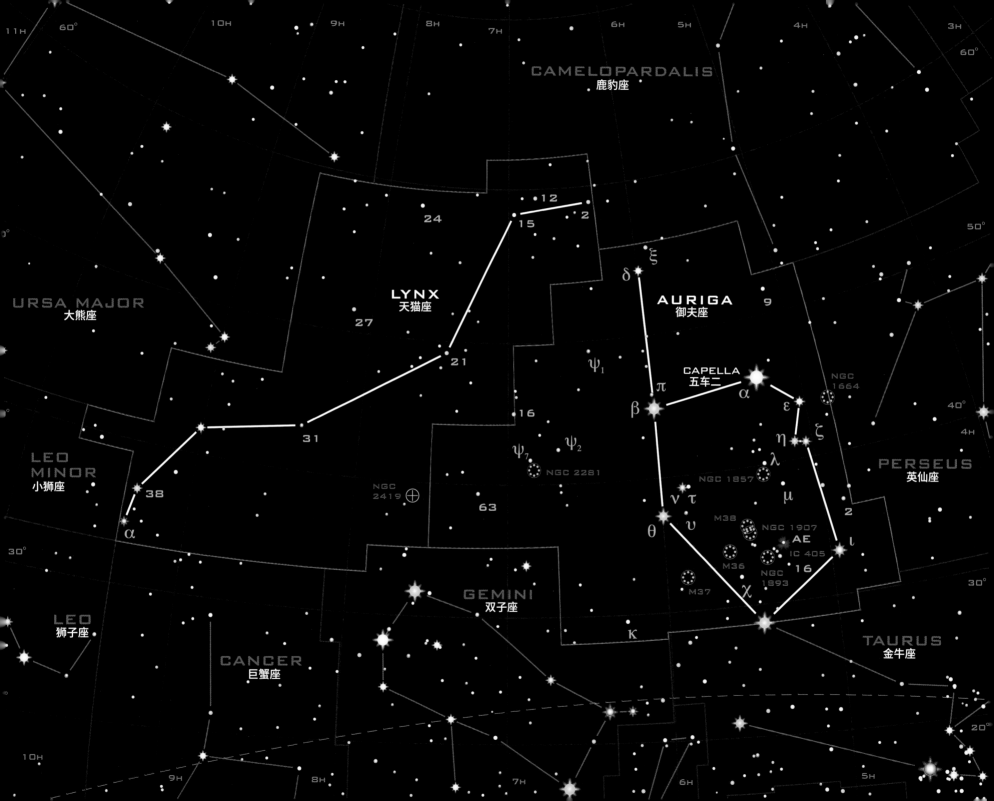

御夫座和天猫座 内视图

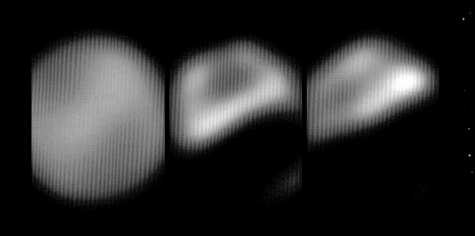

御夫座"小山羊"

御夫座 ε 位于"小山羊"三角形的最北边，天文学家最近才确认它是一颗典型的变星。一般情况下，它的星等长期保持在 3.0，但是每隔 27 年，亮度会突然掉落至 3.8，这个状况会持续一年，之后再次恢复到 3.0 并保持稳定。这是双星系统的典型表现。双星系统中的另一颗恒星似乎是半透明的，除了亮度持续保持在 3.8 的那一年之外，在其他时间对亮度没什么贡献。这个双星系统跨越了约 30 亿公里（19 亿英里）。一个流传了很久的理论认为，之所以出现这种奇怪的现象，是因为形成行星的物质在一个盘面上围绕那个不可见的天体运行，与此同时，这个不可见的星体在围绕主星运行。2009 年 11 月前后，天文学家首次获得了星盘在御夫座 ε 表面经过的画面，由此确认了这一事实。

赤经 05 时 02 分，赤纬 +43° 49′
星等 2.9-3.8（变）
距离 2000 光年

星际漫游者NGC 2419

NGC 2419 是一个暗淡的球状星团，只有通过中等尺寸的望远镜才能观测到它。之所以把它单独拿出来，有两个原因：一是，大部分球状星团都在银河系中心区域活动，而 NGC 2419 却独自处在与它们遥遥相对的天空另一头。目前，除了 NGC 2419，在赤纬 60 度以内没发现过任何球状星团。二是，NGC 2419 与地球相距 300000 光年，比银河系的其他球状星团远得多，甚至比一些银河系的卫星星系还要远。它正以每秒 20 千米（每秒 12.5 英里）的速度接近地球，但是天文学家认为，NGC 2419 根本不会融入银河系──它可能是在一次碰撞中被另一个星系驱逐到太空中的。

赤经 07 时 38 分，赤纬 +38° 53′
星等 10.4
距离 295000 光年

IC 405火焰星云

包围着速逃星御夫座 AE 星的美丽星云，
不仅自身发光，也反射其他星体的光芒。
星云中心恒星辐射出的光芒，被星云中的
尘埃分散、反射，再次辐射出的波长以短
波为主，因此在地球上看，火焰星云更接
近蓝色。不可见的紫外辐射为星云中的气
态原子和分子注入能量，当它们回归到常
态时，则会辐射出可见光。

赤经 05 时 16 分，赤纬 +34° 27'

星等 c.6.0（变）

距离 1400 光年

大熊座

大熊

大熊座是北斗七星所在的星座，也是北方天空最容易辨认的星座。大熊座的范围很广。

大熊座是天空中的第三大星座，从古时候起，就有人将其外形描述成一头大熊。在这头"大熊"的身体和尾巴上，分布有七颗亮星，而头部和四肢上的星体相对暗淡。北斗七星是夜空中著名的指向标——最亮的大熊座 α（又名北斗一、天枢星）和大熊座 β（又名天璇星、北斗二）直指北极星，尾部能与牧夫座的大角星，甚至室女座的角宿一连成一条弧线。大熊座中的很多恒星在太空中彼此相隔不算太远，距离地球 80 光年左右，在天空中的运行方向一致——说明它们来自于同一个星团。在北斗七星中，只有大熊座 α 和大熊座 η（又名摇光星、北斗七）不属于所谓的"大熊座移动星群"。

风车星系　图中这个正面的风车星系是梅西耶 101，它和位于北斗七星勺柄的大熊座 ζ（又名北斗六、开阳星）、大熊座 η 组成了一个三角形。作为一个星等为 7.9 的天体，它看起来还是挺亮的，主要是因为星系盘面正对着地球。如果观测它，最好是使用双筒望远镜或低倍望远镜，你将看到一个白色光斑，大小约等于满月的一半。风车星系距离地球 2700 万光年。

	赤经	赤纬	类型	星等	距离
大熊座α	11时04分	+61°45′	双星	1.8	124光年
大熊座ζ	13时25分	+54°56′	聚星	2.3	78光年
M81	09时56分	+69°04′	旋涡星系	6.9	1200万光年
M82	09时56分	+69°4′	不规则星系	8.4	1200万光年
M101	14时03分	+54°21′	旋涡星系	8.4	2700万光年

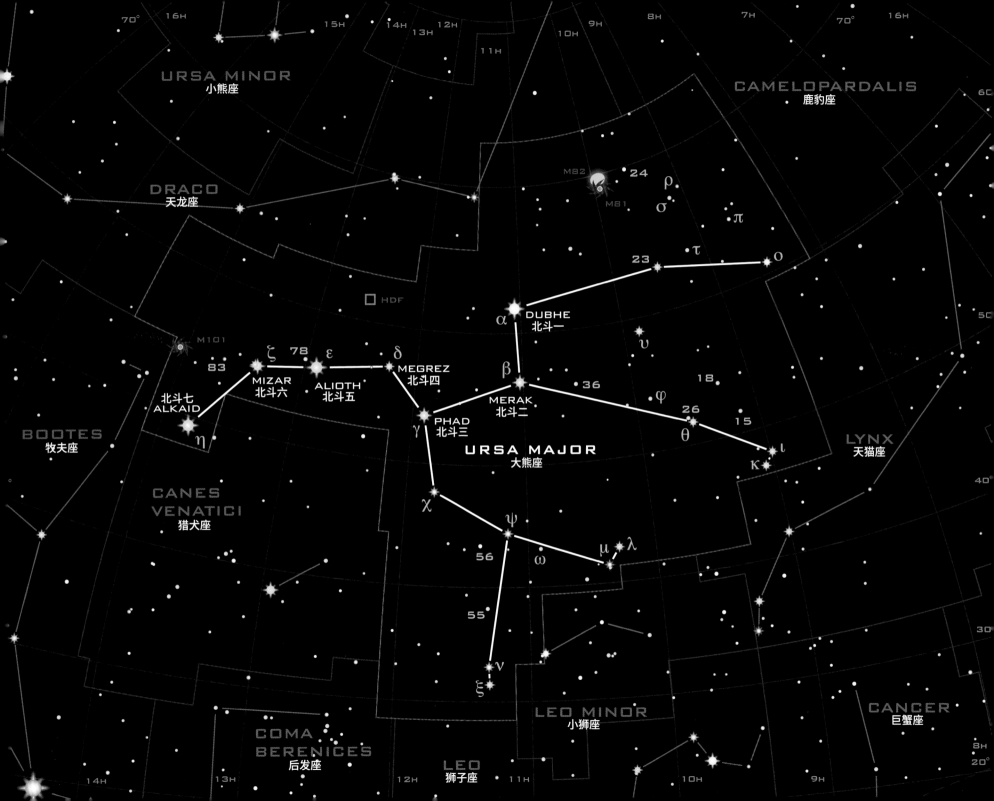

大熊座　内视图

北斗六和北斗六的伴星（又名辅星、开阳曾一）

熊尾巴中间的大熊座ζ，又名北斗六，是著名的聚星系统。通过双筒望远镜，我们能看到它有一颗星等为 4.0 的伴星，视力好的人，凭肉眼就能看到它。伴星旁边是星等为 2.3 的北斗六，通过小型天文望远镜观测，我们能看出来北斗六实际上是双星。更稀奇的是，北斗六的双星与伴星又分别都是双星，最新研究表明，受彼此引力影响，它们正逐渐发展成六重星系统。

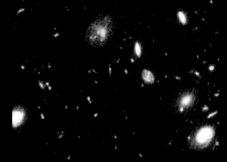

哈勃深空视场

1995 年 12 月，天文学家花了十天时间，用哈勃太空望远镜拍摄了一系列照片。通过这次拍摄，天文学家在大熊座天空中的空白区域捕捉到了小小的光斑。经过多重曝光，结合电脑处理，美国宇航局的科学家制作出了哈勃深空视场图——图中展示了太空中跨越了数十亿光年的 3000 个星系，为我们认识宇宙提供了一个全新的视角。

赤经 13 时 25 分，赤纬 +54° 56′
星等 2.3，4.0
距离 78 光年

赤经 12 时 37 分，赤纬 +62° 12′
星等 < 28
距离 120 亿光年

◀ 波德星系梅西耶81

1774 年，德国天文学家约翰·艾勒特·波德发现了一个紧凑的旋涡星系，名为波德星系。这个以发现者的名字命名的星系距离地球1200 万光年。如果我们通过双筒望远镜观测，只能看到一个模糊的亮点；而通过小型天文望远镜，我们能看到星系中心的椭圆形结构；若是换成大型观测设备，则可以观测到它的多条旋臂。虽然 M81 星系的光芒主要来自中心区域密集的恒星，但是它自身的星系核也在发光。M81 是距离地球最近的"活动星系"之一，同时也是离我们最近的星系群的核心成员。

赤经 09 时 56 分，赤纬 +69° 04′
星等 6.9
距离 1200 万光年

47

大熊座　雪茄星系 M82

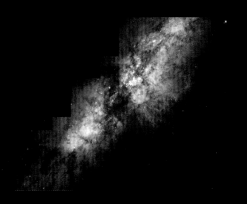

多光谱合成图

上图展示的是雪茄星系。这张图片是结合可见光、红外光、X 射线望远镜收集的数据制作出来的。斯皮策太空望远镜收集的红外线数据在图中显示为红色，哈勃太空望远镜收集的可见光数据在图中显示为白色，钱德勒 X 射线天文台收集的 X 射线数据在图中显示为蓝色。在这张合成图中，X 射线辐射呈现出星系核上下的羽毛状结构的成像效果——带电粒子被星系的活跃核心驱离之后，高速移动，引发了"同步加速辐射"。

星爆内核

这张细节图是哈勃太空望远镜拍摄的雪茄星云核心区，图中展示的是包裹在宇宙尘埃中的明亮、紧凑的星团。每个超级星团中至少有 100000 颗恒星——天文学家认为这是一个围绕银河系运行的刚形成不久的球状星团。星团形成于激烈的星系碰撞，图中的星团是 M82 与旋涡星系 M81（参见第 47 页）相互碰撞的产物。六亿年前，宇宙中发生了一次大规模星暴，恒星陆续形成。这次星暴前前后后持续了一亿年，导致物质不断跌入星系中心的超大质量黑洞，使得黑洞一直保持活跃。

▶ 一个正在膨胀的星系

作为与银河系相邻的最耀眼的星系之一，结构紧凑、星等为 8.4 的雪茄星系一直广受天文爱好者的关注。看起来很奇特的长条形结构，以及中间的明亮区域，使得雪茄星系一开始被归类为不规则星系。直到 2005 年，天文学家才发现了它的螺旋结构。这张哈勃太空望远镜拍摄的图片，结合了包括可见光和红外光在内的四种滤镜的拍摄结构，展示了星系周围弥漫的氢气，及其呈现出来的爆炸效果。

赤经 09 时 56 分，赤纬 +69° 41′
星等 8.4
距离 1200 万光年

猎犬座

猎犬

　　尽管猎犬座中只有一颗亮星，但是由于它位处著名的北斗七星和牧夫座的亮星大角星之间，因此想在天空中找到猎犬座并不难。猎犬座范围内的天空看起来很空洞，实际上其中有几个有意思的天体很值得研究。

　　十七世纪末，波兰天文学家约翰内斯·勃拉姆斯将猎犬座加入星座表。在此之前，阿拉伯天文学家曾经将这个区域和牧夫座联系起来，认为它是牧羊人的钩子。猎犬座的最亮星猎犬座 α，又称常陈一、"查理之心"，"查理之心"这个名字是英国天文学家埃德蒙·哈雷取的，为的是纪念国王查理一世遭处决。猎犬座 α 是双星系统，主星亮度为 2.9 等，我们用小型望远镜观测，还能轻松地分辨出一颗 5.6 等的伴星。猎犬座 β 往北不远处是猎犬座 γ，这是一颗正在转变成行星状星云的巨型恒星，它的星等在 4.8 到 6.3 之间呈周期性变化。在这个不算大的星座中，还有一个明亮的天体——球状星团 M3。M3 距离地球 34000 光年，这个星团聚集了大量恒星，星等为 6.2。

梅西耶 106　猎犬座西北角的 M106 是一个不寻常的旋涡星系，距离地球约 2500 万光年。这个星系最早发现于 1781 年，现在被归类为 II 型赛弗特星系——中心区域非常亮，有不同波段辐射的活动星系。这个星系最不寻常的特征是它那看不见的旋臂（这张合成图中的蓝紫色部分）。

	赤经	赤纬	类型	星等	距离
猎犬座α	12时56分	+38°19'	聚星	2.9/5.6	110光年
猎犬座γ	12时45分	+45°26'	变星	4.8-6.3	710光年
M3	13时42分	+28°23'	球状星团	6.2	34000光年
M51	13时30分	+47°12'	旋涡星系	8.4	2300万光年
M94	12时51分	+41°07'	旋涡星系	8.2	1500万光年
M106	12时19分	+47°18'	旋涡星系	8.4	2500万光年

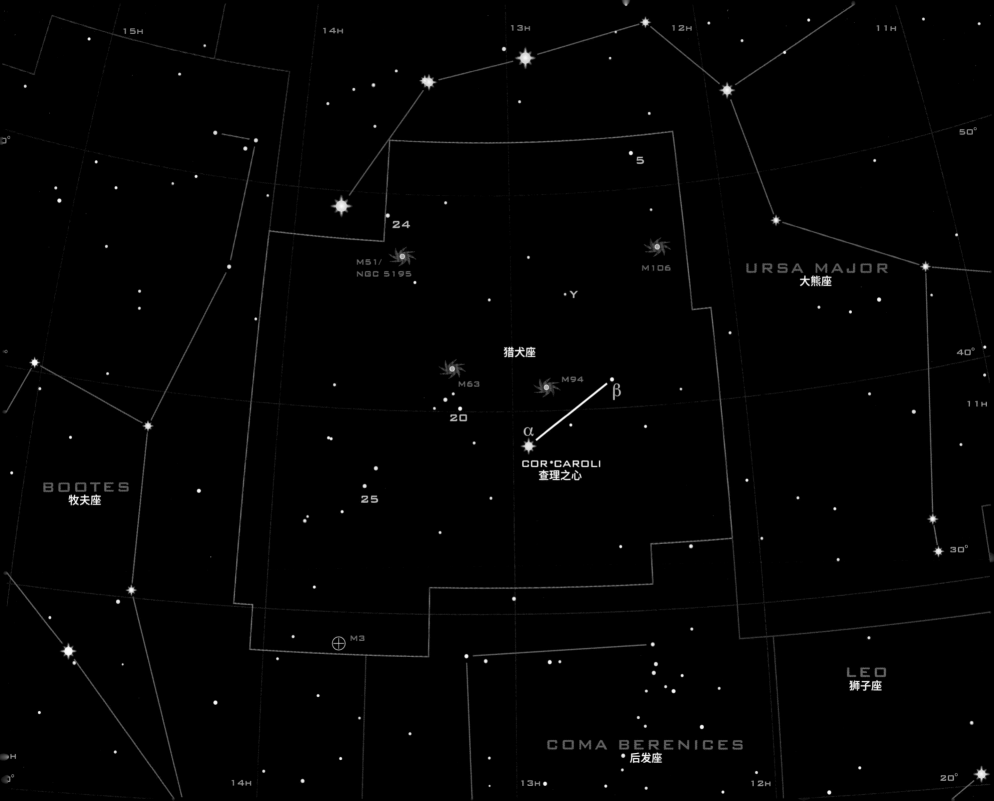

猎犬座　涡状星系 M51

红外线概貌

哈勃太空望远镜拍摄的这两张图片，一张捕捉的是可见光（左图），另一张是近红外光（右图）。这个星系中的大部分恒星向外辐射的都是可见光，红外图像将可见光过滤掉，展示的是温暖的气体和不能辐射可见光的冰冷尘埃的分布情况。相比之下不难发现，星系盘上顺着旋涡结构分布着不透明的尘埃通道，这些尘埃通道明显比周围温度高。这是因为这里是孕育新恒星的摇篮，但是温度还不够高，无法发出如恒星般耀眼的光芒。有意思的是，星系的亮核跟周围似乎没有太大区别，这样的涡状星系以及我们的银河系、恒星主要形成于旋臂，并非中心区域。

明亮的星系核

这张图片是哈勃太空望远镜早期拍摄的，聚焦的是星系中间一颗看起来像是恒星的光点。图片经过处理之后，在明亮的背景前面呈现出了一个黑色十字架。有一段时间，人们认为那个黑色十字架是两个环绕在超大质量黑洞周围的尘埃环。通过进一步观察，人们发现那只是挡在明亮背景前面吸收光线的尘埃。但是，在明亮的星系核中，上百万度的气体辐射出的两条 X 射线带，向两边延伸了数百光年，确实可以证明这里有一个黑洞。

▶ 一对舞伴

梅西耶 51 的星等是 8.4，它虽然距离地球 2300 万光年之遥，却是天空中最亮的星系之一。通过双筒望远镜，我们可以观测到它模糊的轮廓；若是通过中型望远镜观测，则可以分辨出它的旋臂。M51 的其中一条旋臂，看起来和它邻近的不规则星系 NGC 5195 相连，但那只是视距效果（实际上 NGC 5195 位于旋臂后方）。尽管如此，两个星系还是会对彼此产生影响——M51 的引力会引发它相对较小的邻居发生爆炸，促进恒星形成；NGC 5195 会让 M51 的星系核变得更加活跃，促使它强化自己的螺旋结构。

赤经 13 时 30 分，赤纬 +47° 12'
星等 8.4
距离 2300 万光年

牧夫座

牧羊人

牧夫座的形状非常像风筝，这个星座中的最亮星是大角星，这两个明显的特征使得牧夫座成为北部天空最容易辨认的星座，看起来就像一个飘扬的风筝追赶着天极附近的大熊和小熊。

有人认为牧夫座代表的是天上的牧羊人，正和自己的猎犬（旁边的猎犬座）一起驱赶熊，让熊远离羊群。还有人认为牧夫座代表的是宙斯和美丽的卡利斯托的儿子阿尔卡斯，而卡利斯托被心生嫉妒的女神阿尔忒弥斯变成了一头大熊。

牧夫座的最亮星大角星是距离地球最近的红巨星，它与地球之间的距离只有 37 光年。大角星的西名为 Arcturus，意思是"熊的守护者"。大角星很容易辨认，顺着北斗七星勺柄位置的三颗星往下找，大角星就位于牧夫座风筝形状的最下端。天文学家认为大角星是一颗和太阳类似的恒星，但是它的生命进程走在太阳前头。大角星内部的氢燃料逐渐耗尽，正在走向发展变化的最后阶段。

牧夫座 τ 这是一个和太阳类似的恒星，距离地球 51 光年，也是人类发现的第一个有行星围绕其运行的恒星。牧夫座 τ 星 b 的质量是木星的四倍，但是公转一周只需 3 天 7.5 小时。再往远处搜寻，能发现一对红矮双星，它们绕主恒星公转一周却需要上千年。于 1996 年发现的牧夫座 τ 星 b 是首批被发现的系外行星之一，被归类为"热木行星"。

	赤经	赤纬	类型	星等	距离
牧夫座δ	15时16分	+33°19′	双星	3.5/7.8	122光年
牧夫座ε	14时45分	+27°04′	聚星	2.4	210光年
牧夫座μ	15时25分	+37°23′	聚星	4.3	120光年
牧夫座τ	13时47分	+17°27′	行星系统	4.5	51光年
牧夫座κ	14时13分	+51°47′	聚星	4.5/6.4/4.6	155光年
牧夫座ξ	14时51分	+19°06′	双星	4.7/7.0	22光年

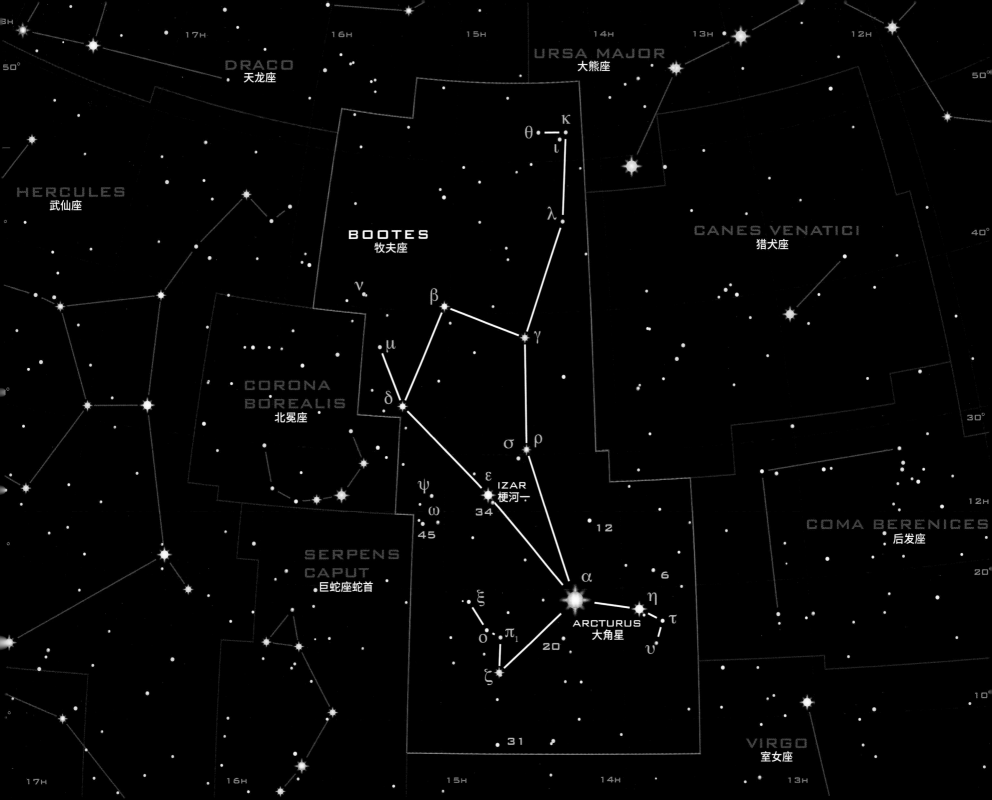

北冕座

北天皇冠

北冕座的恒星呈环形分布，非常容易辨认。北冕座离牧夫座很近，位于北天中的一片空旷天界，为这片缺乏深空天体的区域平添了几分趣味。

北冕座是希腊裔埃及天文学家托勒密于 2 世纪收录的 48 个星座之一。北冕座的王冠，指的是克里特岛公主阿里阿德涅在与酒神狄俄尼索斯的婚礼上戴的王冠。

北冕座 R 的位置稍稍偏离皇冠中心，是一颗距离地球 6000 光年的黄超巨星。这颗黄超巨星平时的星等是 5.9，用肉眼就可以观测到，但是有时会跌落至 14，每到这时候，大部分非专业望远镜都观测不到。天文学家认为，这种不可预测的变化，是恒星向大气层抛洒大量碳形成黑色云层导致的。与此同时，1800 光年之外，离北冕座 ε 不远的"火焰之星"北冕座 T 星，表现则与 R 星完全相反。北冕座 T 是"再发新星系统"，平时的星等是 11.0，但是每隔几十年会发生大规模爆炸，导致星等提升到 2.0。

埃布尔 2065 这个致密的星系团位于北冕座西南角，是业余天文观测设备能观测到的距离最远的天体之一。话虽如此，由于埃布尔 2065 的亮度只有 14.0，必须借助大型业余天文观测设备或者长曝光拍摄设备才能观测到它。埃布尔 2065 是美国天文学家乔治·埃布尔于 20 世纪 50 年代收录的众多远距离星系团之一，星系团中有 400 个星系，距离地球约 100 万光年。

	赤经	赤纬	类型	星等	距离
北冕座ζ	15时39分	+36°38′	双星	5.1/6.0	470光年
北冕座σ	16时15分	+33°52′	聚星	5.8/6.7/10.8	71光年
北冕座R	15时49分	+28°09′	变星	5.9-14.0	6000光年
北冕座T	16时00分	+25°55′	矮新星	2.0-11.0	1800光年

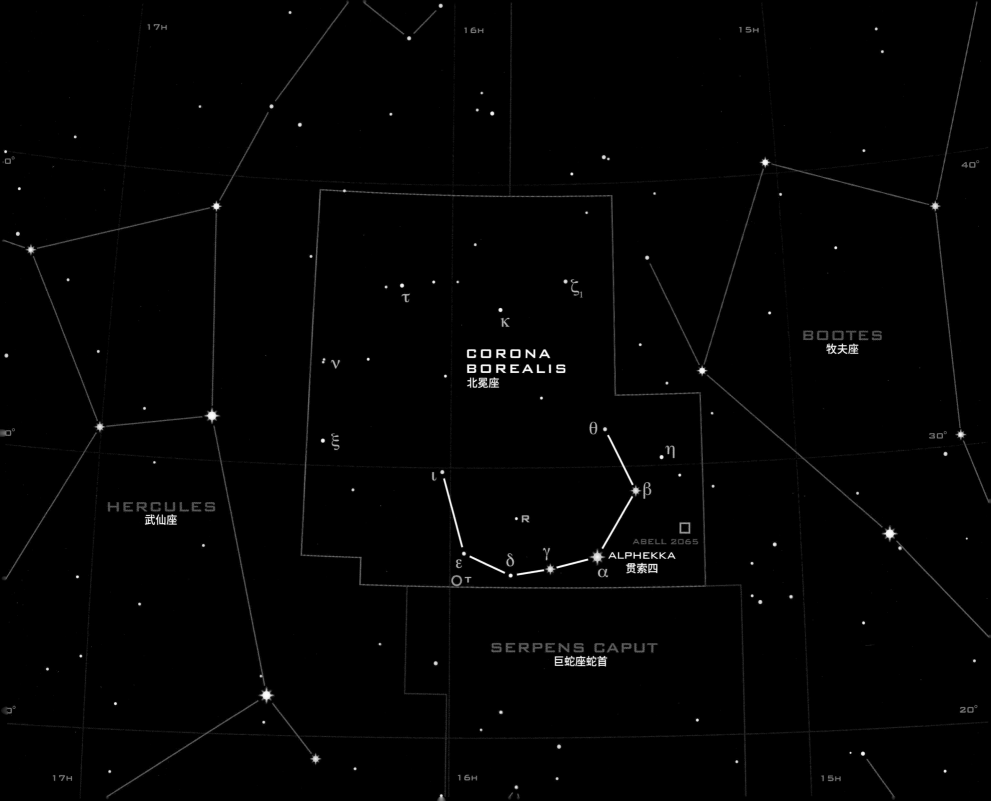

武仙座

赫拉克勒斯

武仙座是北天的大星座，代表的是希腊神话和罗马神话中的英雄。武仙座虽然面积大，但是亮星匮乏，最主要的深空天体是球状星团。天空中最精致的星团就位于武仙座。

如果你能找到天琴座的织女星和牧夫座的大角星，自然也能找到位于二者之间的武仙座。武仙座由一个类似"拱心石"的四边形和四条象征着英雄四肢的星链组成。星座的图形常被描绘成倒立的赫拉克勒斯——弯曲的膝盖和脚部挨着天龙座的龙头，其中一只手里拿着武器。在希腊神话中，赫拉克勒斯要完成 12 个任务，来弥补自己的弑亲之罪。

赫拉克勒斯的头部是一对双星，名为帝座（武仙座 α），通过小型天文望远镜，我们可以分辨出一颗星等为 4.5 的明亮红星和一颗星等为 5.4 的泛着绿光的白色伴星。武仙座 δ 也是通过小型望远镜即可分辨的双星，包括一颗星等为 3.1 的蓝色主星和一颗星等为 8.2 的伴星。

梅西耶 13　位于武仙座的梅西耶 13 是北部天空最美丽的星团。这个大型星团包含上百万颗恒星，这些恒星聚集在一个直径为 150 光年的球状空间。梅西耶 13 距离地球 25000 光年，用肉眼即可观测到它。如果通过双筒望远镜观测，我们能看到圆形光斑；如果通过小型天文望远镜观测，则可以分辨出星团外围的星链。

	赤经	赤纬	类型	星等	距离
武仙座ζ	16时41分	+31°36′	聚星	2.9/5.5	35光年
M13	16时42分	+36°28′	球状星团	5.8	25000光年
M92	17时17分	+43°08′	球状星团	6.4	2700万光年
NGC6210	16时45分	+23°49′	行星状星云	9.0	6000光年

天琴座

竖琴

天琴座虽然小巧，但是由于星座中有天空中第五亮的织女星，因此极易辨认。天琴座得名于希腊英雄俄耳甫斯抚弄的竖琴。天琴座离银河北部的密集星团很近，有几个非常有意思的天体很值得研究，其中就包括著名的"指环星云"。

织女星也就是天琴座 α，值得关注的不只是它的亮度。它距离地球相对较近——距离地球 25 光年——而且非常年轻，只有 5 亿岁（太阳年纪的十分之一）。红外观测显示，织女星周围存在一个气体尘埃盘，也许有行星正在形成。

天琴座中另一个值得关注的天体是著名的聚星系统天琴座 ε。通过双筒望远镜观测，我们可以分辨出一颗 4.7 等星和一颗 4.6 等星；通过小型天文望远镜观测，你会发现这两颗星实际上都是双星。天琴座 β，又名渐台二，也是双星系统，而且主星和伴星彼此关系更紧密，属于食双星。

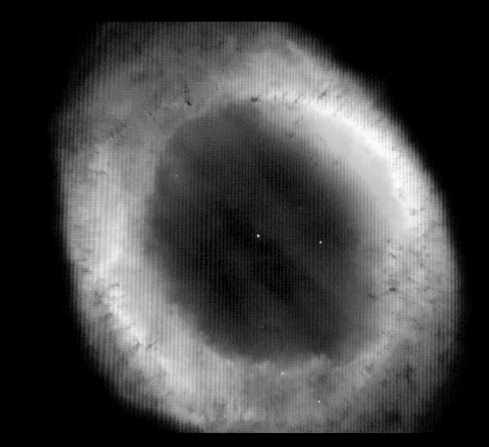

指环星云　即梅西耶 57，位于天琴座 β 和 γ 之间。通过小型天文望远镜，我们能观测到一团暗淡的环形宇宙烟雾。指环星云是著名的行星状星云——死亡的太阳类恒星喷出的气体，呈闭合的环状，且仍在扩张，能量来自炙热的恒星和恒星核发出的辐射。指环星云距离地球 2300 光年，直径约 1.5 光年。

	赤经	赤纬	类型	星等	距离
天琴座β	18时50分	+33°22′	变星	3.4-4.3	950光年
天琴座ε	18时44分	+39°40′	聚星	4.7/6.2/5.1/5.5	160光年
天琴座RR	19时26分	+42°47′	变星	7.1-8.1	855万光年
M57	18时54分	+33°02′	行星状星云	8.8	2300光年

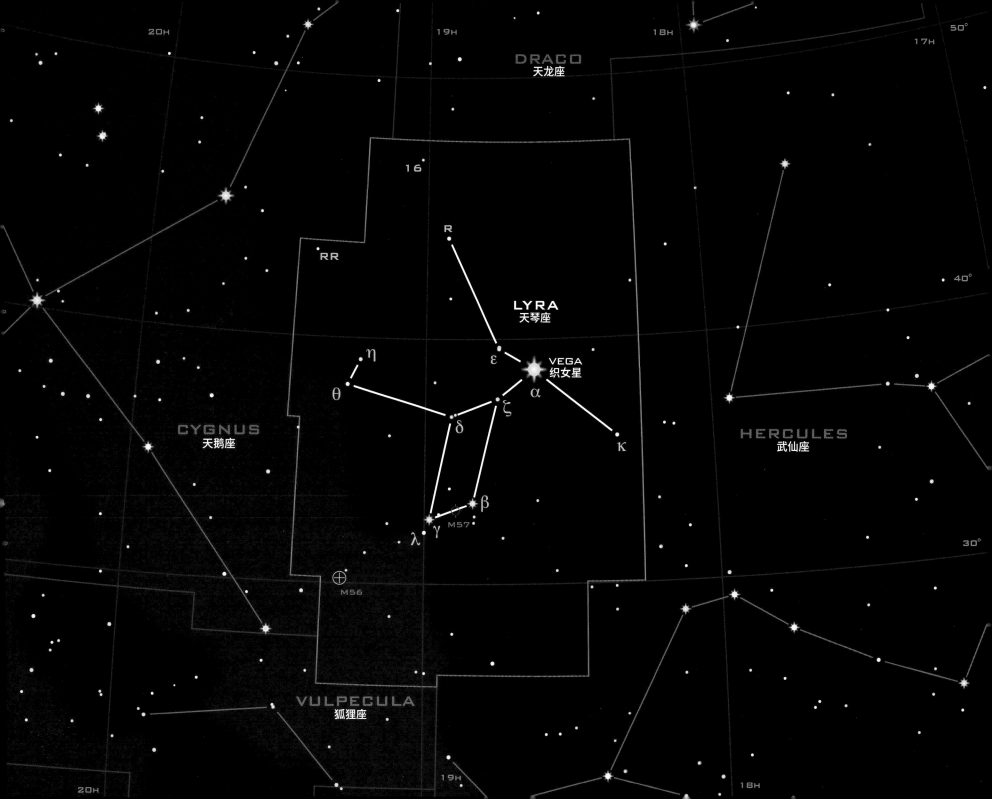

狐狸座和天箭座

狐狸和箭

在特征鲜明的天鹅座和天琴座旁边,有两个星光暗淡的小星座——天箭座和狐狸座。天箭座形似一支箭,箭头指向"天空中的飞鸟"天鹅座和天鹰座,辨认起来相对容易一些。

天箭座最亮星的名字很容易引起误会,不是惯用的 α,而是 γ。天箭座 γ 是少数肉眼可见的 M 级低温恒星之一,确切地说,它是一颗距离地球 275 光年、正在经历死亡过程的红巨星。天箭座中的天体还包括松散的球状星团梅西耶 71,梅西耶 71 距离地球 13000 光年。

狐狸座轮廓不清、星光暗淡。有人认为狐狸座看起来像一只嘴里叼着鹅奔跑的狐狸。狐狸座的最亮星名为鹅座,代表狐狸嘴里的鹅。其他明亮的天体有哑铃星云,以及形似衣架、名为科林德 399 的衣架星团。1967 年,天文学家用无线电望远镜巡测狐狸座,发现了 PSR B1919+21,这个天体一直在稳定地辐射无线电波,是第一颗得到确认的脉冲星(高速旋转的中子星,参见第 88 页)。

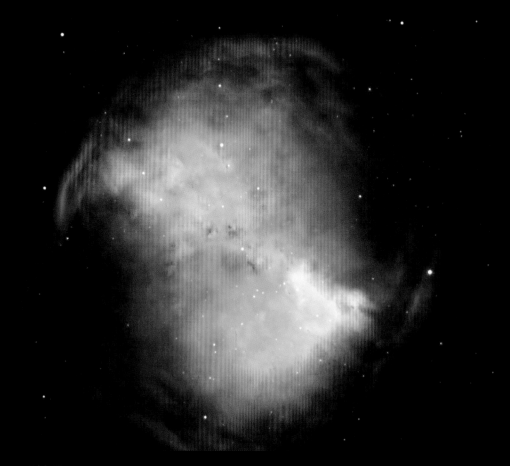

哑铃星云 又名梅西耶 27。哑铃星云是人类发现的第一个行星状星云,是法国天文学家查尔斯·梅西耶于 1764 年发现的。哑铃星云距离地球 1350 光年,是同类天体中距离地球最近的,通过双筒望远镜很容易观测到。在双筒望远镜中,我们看到的哑铃星云是一块光斑,大小相当于满月的三分之一。

	赤经	赤纬	类型	星等	距离
天箭座ζ	19时49分	+19°09′	聚星	5.5/6.0/8.7	255光年
M27	20时00分	+22°43′	行星状星云	7.4	1350光年
M71	19时54分	+18°47′	球状星团	6.1	13000光年
衣架星团	19时25分	+20°11′	可见星团	3.6	/

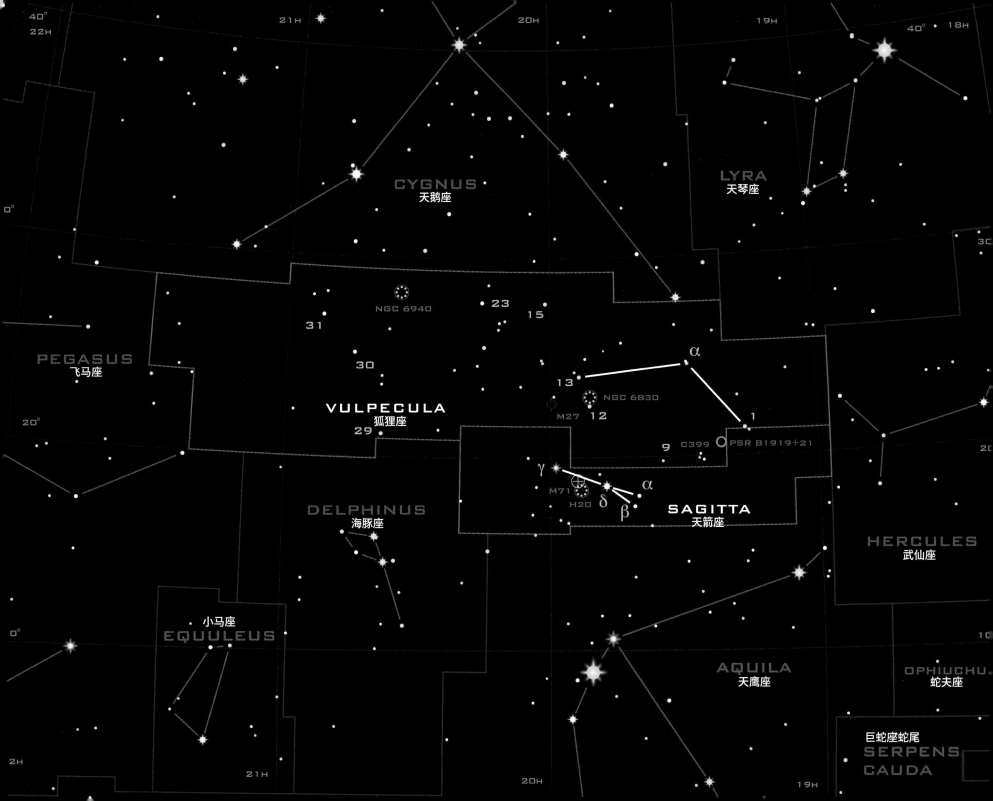

天鹅座

天鹅

天鹅座常被称为"北十字"，其中的亮星构成了北部天空一个显著的图形。天鹅座中包括数个银河系中星体数量最多的星场，除此之外，还有很多迷人的深空天体。

古希腊人将天鹅座视作沿着银河飞翔的一只天鹅。在某些传说中，天鹅座代表的是诸神之王宙斯，宙斯为了引诱美丽的勒达，化作了一只天鹅。在其他传说中，天鹅座代表的是俄耳甫斯，他死后化作天鹅，在天空中与他的竖琴相伴。还有一种说法认为，天鹅座是太阳神小儿子法厄同的密友赛格纳斯（音同天鹅座西名 Cygnus），在这个传说中，法厄同是一个鲁莽的青年，他偷驾太阳神的双轮马车，结果不小心坠入了天河（这里的天河指的是波江座）。赛格纳斯多次跳入天河尝试营救自己的朋友，却失败了。宙斯同情赛格纳斯，便将这位悲伤的少年变成一只天鹅，去银河中寻找法厄同的尸体。

无论天鹅的身份是什么，天鹅座都是天文学界想要探寻的宝藏。天鹅座的最亮星是天津四，绝对亮度比所有的一等星还要亮，相当于 200000 个太阳发出的光，即便身处距地球 3000 光年之外的遥远天界，它依然耀眼。

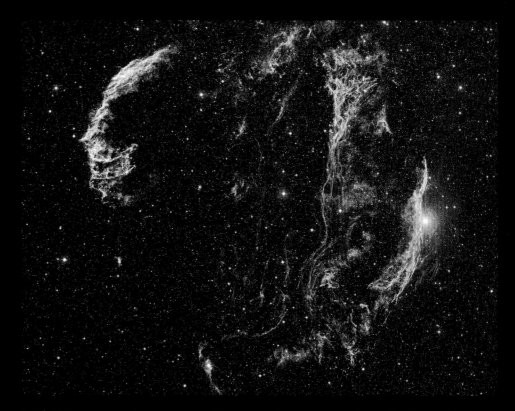

面纱星云 这个天空中最亮的超新星残骸，位于天鹅座 ε 东南方。半透明的面纱星云占据的空间跨度相当于 6 个满月。模糊的面纱实际上是膨胀的炙热气体，跨度达 50 光年。这个星云中最亮的几个部分是威廉·赫歇尔于 1784 年发现的，分别是 NGC 6960、NGC 6992、NGC 6995。

	赤经	赤纬	类型	星等	距离
天鹅座β	19时31分	+27°58'	双星	3.1/5.1	385光年
天鹅座μ	21时44分	+28°45'	双星	4.8/6.2	72光年
天鹅座61	21时07分	+38°45'	双星	5.0	11.4光年
天鹅座P	20时18分	+38°02'	变星	c.4.8（变）	5500光年
M39	21时32分	+48°26'	疏散星团	5.5	800光年
NGC 7000	20时59分	+44°20'	弥漫星云	4.0	1600光年

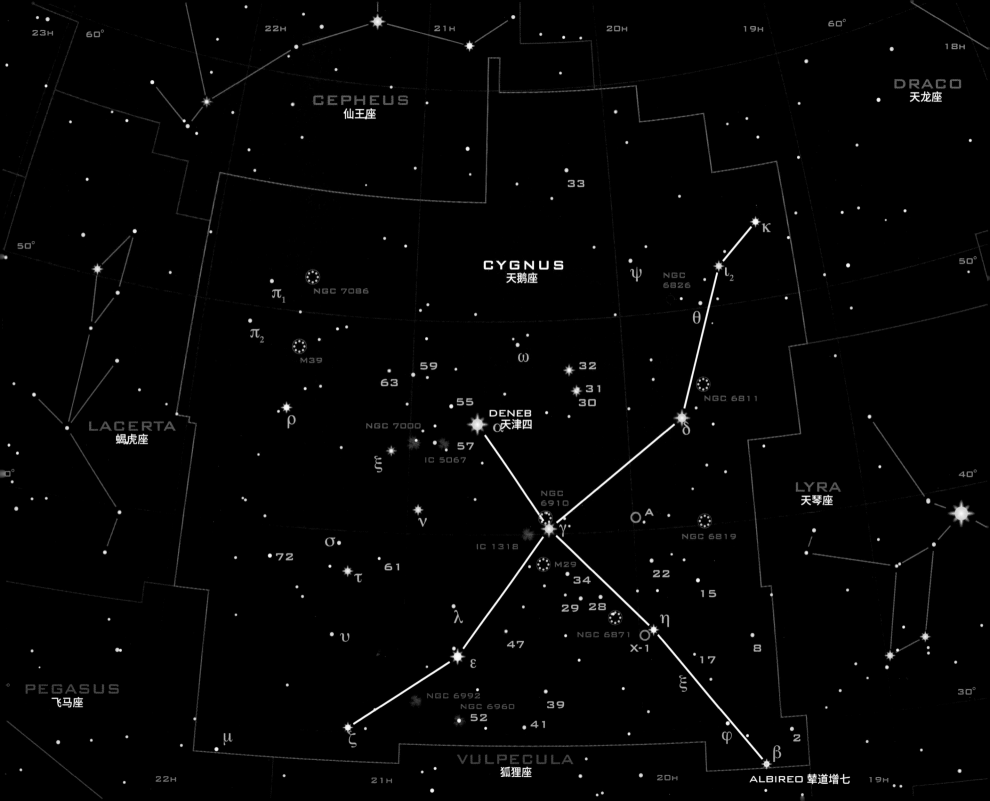

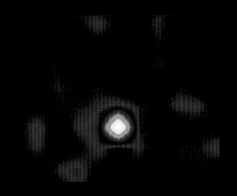

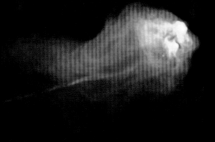

天鹅座X-1

通过对可见光进行观测，发现天鹅座X-1是一颗蓝超巨星，与地球相距8000光年，视星等只有9等。但是X射线的观测结果则完全不同，这颗恒星是一个高能X射线源，每秒闪烁数千次。X射线实际并非直接来自这颗恒星，而是来自一个不可见的天体，这个天体的质量相当于5个太阳，它每5.6天围绕天鹅座X-1公转一周。诸多证据显示，这个天体很可能是一个黑洞，吸引气体逃离可见的恒星，形成一个由释放X射线的物质构成的温度超高的盘面，盘面围绕星体运行，最终会导致恒星走向死亡。

天鹅座A

在可见光下，这个遥远、扭曲的星系只能通过大型天文望远镜观测到。但是对于射电天文学家来说，天鹅座A可以算作天空中最引人注目的天体之一。这个星系有两个方向相对的喷射流，大规模的逸散气体辐射出双瓣结构的无线电波，逸散气体的跨度达50万光年。天鹅座A是距离地球最近、辐射出的无线电波能量最强的星系之一，和它同类型的星系中心都有一个超大黑洞，"引擎"是隐藏的，我们只能看到中心区域上下方喷射出的物质。

天鹅座β
辇道增七

如果北天举行"双星选美"，通过小型天文望远镜就可以观测到的天鹅座β绝对可以和众多双星一争高下。天鹅座β是双星，一颗是橙黄色的3.1等星，另一颗是蓝绿色的5.1等星。这两颗星距离地球385光年，但是尚未确认是否确实围绕彼此运行。天文学家在1976年确认了相对明亮的一颗，即天鹅座βA，这颗星也是双星，但是即便使用最专业的观测设备，也无法进一步分辨其中的两个星体。

▶ 女巫扫帚　NGC 6960

面纱星云西部边缘有一块最明亮的区域，看起来像女巫的扫帚。这部分星云的亮度相对集中，肉眼可见的天鹅座52（星等5.3）是其中颇为显眼的标志。"女巫扫帚"横跨了约1.5度的天区，相当于满月的3倍。整个面纱星云距离地球约1500光年，跨越了50光年。

赤经19时58分，赤纬+35°12′
星等8.9
距离8200光年

赤经19时59分，赤纬+40°44′
星等15.0
距离6亿光年

赤经19时31分，赤纬+27°58′
星等3.1/5.1
距离385光年

赤经20时46分，赤纬+30°43′
星等7.0
距离1470光年

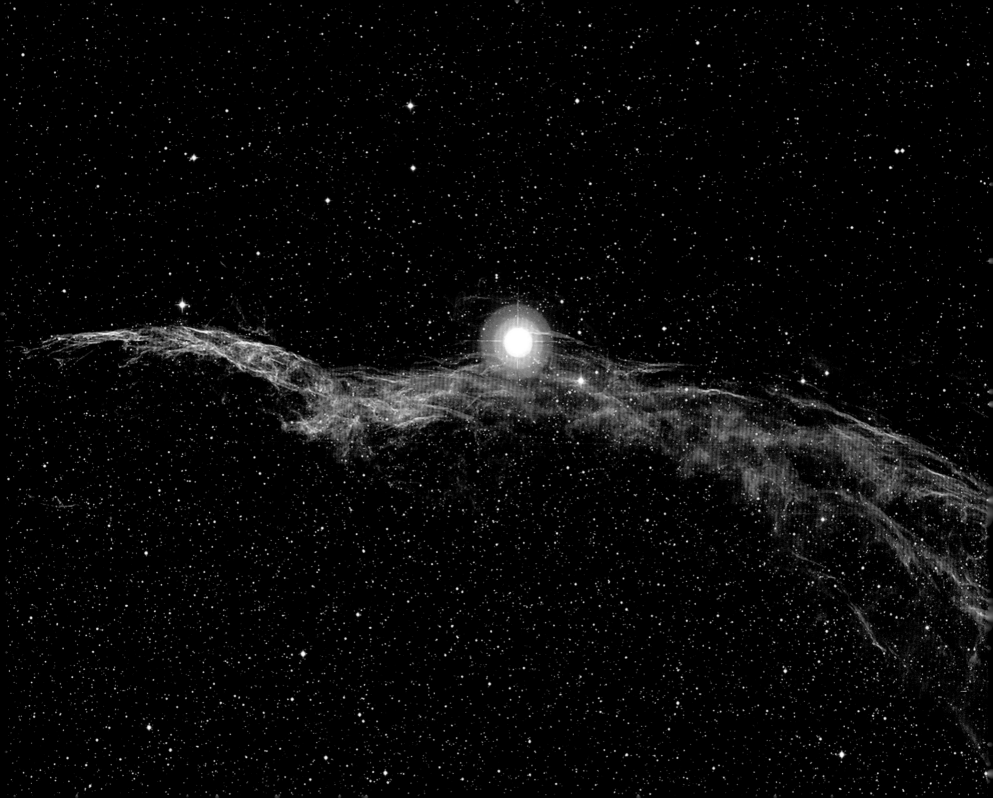

天鹅座　北美洲星云　NGC 7000

太空中的大陆

著名的北美洲星云，又称 NGC 7000，位于天鹅座最亮星天津四的东侧，它覆盖的天空面积和 4 个满月差不多大。北美洲星云形似北美洲大陆，黑色的尘埃带勾勒出了大西洋海岸和墨西哥湾的轮廓，尘埃带的另一侧是轮廓鲜明的鹈鹕星云 IC5070。虽然北美洲星云的综合亮度是 4.0 左右，但是由于星云面积太大、过于分散，因此人们很难用肉眼将其从银河系背景中分辨出来。如果想观测北美洲星云，最好选择没有月亮的黑夜，用双筒望远镜或者用低倍望远镜宽阔视野观测。

离子化前端

图中五颜六色的峰峦叠嶂是鹈鹕星云内部的景象。一条昏暗的尘埃谷将这个区域与北美洲星云隔开，本质上都属于恒星形成区。山峰突出的部分，是尘埃谷中的新生恒星发出的辐射吹散周围的气体造成的。辐射被气体吸收，重新发散出去，导致气体和相关物质变得更加明亮，一些气体被电离（转变为带电粒子），在峰顶形成蓝色的薄雾。星云中密度相对较高的区域，短时间内不会受到辐射的影响。例如，各个峰顶的卷须状结构，物质密度相对较高，形成了不会受到侵扰的"阴影"。这些地方最终会凝缩，生成新的恒星。

▶ 不同波长的组合图

这组图片通过四种不同波段辐射的成像效果，展示了北美洲星云的内部情况。左上角是可见光成像，与实际观测到的情况类似，鹈鹕星云的轮廓和中间的尘埃带很清晰。右上角是可见光（蓝色）和温度较低的红外辐射（红色）相结合的效果，展示的是星云的尘埃云发出的柔光。中红外（左下角）和远红外（右下角）成像，穿透尘埃，展示了星云中的新生恒星发出的光芒。

赤经 20 时 59 分，赤纬 +44° 20′

星等 4.0

距离 1600 光年

仙女座和蝎虎座

公主和壁虎

仙女座呈枝状结构，在天空中相对容易辨认，而且仙女座的最亮星正好在飞马座正方形的东北角，也很容易定位。相较之下，位于仙女座西北方的蝎虎座小巧一些，图形更有特色。

仙女座是一个历史悠久的星座。在神话传说中，仙女座是埃塞俄比亚国王柯普斯（仙王座）和王后卡西奥佩亚（仙后座）的女儿安德罗·达。王后夸赞公主安德罗墨达的美貌，惹怒了神后朱诺，朱诺派遣海怪塞特斯摧残他们的王国，直到安德罗墨达被作为祭品献给海怪。蝎虎座的历史没有那么悠久，它是约翰内斯·赫维留于1687 年创建的。

仙女座 α 又称壁宿二，是一颗星等为 2.1 的蓝白星，亮度会发生微弱变化。仙女座 γ 又称天大将军一，是迷人的聚星系统。通过小型天文望远镜，我们可以观测到一颗2.3 等的黄星和一颗 4.8 等的蓝星。蓝星有一颗亮度相对较暗的伴星，这颗伴星的星等是 6.1。2012 年时，从地球上看，这颗蓝星和它的伴星几乎在一条直线上；目前，它们已经逐渐分离。当这两颗星在一条直线上时，即便我们用最大型的天文望远镜观测，也无法分辨两个个体。

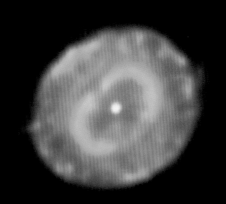

蓝雪球　即行星状星云 NGC 7662，距离地球 2200 光年，位于仙女座和仙女座 o 之间，是业余天文爱好者最容易观测到的、星等在 9.0 左右的天体之一。通过小型天文望远镜，我们看到的是一个蓝绿色的星点；通过中等规模的设备观测，我们则可以清楚地看到星盘。

	赤经	赤纬	类型	星等	距离
仙女座β	00时08分	+29°05′	双星	2.1	97光年
仙女座γ	02时04分	+42°20′	聚星	2.3/4.8	355光年
M31	00时43分	+41°16′	旋涡星系	3.4	250万光年
M32	00时43分	+40°52′	椭圆星系	8.1	250万光年
M110	00时40分	+41°41′	椭圆星系	8.9	270万光年
NGC 7662	23时26分	+42°33′	行星状星云	9.0	2200光年

仙女座　仙女星系 M31

尘埃和恒星

这张独特视角的仙女星系图片是美国宇航局的广域红外巡天望远镜拍摄的，图片展示了该星系不同波段的红外成像结果。图中的蓝色是炙热天体的近红外成像结果，高亮部分是星系中质量相对较小、温度相对较低、生存周期相对较长的恒星所在的位置。波长相对较长的红外辐射，来自温度相对较低的区域，即图中的绿色和红色，高亮区域是恒星诞生区，在这里能找到温度更高、生命周期更短的恒星。这些大质量的炙热恒星只能存在数百万年，它们是年轻疏散星团中的主宰，几乎没时间离开诞生地移居他处。相对温暖的黄色区域是星系的旋臂，其中散布着各种恒星。星系结构如此复杂，是之前与其他星系发生碰撞造成的。

双核

这张放大的星系核图片来自哈勃天文望远镜，我们能从图中看到星系中心有两个核，其中相对暗淡的那个是 M31 星系真正的核心。M31 星系有"两个核"，这个现象让天文学家也产生了困扰。流行的说法认为，更亮的核是一个过去被仙女座吸收的星系遗留下来的残骸。但是经过进一步完善的电脑模型模拟后，天文学家认为来自另一个星系的核心不可能完整地留存这么长时间。因此，现在普遍为人接受的观点是：更亮的核心是围绕真正核心 M31 运行的、分布着恒星的盘面，密集的恒星在轨道上发生了"交通拥堵"，于是又形成了一个核。

▶ **岛宇宙**

在黑色的夜空中，我们用肉眼就能观测到壮丽的仙女星系。仙女星系看起来大小和两个满月相当，形状就像一道抻长的灯光。通过小型天文望远镜，我们能看到明亮的星系核悬浮在相对暗淡却很宽阔的星系盘上。借助大型设备或长曝光摄影设备，我们能看到黑暗的尘埃带。我们还可以借助尘埃带确认星系的螺旋结构。M31 的直径达 200000 光年，比我们的银河系还要大，但是质量似乎比银河系小。尽管如此，它仍然是"本星系群"引力中心的重要组成部分，而且足够吸引包括 M32 和 M110 在内的卫星星系。

赤经 00 时 43 分，赤纬 +41° 16'
星等 3.4
距离 250 万光年

英仙座

珀尔修斯

和北天的诸多星座一样，英仙座代表的也是一位传说中的英雄。由于英仙座的外形实在难以形容，而且它的背后是繁星密布的银河系星场，因此，想在天空中确认英仙座的位置是个不小的挑战。

在希腊神话中，珀尔修斯是被流放的阿尔戈斯王子。在女神雅典娜的帮助下，珀尔修斯杀死了蛇发女怪美杜莎，从海怪塞特斯手里救出了安德罗墨达。珀尔修斯的形象经常被描绘成一手提着美杜莎头颅的样子。

英仙座最著名的星体是英仙座 β，又称大陵五，据说是英雄手里提着的美杜莎头颅上的眼睛。大陵五平时的亮度稳定地保持在 2.1 等，但是每 2 天 21 小时，亮度会突然跌落至 3.4 等，并将这一状态保持 10 个小时。大陵五是天空中最著名的"食双星"——系统中的两颗星近距离围绕彼此运行，不时会在对方身前经过，导致系统整体亮度发生变化。大陵五的亮度变化早在 1670 年就已经得到确认，它的西名 Algol 是阿拉伯语"妖魔"的意思，由此可见，它的奇怪表现早在古代就已经被注意到了。

加利福尼亚星云　这个散发着柔光的星云在星表中的编号是 NGC 1499，位于星等为 4.0 的英仙座 ξ 附近，宽度相当于 5 个满月。之所以取名加利福尼亚星云，是因为它通过长曝光摄影拍出的图像和美国的加州的轮廓很像。图片中心的英仙座 ξ，是天空中质量最大、温度最高、最耀眼的星体之一，质量是太阳的 40 倍，亮度是太阳的 3.3 万倍。英仙座 ξ 距离地球约 1800 光年。

	赤经	赤纬	类型	星等	距离
英仙座β	03时08分	+40°57′	双星	2.1—3.4（变）	93光年
英仙座μ	02时51分	+55°54′	目视双星	3.8,8.4	1300光年
M34	02时42分	+42°47′	疏散星团	5.5	1400光年
M76	01时42分	+51°34′	行星状星云	10.1	8200光年
NGC869/884	02时21分	+57°08′	疏散星团	4.3,4.4	7100光年,7400光年
梅洛特20	03时27分	+49°07′	疏散星团	1.2	600光年

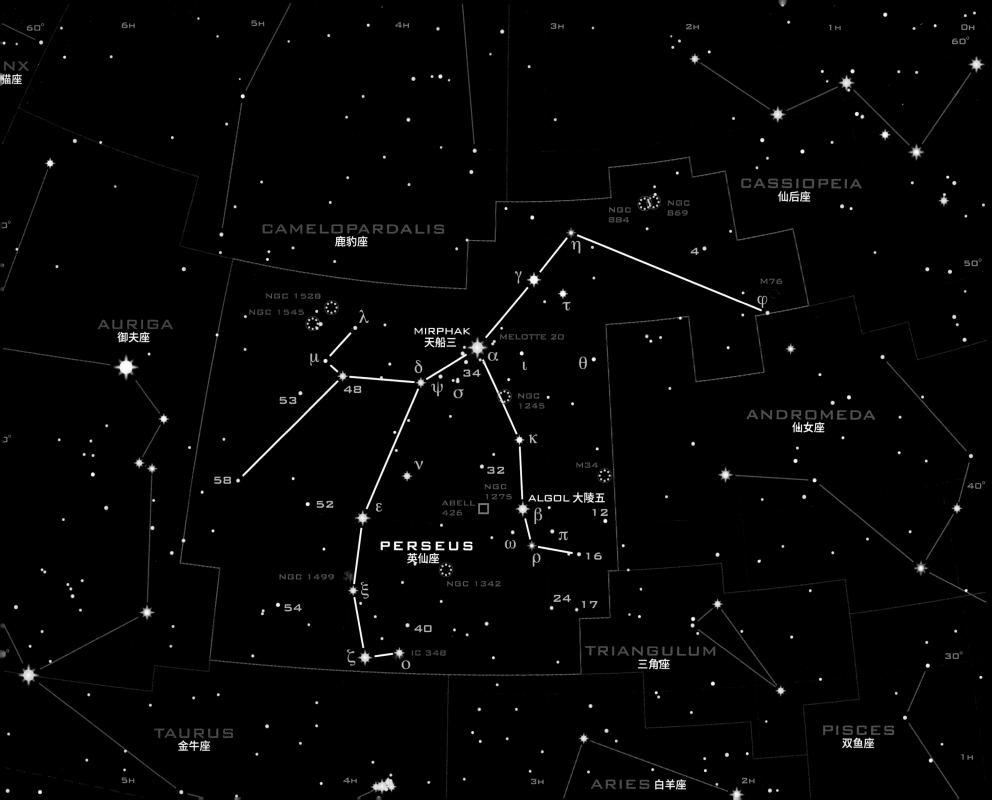

双星团NGC 869和NGC 884

天空中美景无数，英仙座和仙后座之间就有一处。我们用肉眼能看到在那里有一对模糊的星体。如果换成双筒望远镜或者小型天文望远镜观测，我们能看到那里有两个繁星密布的疏散星团。这两个星团相隔 300 光年，并没有受到彼此引力的影响纠缠在一起，但是它们都属于英仙座 OB1 星协。两个星团都很年轻——NGC869 大约形成于 1900 万年前，NGC884 大约形成于 1250 万年前——其中主要是大质量的蓝白星、更大质量的红巨星和橙巨星。这些大质量恒星虽然才形成没多久，却已经步入老年期。

英仙座星系团埃布尔426

大陵五往东一点，是一个大质量星系团的核心部分。这个星系团是这片宇宙中质量最大的星系团之一，距离地球约 2.4 亿光年。跟这个英仙座星系团相比，附近能容纳数千个普通星系的室女座星系团一下子变成了小个子（参见第 102 页）。这个星系团周围充斥着上百万度且持续释放 X 射线的气体，经过星系间数百万年无数次的冲撞，这些气体已经脱离原星系的控制。超大型星系 NFC 1275 位于星系团中心气体温度最高的区域。

赤经 02 时 21 分，赤纬 +57° 08'
星等 4.3 和 4.4
距离 7100 光年和 7400 光年

赤经 03 时 18 分，赤纬 +41° 30'
星等 12.6
距离 2.4 亿光年

▶ 英仙座A

在位于英仙座星群中心的超大型星系NGC 1275 中，有一个强无线电辐射源，即英仙座 A。哈勃太空望远镜拍摄的图像揭示了这个星系的特殊结构——这个星系很可能是两个旋涡星系发生撞击之后形成的。这次撞击导致 NGC 1275 中的星云变得活跃起来，开始向星系中心的巨大黑洞倾注物质，进一步引发星云发出强光和包括无线电波在内的其他辐射。一个较为流行的理论认为，在星系密集的星系团中，两个旋涡星系互相吞并，在此过程中星系中形成恒星的气体四散逃离，最终转化成了一个巨大的椭圆星系。

赤经 03 时 19 分，赤纬 +41° 30′
星等 12.6
距离 2.37 亿光年

双鱼座

双鱼

双鱼座是黄道十二宫中星光相对暗淡、但是轮廓比较清晰的星座。双鱼座有两条星链，位于星光相对明亮的飞马座四边形的东侧。两条星链各代表一条鱼，经常被描绘成尾部相连的样子。双鱼座 α，即外屏七，是两条鱼的连接点。

古时候，人们认为这两条鱼是可以自在游动的，分别代表阿佛洛狄忒和丘比特，正逃离在身后追赶他们的海怪提丰（位于塞特斯即鲸鱼座附近）。通过中型天文望远镜，能清楚地看到双鱼座 α 的双星。双鱼座 ζ 也是双星，通过最小型观测设备就能看清它的双星结构。

当黄道从南天球跨入北天球，途经双鱼座南端的"白羊宫第一点"（受岁差影响，现已移至双鱼座）时，北半球迎来春分（参见第 15 页）。白羊宫第一点，是天文学家绘制完整星图时的起点。

梅西耶 74 这个壮观的旋涡星系位于双鱼座 η 东侧，最好将大型天文望远镜调至低倍观测。虽然与地球相距 3000 万光年，但是由于星系盘正面对着地球，因此它发出的光芒在天空中的跨度很宽。长曝光摄影，能拍摄到星系以两个旋臂为基础的美丽几何结构。梅西耶 74 常被称为"宏象旋涡星系"，星系的两个旋臂是新生恒星诞生的地方，这一点已经得到确认。

	赤经	赤纬	类型	星等	距离
双鱼座α	02时02分	+02°46′	聚星	4.2/5.2	140光年
双鱼座ζ	01时14分	+07°35′	聚星	5.2/6.4	148光年
双鱼座ρ	01时26分	+19°10′	目视双星	5.3,5.5	85280光年
M74	01时37分	+15°47′	旋涡星系	10.0	3000万光年

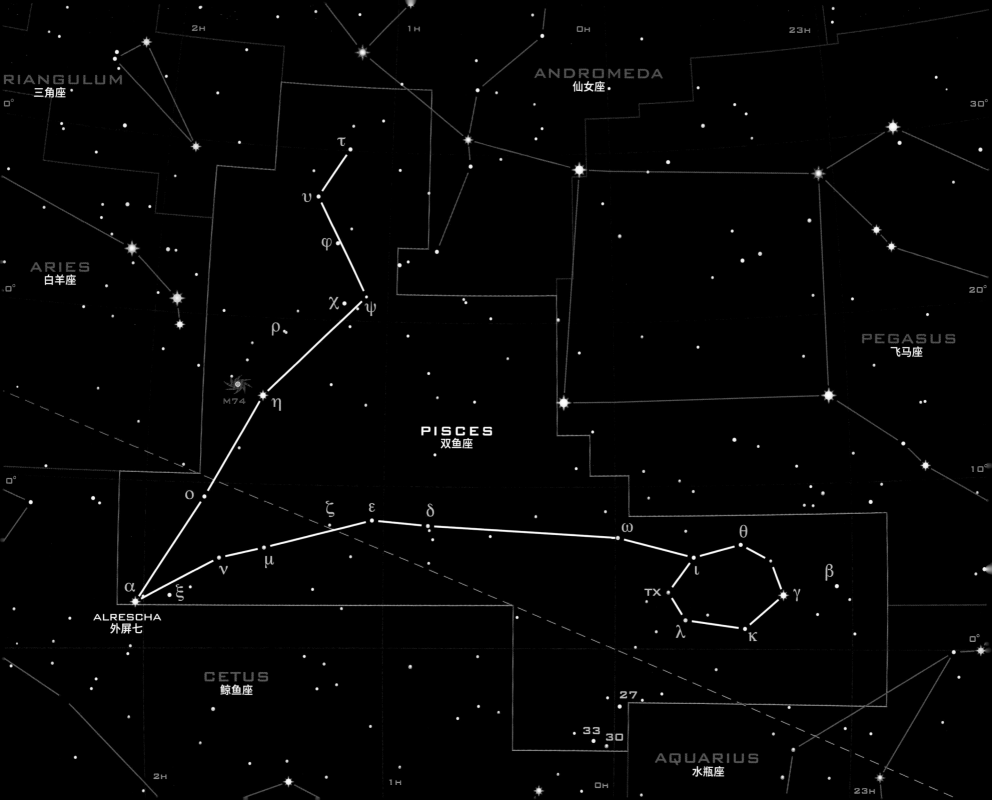

前倾的白羊座是一只屈膝蹲伏的羊。如今，大部分人将其视作杰森（国王埃森之子）和一群在阿尔戈英雄眼中能长出金羊毛的羊。白羊座北边的楔形三角座是古希腊天文学家发现的，他们认为这个三角很像大写的希腊字母 D（Δ）。

白羊座 α，又称娄宿三，是一颗星等为 2.0 的橙巨星，距离地球约 66 光年。白羊座 α 的体积是太阳的 14.7 倍，是少数经过直接测量得到具体体积数据的星体之一。白羊座 γ，又称娄宿二，距离地球 205 光年。它是聚星系统，有两颗星等分别为 4.6 和 4.7 的白星，通过小型天文望远镜，我们能很容易地观测到它们。如果视力够好，还能观测到它们附近有一颗相对较小的橙星，这颗星等为 9.6 的橙星在远距离轨道上围绕两颗白星运行。

星系碰撞　通过中型天文望远镜，我们能在白羊座 β 西北方向观测到两个星系——NGC 678 和 NGC 680。NGC 678（图片左侧）是一个侧向旋涡星系，中间有一条昏暗的尘埃带。NGC 680（图片右侧）是一个椭圆星系——它缺乏形成新恒星的气体。这两个星系都远在 1.2 亿光年之外，而且 NGC 680 受隔壁星系引力的影响，正在面临毁灭。

	赤经	赤纬	类型	星等	距离
白羊座g	01时54分	+19°18′	聚星	4.6/4.7	205光年
白羊座λ	01时58分	+23°36′	双星	5.0/7.7	130光年
M33	01时34分	+30°39′	旋涡星系	5.7	270万光年

三角座　三角座星系 M33

三角座星系　梅西耶33

三角座中规模最大的天体是位于星座西部边缘的梅西耶 33。梅西耶 33 是除仙女星系 M31 之外，离地球最近的大星系。和 M31 不同，M33 的螺旋结构正面对着地球，星系发出的光分散在比满月还大的空域，因此很难被观测到。在伸手不见五指的夜晚，用双筒望远镜或低倍天文望远镜观测，在黑夜的映衬之下，我们才能观测到 M33 星系的微光。三角座星系确实不如 M31 和银河系那样引人注目，跟本星系群的其他相邻星系相比，M33 星光暗淡，螺旋结构松散，只有通过中型天文望远镜，我们才能观测到这个星系的细节。

红外视图

这张三角座星系的图片来自斯皮策太空望远镜，图片展示的是可见光过于微弱的天体发出的红外（热）辐射。图中的红色是长波，代表温度最低；绿色是较短的波长；蓝色波长最短，表示发出辐射的物质温度相对最高。恒星（包括图片前景中的银河系恒星）呈蓝色，三角座星系中相对冰冷的星际尘埃呈红色。星系中心的蓝雾是星系中发出可见光的部分，温度相对较低的红色气体和尘埃发出的辐射，不在可视范围。不可见的物质似乎是从星系中心区外移出来的，但是天文学家对这一切是怎么发生的依然心存疑惑。

赤经 01 时 34 分，赤纬 +30° 39'
星等 5.7
距离 270 万光年

▶ **恒星之源NGC 604**

三角座星系中的恒星形成区，组织结构
不够完善，但是依然存在孕育恒星的星
云，其中就包括本星系群中最大的星云
之一——NGC 604。右图是通过哈勃太
空望远镜观测到的景象，星云的直径约
1500 光年。作为最著名的恒星诞生区，
NGC 604 的直径是猎户座大星云的 40
倍，亮度是它的 6000 倍。

赤经 01 时 34 分，赤纬 +30° 47′
星等 14.0
距离 270 万光年

黄道十二宫之一，其中有很多有意思的星体和深空天体。月球和其他行星也会出现在金牛座中。

金牛座位于天赤道北侧不远处，地球上有人类居住的地区都能观察到金牛座，它是北半球秋冬时分最为人熟知的星座。金牛座是少数几个名如其形的星座——一头公牛的前半身——早在史前时期就已经得到占星师们的认可。

毕星团清晰的 V 形代表的是公牛的面部，其中发着耀眼红光的毕宿五最为突出，被视作公牛的眼睛。另外还有两颗亮星（其中一颗是金牛座 β，又名五车五，位于金牛座与御夫座的分界线，因此也属于御夫座），标志着公牛的牛角，相对暗淡的星链代表公牛的前腿，昴星团代表公牛的肩颈。

牛面　毕星团是整个天空中最著名的星团——由于够近，所以很容易分辨其中的成员，同时又远得恰到好处，能将它们归为一个独立、紧凑的群体。阵列测量结果显示，这个星团距离地球约 150 光年。位于星团最前端的橙星与地球之间的距离，只有总距离的一半左右。毕星团中有数百颗形成于 6 亿年前的恒星。

	赤经	赤纬	类型	星等	距离
金牛座α	04时36分	+16°31′	变星	0.8-1.0（变）	65光年
金牛座χ	04时22分	+25°38′	双星	5.4/7.6	270光年
毕星团	04时27分	+16°′	疏散星团	/	150光年

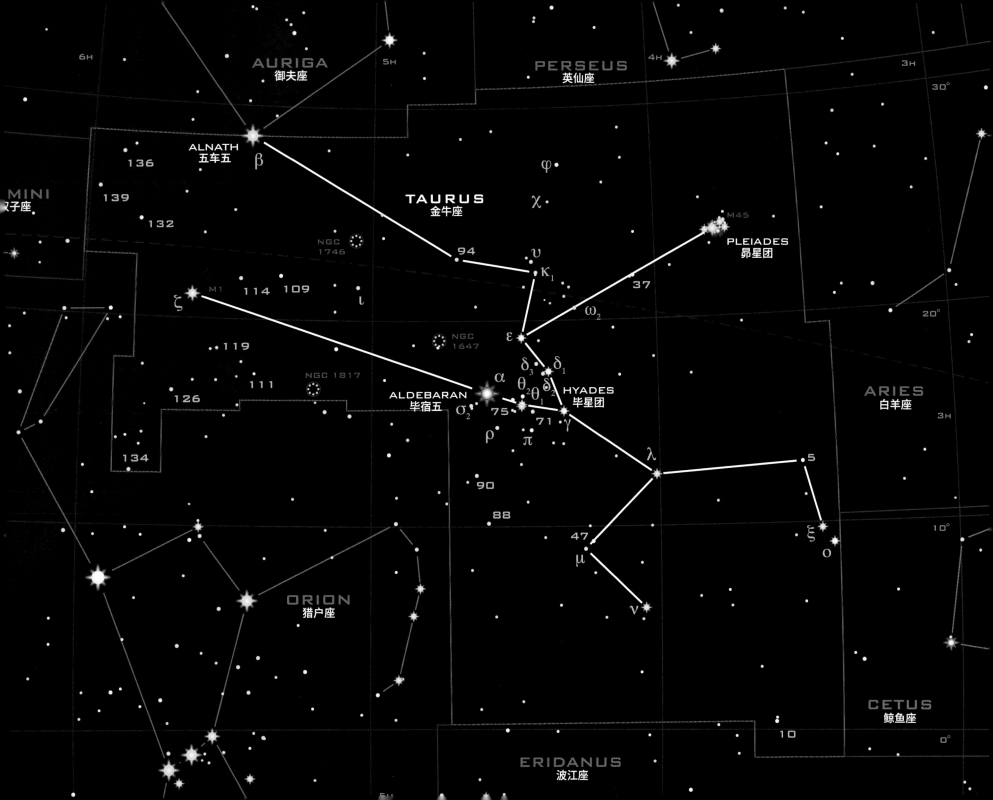

◀ 七姐妹

"七姐妹"是昴星团中最明亮的七颗星，得名于希腊神话中阿特拉斯和普勒俄涅的女儿们。它们位于金牛座肩颈处，组成了弯钩的形状。这个星团的总体星等是 1.6，虽然我们用肉眼就能看得很清楚，但是实际亮度看起来与星等不太相符。普通视力的观测者通常只能看到"七姐妹"中的六个，视力特别好的观测者能看到七个甚至更多。通过双筒望远镜或小型天文望远镜，我们还能发现星团的壮美景观——星团至少有

梅洛普星云 NGC 1435

NGC 1435 又称坦普尔星云，是昴星团附近气体、尘埃密度最高的区域。由于附近的昴宿五发出光，使得 NGC 1435 看起来像满月大小的一块蓝白色光斑。NGC 1435 的亮度只有 13.0，只有通过大型天文望远镜或长曝光摄影，我们才能观测到它。哈勃太空望远镜拍摄的这张像鬼影一样的图片，是 NGC 1435 中最亮的一个结点，编号是

金牛座　蟹状星云 M1

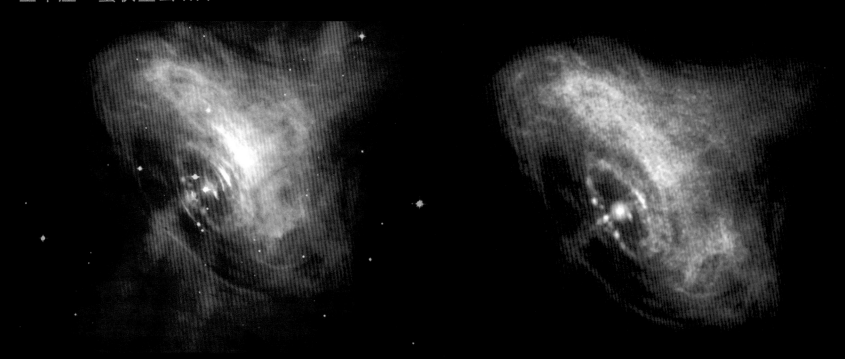

蟹云脉冲星PSR BO531+21

在蟹状星云的中心，有一颗高速旋转的中子星，这颗中子星是一颗大质量恒星爆炸残留的星核。公元 1054 年，天文学家在地球上观测到了这次恒星爆炸。恒星爆炸之后，坍缩到和一座城市差不多大，原来的大部分势能和磁场都保留在坍缩的内核中，因此它才会高速旋转，同时从与它的磁场两极相对应的两个狭窄通道释放辐射。两条辐射束像灯塔一样环扫天空，当它们扫向地球时，我们就能接收到闪烁的无线电信号，从而确认它是一颗脉冲星。这张蟹云脉冲星的合成图，是根据哈勃太空望远镜和钱德勒X 射线天文台探测到的可见光和 X 射线数据合成的。

X射线图

这张图片来自美国宇航局的 X 射线天文台，显示的是蟹云脉冲星周围区域发出的高能辐射。从图片中，我们能清楚地看到脉冲星上、下两条辐射 X 射线的物质喷流，坍缩的恒星周围发出 X 射线的迷雾，泛起一系列的同心波纹。这里的 X 射线是一种高速电子发出的同步加速辐射。天文学家认为，在中子星转变成星云的能量转化过程中，这些辐射云起到了关键作用。物质微粒跌落至高速旋转的恒星残骸，被加速后弹射出来，为周围的气体云注入能量。

▶ 恒星残骸

蟹状星云的亮度是 8.4 等，通过双筒望远镜和小型天文望远镜，我们能在金牛座ζ（金牛座南端牛角尖）西北角观测到一个朦胧的光斑。借助大型观测设备或长曝光摄影，我们能看到一张跨越 11 光年的繁乱的发光气网——天空中最著名的超新星遗骸。1743 年，英国天文学家约翰·比维斯首次对蟹状星云进行了记录。又过了几十年，法国的彗星搜索者查尔斯·梅西耶将其列在自制天体目录的第一号，当初可能将它误认为彗星。直到 1939 年，天文学家才首次将它与 1054 年占星师记录的恒星爆炸联系起来。

赤经 05 时 35 分，赤纬 +22° 01'
星等 8.4
距离 6500 光年

双子座

双生子

双子座的亮星北河二（双子座 α，卡斯托尔）、北河三（双子座 β，波乐克斯）是星座中最引人瞩目的目标，世界各地都将这个星座视作一对双生子。

古代，中国天文学家认为双子座的这两颗亮星代表阴阳平衡，罗马人则认为它们分别代表罗马城的建立者罗慕路斯与雷穆斯。在希腊神话中，双子座代表的是斯巴达王后勒达的双胞胎儿子——不得永生的卡斯托尔和永生的波乐克斯，他们二人也加入杰森率领的寻找金羊毛的队伍。

北河二（双子座 α，卡斯托尔）是著名的双星，距离地球约 52 光年，综合星等为 1.6。通过小型天文望远镜，我们能分辨出两颗蓝白星，星等分别为 1.9 和 2.9。在北河二的不远处，还有一颗 9.3 等的红矮星。虽然我们无法借助观测设备进一步分辨，但是实际上，这三颗星也都是双星。

北河三（双子座 β，波乐克斯）比北河二亮，星等为 1.2。与北河二不同，北河三是一颗单独的橙巨星，距离地球约 34 光年。

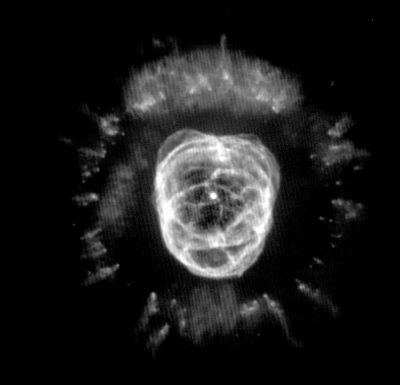

爱斯基摩星云　这个复杂的行星状星云又名 NGC 2392。通过小型天文望远镜，我们可以在双子座 δ 东南方观测到它。爱斯基摩星云距离地球 3000 光年，星等为 10.1。它呈盘状，是一颗死亡恒星喷出的两部分物质，一部分朝向地球，另一部分与之相对。

	赤经	赤纬	类型	星等	距离
双子座α	07时35分	+31°53'	聚星	1.9/2.9	52光年
双子座β	07时45分	+28°02'	行星系	1.2	34光年
双子座ζ	07时04分	+20°34'	变星	3.7-4.2（变）	1170光年
双子座μ	06时23分	+22°31'	变星	2.7-3.0（变）	230光年
M35	06时09分	+24°20'	疏散星团	5.3	2800光年
NGC 2392	07时29分	+20°55'	行星状星云	10.1	3000光年

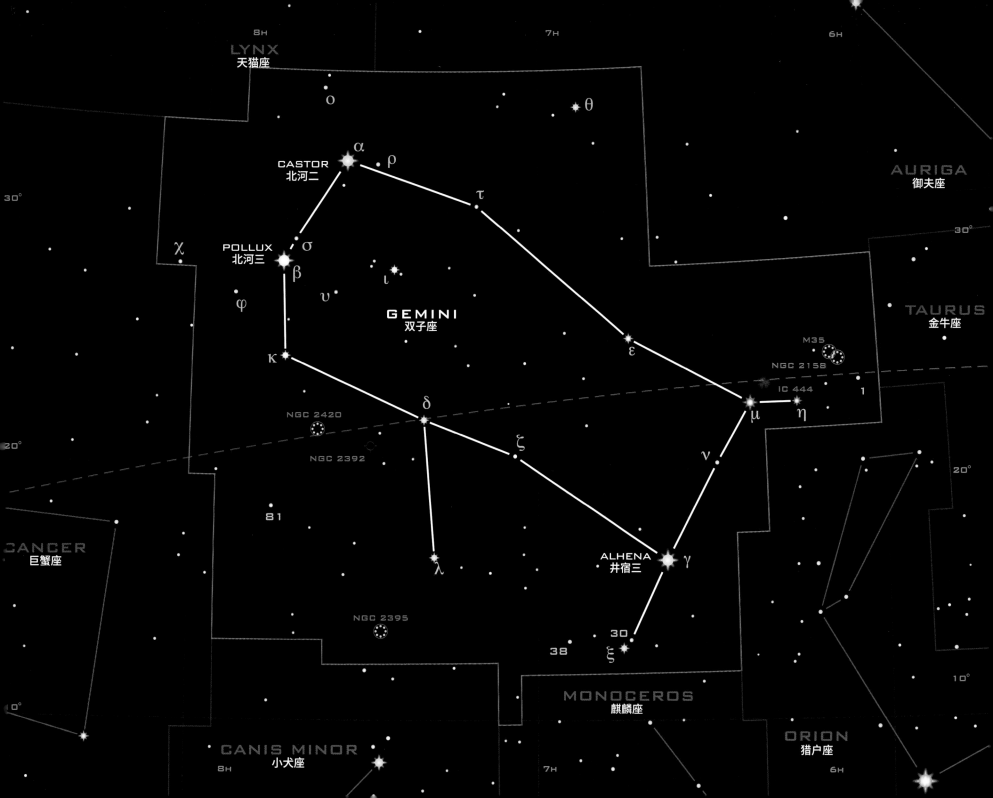

巨蟹座

螃蟹

巨蟹座是黄道十二宫中最暗淡的星座，由于太不显眼，中世纪时期被称为"黑暗的标志"。虽然巨蟹座星光暗淡，找寻起来倒也不难。先找到耀眼的狮子座和双子座，这两个星座之间就是巨蟹座。

从古时候起，人们就觉得巨蟹座像一只螃蟹，这个说法的来源已无从查证。在希腊神话中，巨蟹座被视为赫拉克勒斯大战德科拉时被英雄踩死的螃蟹。而埃及人则将这个星座视作他们的圣物圣甲虫。

巨蟹座 α（又名柳宿增三）虽然得名 α，实际上却是星座中的第四亮星，星等为 4.3。通过中型天文望远镜，我们可以观测到这颗距离地球 174 光年的白星，还有一颗星等为 11.9 的伴星。

巨蟹座 ζ 是一个四星系统。通过小型天文望远镜，我们可以观测到星等分别为 5.1 和 6.2 的两部分；通过中型观测设备，我们能看出稍亮的部分是两颗大小均等的星体；通过专业观测设备，我们则能看到在亮度较弱的那一部分旁边，有一颗模糊的红矮星与之相伴。

蜂巢星团 巨蟹座的名气主要来自星座中的星团梅西耶 44，又名蜂巢星团或鬼星团（鬼宿之所）。这个星团中有 200 颗恒星，跨越了相当于 4 个满月直径的范围，距离地球 580 光年，用肉眼就可以清楚地看见它。17 世纪时，伟大的意大利天文学家伽利略·伽利雷用自制的天文望远镜，首次观测到了星团中的星体。

	赤经	赤纬	类型	星等	距离
巨蟹座α	08时58分	+11°51′	聚星	4.3	174光年
巨蟹座ζ	08时12分	+17°38′	聚星	5.1/6.2	83光年
巨蟹座55	08时53分	+28°20′	行星系	6.0	41光年
M44	08时40分	+19°59′	疏散星团	3.7	580光年
M67	08时50分	+11°49′	疏散星团	6.1	2700光年

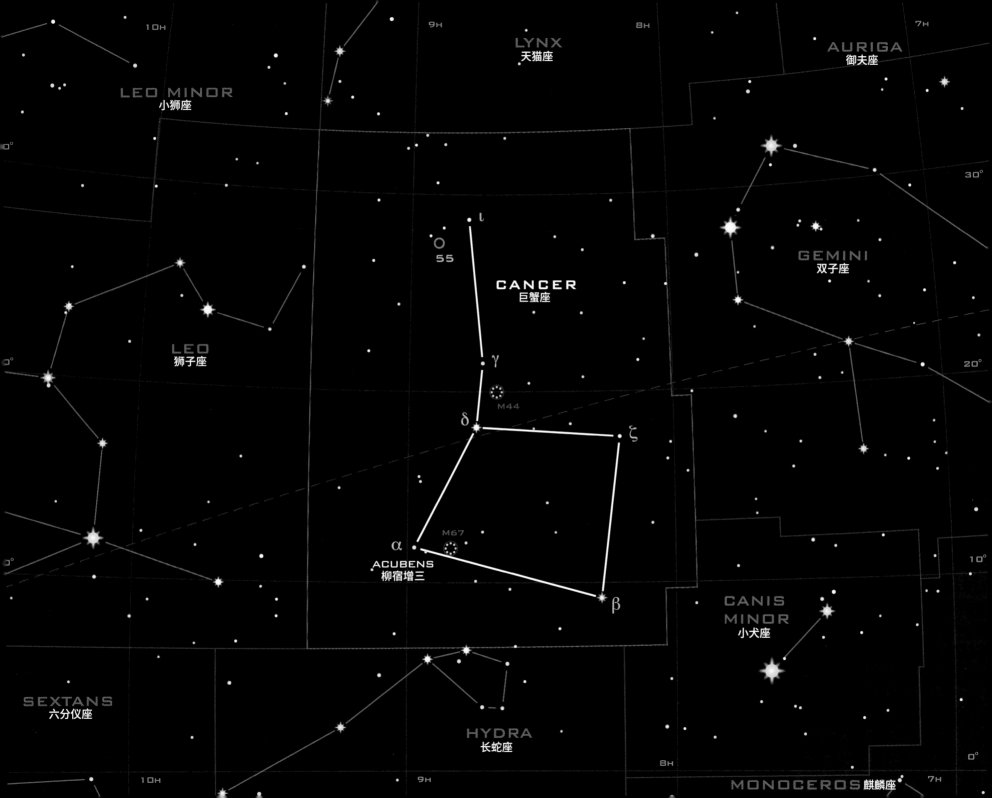

狮子座和小狮座

狮子和小狮子

  狮子座是黄道十二宫星座之一，也是天空中最容易辨认的星座，还是少数几个名如其形的星座之一。遗憾的是，与狮子座相邻的小狮座无法得到这样的评价。

  世界上的大部分地区都觉得这个星座的外形像狮子（中国天文学家觉得它像一匹马）。从古时候起，人们就将它视作和英雄赫拉克勒斯战斗的尼米亚猛狮。狮身前端的星体连成一条弧线，常被称作"镰刀"。狮子座的最亮星位于"镰刀"下方，西名为 Regulus，是"小皇帝"的意思（中文名轩辕十四）。"小皇帝"是一颗距离地球 77 光年的耀眼白星，星等为 1.35。通过小型天文望远镜，我们能看到有两颗明亮的伴星在非常远的轨道上围绕它运行。"小皇帝"几乎正好位于黄道上，太阳系的月亮和其他行星会运行到与它同一直线的位置，将其遮住。

  与狮子座不同，小狮座星光暗淡，轮廓模糊。直到 17 世纪，它才被波兰天文学家约翰内斯·赫维留注意到。

希克森 44 希克森致密星群 44 是一个只有 4 个星系的小型星系团，位于狮子座 γ 和狮子座 ζ 之间，也就是狮子座狮脖的位置。受彼此引力影响，这个星群紧密地团结在距离地球 6000 万光年之外的空域。其中最亮的星系分别是侧向旋涡星系 NGC 3190 和椭圆星系 NGC 193（全都位于左上角），我们可以借助小型业余天文望远镜观测到。

	赤经	赤纬	类型	星等	距离
狮子座α	10时08分	+11°58′	聚星	1.35/8.1/13.5	77光年
狮子座γ	10时20分	+19°50′	双星	2.0	126光年
狮子座R	09时48分	+11°26′	变星	4.3-11.6（变）	390光年
M65	11时19分	+13°06′	旋涡星系	10.3	3400万光年
M66	11时20分	+13°00′	旋涡星系	8.9	3500万光年
M95	10时44分	+11°42′	棒旋星系	11.4	3800万光年
M96	10时47分	+11°49′	旋涡星系	10.1	3200万光年

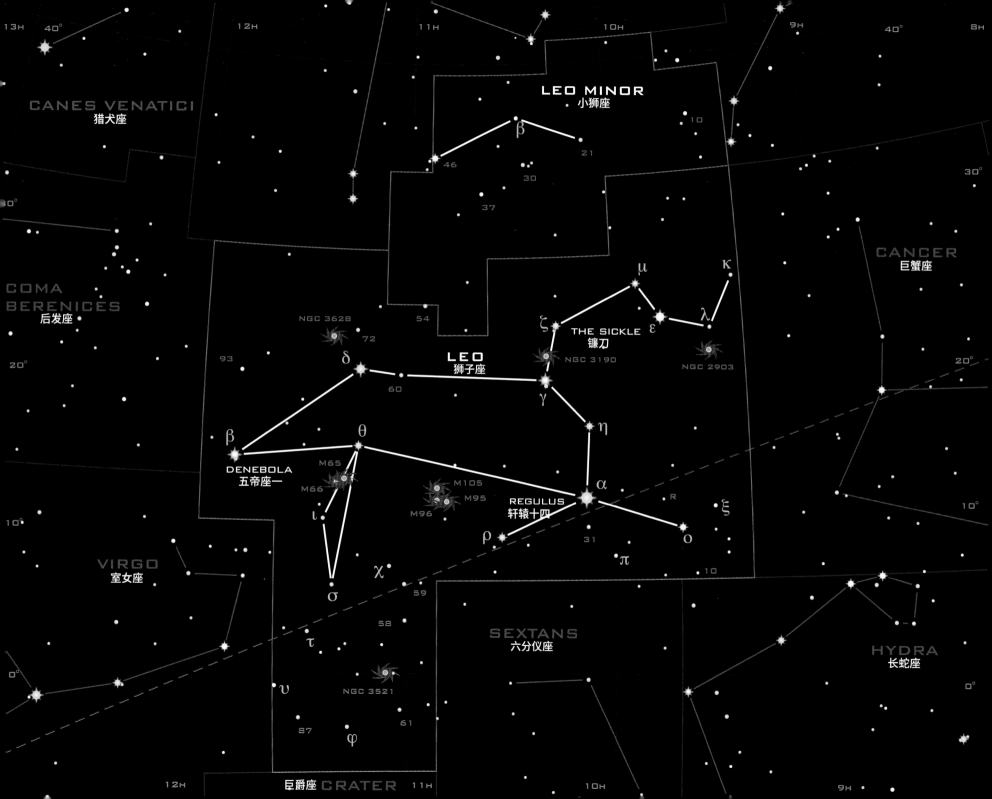

棒旋星系
梅西耶95

这个小巧精致的旋涡星系是位于狮身中间南边的"狮子 I"星系群中的一员。作为棒旋星系的完美代表，梅西耶 95 有明显的"核周环"——一个形成恒星的环形区域，跨越约 2000 光年，连接中心棒状的首尾两端，围绕核心运行，延伸出去变成星系的旋臂。最近的发现表明，银河系也是棒旋星系，也存在类似的"核周环"。

不完美的旋涡星系
梅西耶96

M96 是狮子 I 星系群中最大、最亮的星系，但是通过双筒望远镜观测不到它，小型天文望远镜可以观测到。和隔壁完美的 M95 不同，M96 的旋臂昏暗、变形，中心的气体和尘埃分布也不对称。这个星系最引人注目的一点是它位于星系团的最前方，如这张欧洲南方天文台的甚大望远镜提供的图片所示，其他星系的距离都比它远，左上方美丽的侧向旋涡星系也不例外。

侧向旋涡星系
NGC 3628

图中是 NGC 3628 星系，它侧面对着地球，和梅西耶 65 和梅西耶 66 共同组成了狮子座三重星系。通过小型天文望远镜，我们观测到的是长条形的光雾；通过大型设备，我们能观测到旋臂外围有一条昏暗的尘埃带。虽然图中看不到，但实际上这个星系有一条长长的"潮汐尾"，从星系的一端延伸到 300000 光年之外的宇宙空间。

▶ 扭曲之美
梅西耶66

梅西耶 66 是狮子座中最壮丽的星系，是狮子座三重星系中最大、最亮的，位于狮子后肢狮子座 θ 的下方。这个星系的直径约为 95000 光年，和银河系差不多大。和相邻星系的近距离接触，扭曲了它的星系盘和旋臂，使得集中了星系大部分质量的星系核偏离了螺旋结构的几何中心。

赤经 10 时 44 分，赤纬 +11° 42′
星等 11.4
距离 3800 万光年

赤经 10 时 47 分，赤纬 +11° 49′
星等 10.1
距离 3200 万光年

赤经 11 时 20 分，赤纬 +13° 35′
星等 9.4
距离 3500 万光年

赤经 11 时 20 分，赤纬 +13° 00′
星等 8.9
距离 3500 万光年

后发座

伯伦尼斯王后的头发

后发座星光暗淡，实在很难吸引人的目光。但是如果在漆黑的夜晚通过双筒望远镜观测，你就会发现它美得出人意料。离地球最近的星团就位于后发座。

后发座这个名字来源于真实的历史人物，不像大多数星座那样来源于神话传说。伯伦尼斯王后是公元前 3 世纪埃及统治者托勒密三世的妻子，她剪掉自己的秀丽长发，祈求远征的丈夫平安归来。最终，托勒密三世平安归来，将那片星空以"后发"命名。

后发座 α，又名太微左垣五（东上将），是一颗星等为 4.3 的黄白星，距离地球 47 光年，比后发座 β 稍微暗一点。通过大型天文望远镜观测，我们能看出它是一个双星系统，两颗星体大小相当，每 26 年围绕对方公转一周。梅洛特 111 星团旁边有一大片相对空旷的空域，这样一来，我们的视线就能穿透星际空间，观测到著名的后发座星系团。

黑眼星系　又称梅西耶 64，距离地球 2400 万光年，与室女座和后发座的星团都没有联系。黑眼星系结构复杂，有一条稀薄昏暗的尘埃带，因此很容易区分，内层和外层区域运行方向相反。这个特征表明，M64 曾在大约 10 亿年前吸收了一个小型卫星星系，由此触发了形成恒星的浪潮。

	赤经	赤纬	类型	星等	距离
后发座α	13时10分	+17°32'	双星	4.3	47光年
梅洛特111	12时25分	+26°00'	疏散星团	1.8	290光年
M53	13时13分	+18°10'	球状星团	7.6	58000光年
M85	12时25分	+18°11'	透镜状星系	9.1	6000万光年
NGC 4565	12时36分	+25°59'	旋涡星系	10.4	4000万光年

15H 14H 13H 12H 11H

40°

URSA MAJOR
大熊座

30°

CANES VENATICI
猎犬座

BOOTES
牧夫座

LEO
MINOR
小狮座

30°

37

NGC 4314

β   γ

NGC 4911

41   31   14   MELOTTE 111
16
NGC 4565   12
7

M64   23
35

M85
11

M53
DIADEM   α
东上将   36

LEO
狮子座

COMA
BERENICES
后发座

VIRGO
室女座

14H 13H 12H 11H

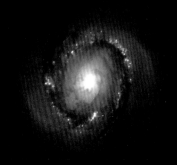

意想不到的螺旋

NGC 4911

这张来自哈勃太空望远镜的美丽图片展示的是一个正面的旋涡星系，这个星系位于后发座中心，距离地球 3.2 亿光年。其中的粉色星云是 NGC 4911 的旋臂，那里有恒星正在形成。造星活动很少会在大星系团的中心发生，因为在那里，星系间的碰撞和近距离接触，会从星系中剥夺形成恒星的物质。

针星系

NGC 4565

这个堪称完美的侧向星系位于后发座星团梅洛特 111 中间，但是它似乎和室女座星系团和后发座星团之间没什么联系。针星系由威廉·赫歇尔于 1785 年发现，属于棒旋星系，只是我们从地球上观测时，由于视角的原因，看不到"棒旋"结构。星系的星等是 10.4，我们可以通过小型天文望远镜观测它；如果用中型观测设备，我们能观测到沿星系横向分布的昏暗尘埃带，以及星系中心位置的突起。

星暴环

NGC 4314

这个不寻常的棒旋星系距离地球约 4000 万光年，最近经历了一次星暴。星系核周围的亮环是发生星暴的证据，也就是哈勃太空望远镜拍摄的这张照片中的蓝色和紫色光环。这个光环直径达上千光年，蓝色代表的是年轻星团，紫色代表的是形成恒星的氢气。从星团的颜色上看，它还很年轻，星暴可能发生在数百万年前。

▶ 后发座星系团

后发座以南，有很多属于室女座星系团的星系。后发座北部也有属于后发座的星系团。后发座星系团距离地球十分遥远，约 3.2 亿光年。其中最耀眼的星系是 NGC 4847 和 NGC 4889，它们都是通过吞并、吸收无数星系团中心区的小型星系形成的大型椭圆星系。这张假色图是通过可见光成像和红外数据合成的，图中的蓝色代表的是可见光，红色和绿色代表的是红外光。

赤经 13 时 00 分，赤纬 +27° 47′
星等 12.8
距离 3.2 亿光年

赤经 12 时 36 分，赤纬 +25° 59′
星等 10.4
距离 4000 万光年

赤经 12 时 22 分，赤纬 +29° 53′
星等 11.4
距离 4000 万光年

赤经 13 时 00 分，赤纬 +27° 58′
星等 11.4
距离 3.2 亿光年

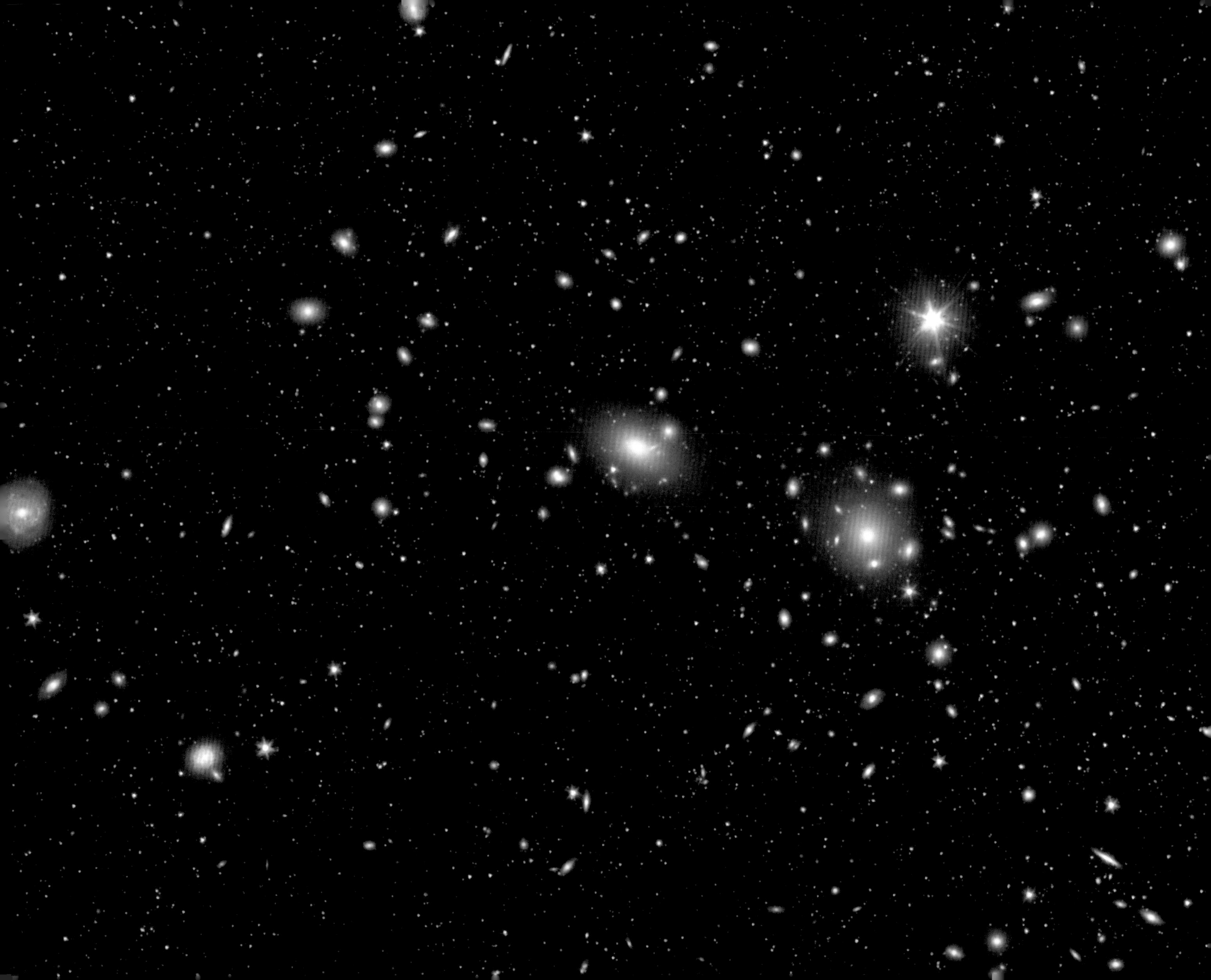

亮的是一对综合亮度为 1.0 的双星，这两颗炙热的蓝星距离地球 260 光年，每 4 天围绕彼此公转一周，由于两颗星体太过紧密，就算是最大型的天文望远镜也很难分辨出两个个体。室女座 γ（东上相）的黄白双星，我们用小型望远镜就能分辨出来。

星系团 室女座北部的大星系团是离地球最近的星系团，其中心距离地球约 5400 万光年。星系团中的星系群居于此，其中有数十个大旋涡星系和椭圆星系，图中的大型椭圆星系梅西耶 87 是星系团的中心。

	赤经	赤纬	类型	星等	距离
室女座α	13时25分	-11°10′	聚星	1.0	260光年
室女座γ	12时42分	-01°27′	双星	2.9	32光年
M49	12时30分	+08°00′	椭圆星系	8.4	6000万光年
M87	12时31分	+12°24′	椭圆星系	8.6	6000万光年
M90	12时37分	+13°10′	旋涡星系	10.3	6000万光年
M104	12时40分	-11°37′	旋涡星系	9.0	2800万光年

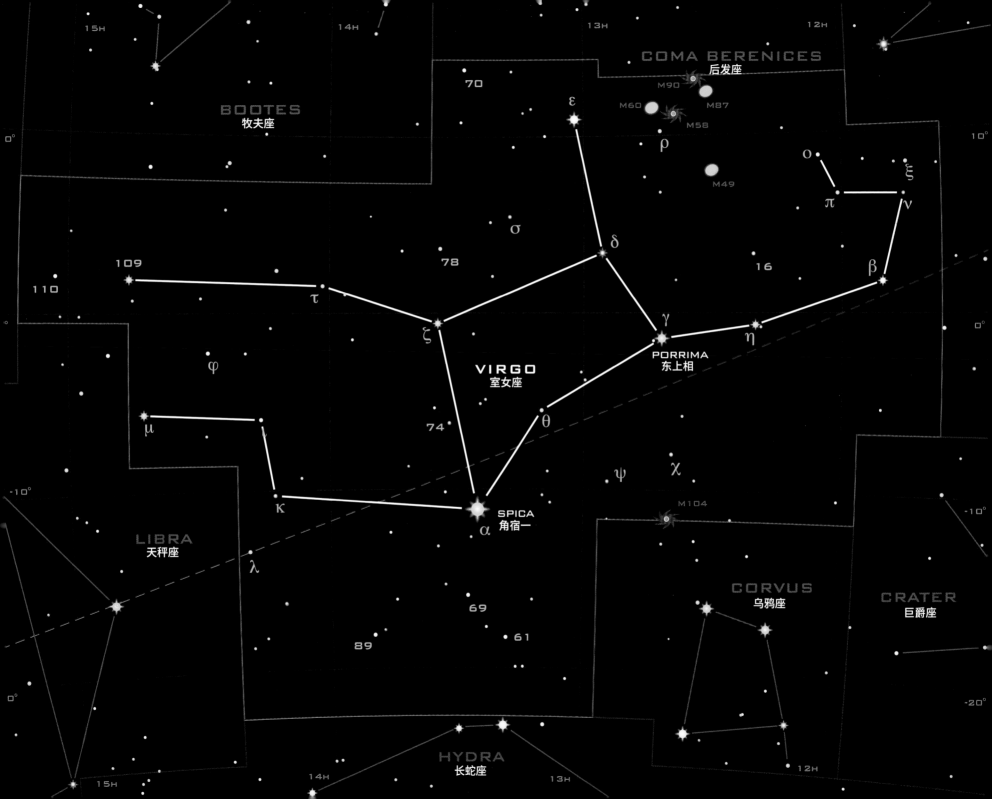

梅西耶87

M87 是位于室女座星系团中心的巨大椭圆星系，也是同类星系中距离地球最近的。通过小型天文望远镜，我们可以观测到 M87，它看起来和球状星团相似。实际上，M87 也是天空中最大的星系之一。在 M87 横跨 160000 光年的核心区，聚集着无数星体，大部分在以中心为原点、半径是 250000 光年内的区域内运行。星系中心发出的无线电信号和可见的物质喷射，说明 M87 的内核十分活跃——一个超大质量黑洞正在吸收周围的物质。这张来自哈勃太空望远镜的图片，展示了 M87 中一个被吞噬星系的尘状残骸，这些物质很可能是持续的星系核活动留下的遗迹。

赤经 12 时 31 分，赤纬 +12° 24'
星等 8.6
距离 6000 万光年

梅西耶58

这个棒旋星系距离地球 6800 万光年，位于室女座星系团的远端边缘，却是星系团中最亮的星系之一。通过小型天文望远镜，我们能观测到星系的亮核，但是很难分清它与附近的椭圆星系的界限。如果通过大型设备观测，我们能看到旋臂发出的光。在这张来自斯皮策太空望远镜的红外图像中，我们能看到相对稳定的成年星体从星系中心向外扩散开来，也能看到星系的棒旋和星系盘（图中蓝色），以及集中在悬臂上的恒星形成区的气体和尘埃（图中红色）。

赤经 12 时 38 分，赤纬 +11° 49'
星等 9.7
距离 6800 万光年

中心区域

这张图片覆盖的区域相当于 12 个满月在天空中占据的范围，囊括了室女座星系团中的两个星系集中区。图片左下角展示的是大型椭圆形星系 M87 及周围数十个星系，图片右上角展示的是两个相对较小的椭圆星系 M86、M84 及周围的星系。除此之外，还有第三个星系集中区，只是图片中没有显示，第三个星系集中区在大型椭圆星系 M49 周围。这三个星系群正在合并成一个大型星系群，这是所有的星系团都会经历的过程，天文学家可以借此推测星系团形成的年代。

赤经 12 时 30 分，赤纬 +08° 00′
星等 9.4
距离 6800 万光年

室女座　草帽星系 M104

星系盘

这个不同寻常的星系距离地球约 2800 万光年，位于室女座南部边缘，但是和室女座星团没有任何关系。如这张借助斯皮策太空望远镜的红外数据和哈勃太空望远镜的观测数据合成的图片所示，草帽星系呈椭球状，星系盘非常明亮。环状盘面上有温度相对较低的尘埃（醒目的红色），但大部分是冰冷的气态氢原子和氢分子——形成恒星所需的原材料。相比之下，星系中心区缺乏这类物质，没有证据显示星系中心区有恒星正在形成。

X射线图

合成这张图片时，使用了美国宇航局的钱德勒 X 射线天文台捕捉的 X 射线数据，以及哈勃太空望远镜观测到的可见光图像。钱德勒 X 射线天文台的观测结果显示，"草帽"的椭圆形光环上分布着很多 X 射线辐射源，星系核周围也释放出了大量辐射，天文学家认为那里潜伏着一个超大质量黑洞。草帽星系的星系核很活跃，但是跟狂暴的同类天体以及赛弗特星系相比，草帽星系的活动相当节制，草帽星系的黑洞可能只是在缓慢地吞噬周围的气体。

轮廓

这张精美的图片来自哈勃太空望远镜，在明亮的星系核的衬托之下，草帽星系外围尘埃带的轮廓看起来十分清晰。据估计，尘埃环的直径达 50000 光年，相当于银河系星系盘直径的一半。虽然距离地球 2800 万光年，草帽星系仍然是地球上看到的最亮的星系之一。通过小型天文望远镜或高清双筒望远镜，可以观测到整个草帽星系；通过大型观测设备或长曝光摄影设备，只能重点观测中心的隆起或尘埃带。

天秤座

秤

　　星光暗淡的天秤座位于室女座亮星角宿一和天蝎座心宿二之间。除了天秤座，黄道十二宫代表的全是动物，人们常将天秤座与更加明亮的相邻星座放在一起谈论。

　　古时候没有天秤座——将它视作天蝎座的蝎螯。天秤座在大约 1 世纪前后才成为独立的星座，那时候人们不再觉得它是天蝎座的一部分，认为是和室女座有关的东西。如今大家都认为天秤座是正义女神手里拿着的秤，室女座代表的就是正义女神。

　　氐宿一（天秤座 α）是一对相隔遥远的双星，通过双筒望远镜，能分辨出一颗 2.2 等星和一颗 5.2 等星。这对双星距离地球 77 光年，每 20 万年围绕对方公转一周。亮度更高的主星本身也是双星，但是即便通过大型天文望远镜观测，也无法分辨出两个个体。氐宿四（天秤座 β），是天空中非常少见的发出强绿光的星体之一。

格利泽 581　这颗红矮星位于天秤座 β 东北方，距离地球 22 光年，它的行星系统是离地球最近的行星系统之一。2005 年，天文学家在那里发现了一颗海王星大小的行星，之后又确认了至少两颗行星，实际上可能多达 5 颗。其中包括与地球相似度最高的格利泽 581C，以及运行轨道在"宜居区"表面能留存液态水的 581d。

	赤经	赤纬	类型	星等	距离
天秤座α	14时51分	-16°00'	聚星	2.2/5.2	77光年
室女座ι	15时12分	-19°47'	聚星	4.5	142光年
天秤座48	15时58分	-14°17'	变星	c.4.9（变）	510光年
NGC 5897	15时17分	-21°01'	球状星团	8.5	40000光年

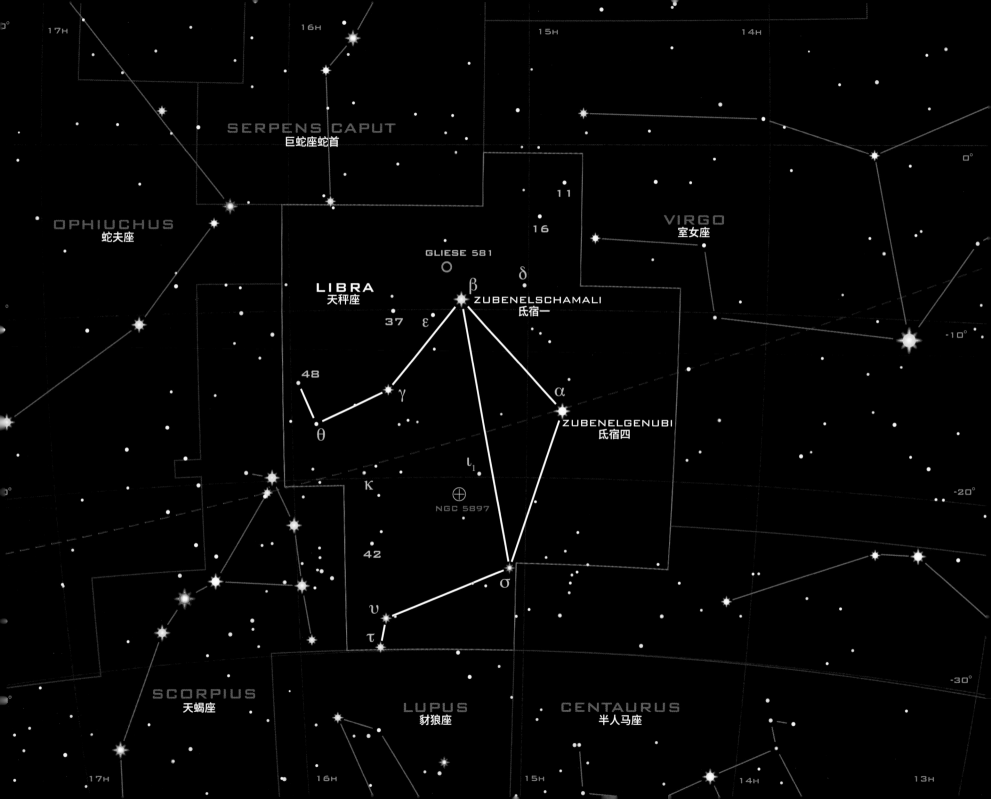

巨蛇座

蛇

巨蛇座比较特殊，是天空中唯一分成两部分——巨蛇座蛇首和巨蛇座蛇尾——的星座，巨蛇座首、尾两部分分别位于蛇夫座两侧。

很久以前，人们曾将天空中的这个区域视作正在缠斗的一个人和一条龙。古希腊天文学家一开始认为是医神阿斯克勒庇俄斯手拿着蛇。银河很大一片区域处于巨蛇座蛇尾部分，其中就包括壮丽的老鹰星云，以及与其关系密切的星团梅西耶 16，著名的"创造之柱"就位于梅西耶 16 内。蛇首位于银河系星系盘上方，在那里可以找到明亮的球状星团 M5。

巨蛇座 α，又名天市右垣（蛇颈），是一颗距离地球 73 光年的橙巨星，星等为 2.6。巨蛇座 δ 是聚星系统，其中有一对距离地球 210 光年的亮星（星等分别为 4.2 和 5.2），通过大型天文望远镜能看到一颗暗淡的红矮星围绕它们运行。

巨蛇座南　浓厚的尘云掩盖了位于巨蛇座蛇尾南边的部分银河系，这部分尘云与天鹅座的尘埃带同属于长长的银河大暗隙（参见第 65 页）。2007 年，科学家利用美国宇航局的斯皮策太空望远镜的红外观测系统，透过灰尘，在远处发现了一片年轻的恒星云。长蛇座南星团中大约有 50 颗星体，分布的区域跨越了 5 光年，距离地球 850 光年，其中很多星体尚处于形成阶段。

	赤经	赤纬	类型	星等	距离
巨蛇座θ	18时56分	+04°12′	聚星	4.6/5.0/6.7	130光年
巨蛇座v	17时21分	-12°51′	双星	4.3/8.4	193光年
M5	15时19分	+02°05′	球状星团	5.6	24500光年
M16	18时18分	-13°47′	疏散星团	6.4	7000光年

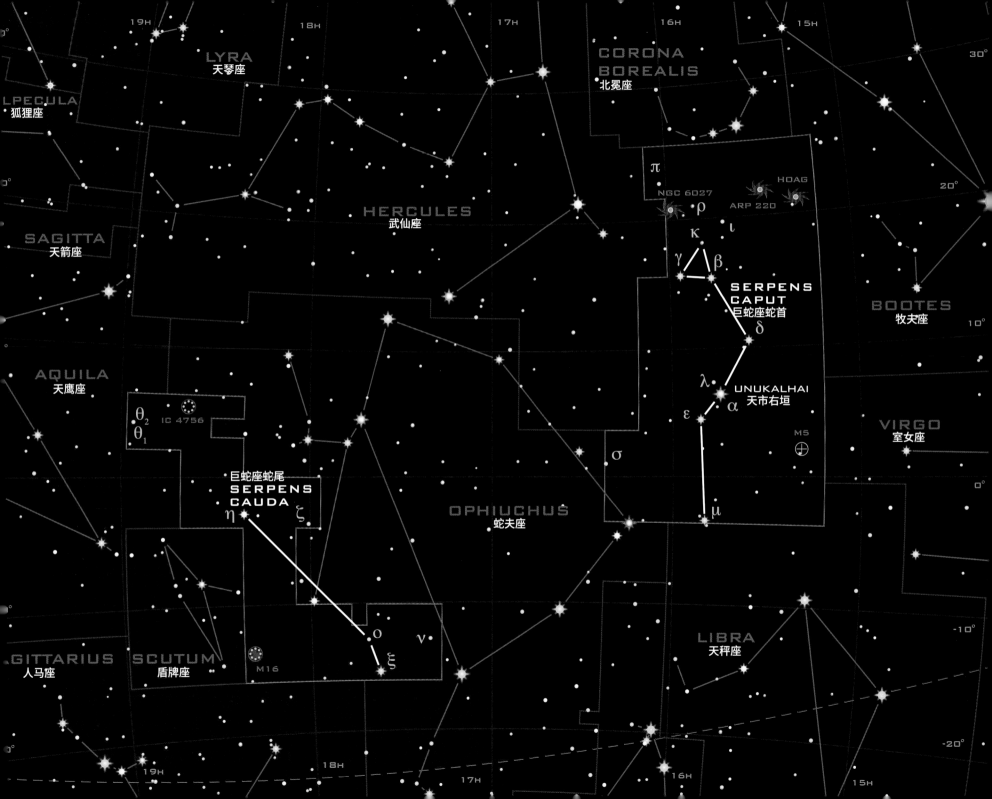

巨蛇座　内视图

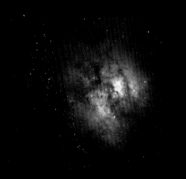

霍格天体

美国天文学家阿特·霍格于 1950 年在巨蛇座西北方发现了这个美丽的轮状天体，他当时不敢确定这是附近的行星状星云还是一个奇特的遥远星系。后来的观测证实，霍格天体实际上是一个罕见的"戒指星系"，与地球相距 8 亿光年。在那之后，天文学家确认的其他戒指星系都能找到与小型星系碰撞的证据，冲击波形成星系环。但是霍格天体似乎并不是通过星系撞击形成的，它究竟是如何形成的，天文学界目前也没有定论。

梅西耶 5

在漆黑的夜晚，我们用肉眼就能观测到 M5。巨蛇座和相邻的蛇夫座中坐落着多个球状星团，M5 是其中最亮的。通过双筒望远镜进行观测，它看起来像一颗引人注目的模糊"星体"；通过小型天文望远镜进行观测，能分辨 M5 外围的单独星体。M5 横跨约 165 光年，包含数十万颗星体——很可能多达 50 万颗，它是已知的最古老的球状星团之一，已经存在了 130 亿年之久，其中可以帮助测算星体精准距离的天琴座 RR 型变星尤其多。

ARP 220

美国天文学家霍尔顿·阿尔普于 1966 年出版的《特殊星系图鉴》收录了这个位于巨蛇座的特殊天体。阿尔普确认了 338 个结构特殊的星系，所谓的特殊，指的是不属于旋涡星系、椭圆星系、不规则星系这类标准结构的星系。在接下来的几十年，随着天文学家进一步的深入观测表明，很多这类特殊天体实际上是两个相撞的星系，卫星天文台揭示了这类天体其他不同寻常的特征。例如，ARP 220 释放出了大量红外（热）辐射，天文学家认为是星系相互碰撞融合时引发大规模星暴导致的。

▶ 赛弗特六重星星系
NGC 6027

这是美国天文学家卡尔·赛弗特于 20 世纪 40 年代末在巨蛇座蛇首发现的致密星系团，最初被认为包含了六个星系。然而，后来的研究表明，那个小型正向旋涡星系比其余五个远得多；而右下方那个弥散的模糊天体是一个"潮汐尾"，其中的物质来自其他相互作用的星系。即便如此，剩余的星团仍然令人印象深刻，有四个星系（三个侧向旋涡星系，一个中间有明显尘埃带的椭圆星系），集中在一片横跨 100000 光年的太空空间中。

赤经 15 时 17 分，赤纬 +21° 35′
星等 0.3-1.2（变）
距离 800 光年

赤经 15 时 19 分，赤纬 +02° 05′
星等 5.6
距离 245000 光年

赤经 15 时 34 分，赤纬 +23° 30′
星等 13.9
距离 2.5 亿光年

赤经 15 时 59 分，赤纬 +20° 45′
星等 14.7
距离 1.9 亿光年

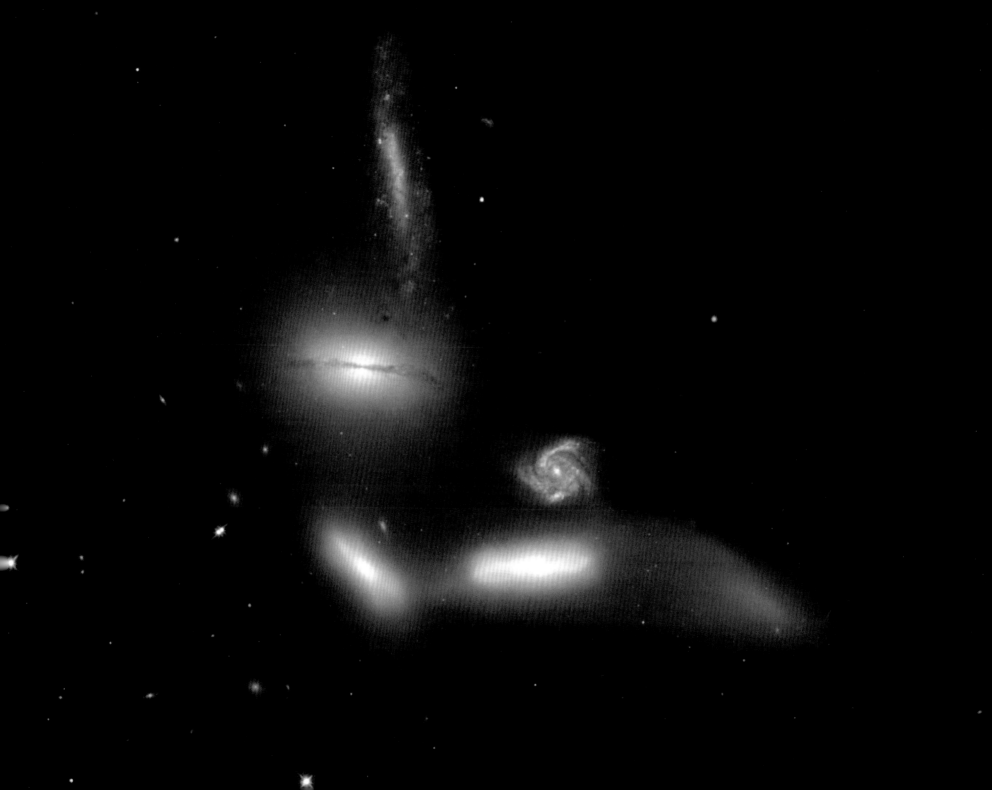

巨蛇座　老鹰星云 M16

老鹰星云　梅西耶16

M16 星团的亮度为 6.4 等，用肉眼很难观测到，但是通过双筒望远镜或小型天文望远镜能轻松地找到它。这个星团大约形成于 500 万年前，十分年轻，它目前仍然位于壮丽的老鹰星云（老鹰星云中持续有新恒星形成）。瑞士天文学家菲利普·罗伊斯·德赛索于 1745 年发现这个星团，查尔斯·梅西耶在这之前的 119 年发现了老鹰星云。虽然图片看起来十分引人注目，实际上只有借助最大型的业余天文望远镜才能观测到老鹰星云的种种细节。

赤经 18 时 19 分，赤纬 -13° 47'

星等 6.4

距离 7000 光年

创造之柱

1995 年，天文学家将哈勃太空望远镜对准老鹰星云，拍下了这张标志性的图片。图中的柱状结构位于老鹰星座中心，是致密的恒星形成区。天文学家首次清楚地看到了恒星形成的过程，他们马上给它取了个绰号，叫"创造之柱"——这个名字被媒体广泛传播。图片中的单个柱体高达 4 光年，柱状区密度足够高，可以抵挡 M16 中的亮星散发的强烈辐射，将气体回弹至星云中。每个柱体中都有数十个高密度气体结，这些气体结的密度还在不断增加，发展出自己的引力场之后，就能吸引周围的物质，孕育出新恒星。

▶ 尖塔

2005年，负责哈勃项目的科学家再次瞄准老鹰星云，开始研究它的其他特征，他们要对一个相对高但是稀薄、绰号为"尖塔"的气柱（图中只展示了气柱的上部）进行深入研究。由于附近的新生恒星发出强烈辐射，"尖塔"正遭受严重侵蚀，导致"尖塔"看起来像是笼罩在诡异的光芒中。富含氢元素的气柱中有很多致密的物质结，这些物质结会进一步发展成恒星，但是如果周围可以形成恒星的原材料被剥离，它们的成长就会终止。任何星云中的第一代恒星在获取原料方面都有先天优势，后来者永远追不上，它们还会剥夺后辈的资源。

蛇夫座

捕蛇人

这个位于天赤道附近的大型星座中没有什么亮星，但是我们可以借助临近星座的亮星找到它，因为蛇夫座正好位于牵牛星（天鹰座 α，又名河鼓二）和角宿一（室女座 α）之间、天蝎座耀眼的心大星（天蝎座 α，又名心宿二）以北。

人们认为蛇夫座和分成两部分的巨蛇座有关，巨蛇座蛇首、蛇尾分别位于蛇夫座两侧。蛇夫座常被描绘成一个与巨蛇搏斗的伟人，从罗马时代起，这个伟人就被视作医药神埃斯科拉庇俄斯。传说中，他手持的手杖上缠着一条蛇。也有人认为这个星座算是黄道十二宫的第十三个成员，受岁差（参见第 15 页）的影响，如今黄道会穿过蛇夫座，月亮和其他行星常会出现在蛇夫座的范围内。

蛇夫座的最亮星——蛇夫座 α（中名侯）是一颗白星，星等为 2.1，亮度会发生轻微变化。它距离地球 47 光年，与一颗看不见的伴星构成双星系统。蛇夫座 ρ 是美丽的四重星系统，综合星等为 4.6，依然位于自己诞生的星云中。

梅西耶 9　蛇夫座中有很多球状星团，梅西耶 9 可能是其中最引人注目的一个。梅西耶 9 被发现于 1764 年，离银河系中心不远，距离地球 25800 光年，星等为 8.4。至少要借助双筒望远镜才能观测到它，如果用天文望远镜观测，效果更佳。

	赤经	赤纬	类型	星等	距离
蛇夫座ρ	16时26分	-23°27′	聚星	5.0/5.9/6.7/7.3	395光年
蛇夫座70	18时05分	+02°30′	双星	4.0/6.0	17光年
巴纳德星	17时58分	+04°42′	红矮星	9.5	5.9光年
M10	16时57分	-04°06′	球状星团	6.4	14000光年
M12	16时47分	-01°57′	球状星团	7.7	16000光年

龙虾星系 NGC 6240

哈勃太空望远镜拍摄的这张照片中有一个看起来很不寻常的天体，它实际上是 3000 万年前的星系碰撞和融合中断的结果，至少再过 1 亿年才能充分融合。X 射线图片显示其中有两个独立的核心——两个相隔 300 光年的巨大黑洞最终会发生碰撞，合二为一。这个星系散发的红外（热）辐射比预估的多得多，也许是恒星形成加速发热的结果，也可能是受活跃的黑洞影响。

赤经 16 时 52 分，赤纬 +02° 24′
星等 12.8
距离 4 亿光年

巴纳德星 蛇夫座V2500

巴纳德星本是一颗不起眼的红矮星，之所以名声在外，是因为它离地球较近（与地球相距 5.9 光年）。巴纳德星在天空中的移动速度引起了天文学家的关注，它的"自行运动"（顾名思义，即星体自身的运动）速度极高，再加上我们的太阳系朝相反的方向移动，导致每 180 年就能跨越 1 度（1 个满月的宽度）。上面的证认图（目标天体所在方位的天区图），描绘了它在蛇夫座中的位置和大致的移动方向。虽然巴纳德星与地球相距不远，但是直到 1916 年，它才被美国宇航局的天文学家爱德华·爱默生·巴纳德观测到。

赤经 17 时 58 分，赤纬 +04° 42′
星等 9.5
距离 5.9 光年

► 蛇夫座ρ

虽然凭肉眼看，蛇夫座 ρ 很不显眼，但是如果通过小型天文望远镜，甚至是双筒望远镜观测，就能看到它美丽的聚星系统。蛇夫座 ρ 的中心是一颗星等为 5.0 的星体，还有星等分别为 5.9、6.7 和 7.3 的伴星。所有的星体都是炙热的蓝白星，只存在了百余万年，仍然位于孕育自己的残余气体中。长曝光摄影显示，这个区域满是散发出美丽光芒的气体云，以及显出昏暗轮廓的尘埃带。在这张图片中，上方的蓝色星云状物质笼罩着蛇夫座 ρ，右下角的橙色光芒来自心大星。

赤经 16 时 26 分，赤纬 -23° 27′

星等 4.6

距离 395 光年

天鹰座和盾牌座

老鹰和盾牌

有亮星牵牛星的指引，很容易找到这两个位于天赤道附近的星座。对于处在北半球的观测者来说，牵牛星位于"夏季大三角"的下方；而处于南半球的观测者可以在人马座以北的区域寻找这两个星座。

从公元前 4 世纪起，天鹰座就被视作一只老鹰，有人认为它是帮宙斯携带雷电的飞鸟，也有人认为它是为了诱拐加尼米德化身成鹰的宙斯本人。盾牌座是约翰内斯·赫维留于 1684 年创建的，代表的是波兰国王约翰三世索别斯基的盾牌。

牵牛星，即天鹰座 α，是天空中亮度排名第十二的星体，星等为 0.8，距离地球仅 17 光年，是少数几颗获取了星球表面图像资料的恒星。这颗年轻的白星正处于高速旋转中，导致它的赤道区隆起。盾牌座 α 的星等为 3.8，是一颗距离地球 174 光年的橙巨星，即便背景是耀眼银河系的点点繁星，依然能观测到它。梅西耶 11 位于盾牌座，又称"野鸭星团"，是银河系最耀眼的星团之一。

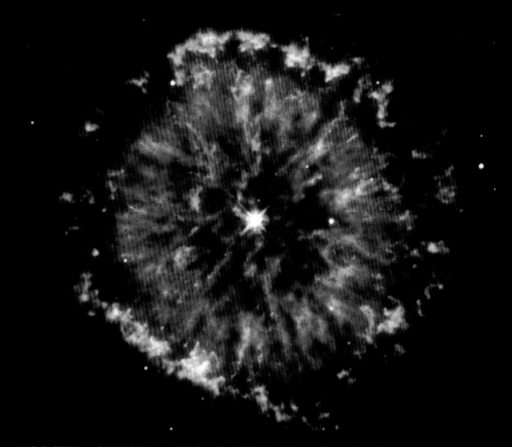

NGC 6751 这个引人注目同时让人心生疑惑的行星状星云位于星座西南角，在天鹰座 λ 附近。星云的星等为 11.9，距离地球 6500 光年，据估计直径达 0.8 光年。这个星云结构复杂，是炙热的中心恒星发散出的高速扩散的气体与数千年前被驱逐到太空中的冰冷物质发生碰撞的结果。

	赤经	赤纬	类型	星等	距离
天鹰座57	19时55分	-8°14′	双星	5.3	335光年
盾牌座δ	18时43分	-9°03′	变星	c.4.7（变）	187光年
盾牌座R	18时47分	-5°18′	变星	4.2-8.6（变）	2500光年
M11	18时51分	-6°16′	疏散星团	6.3	6000光年

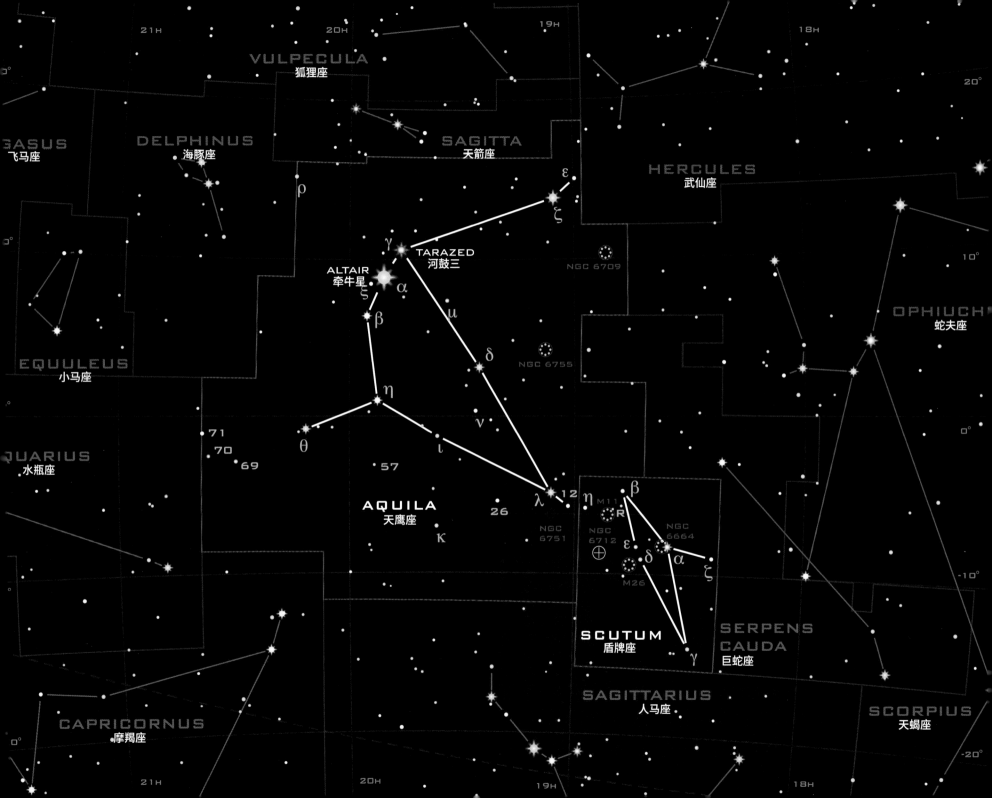

海豚座和小马座

海豚和小马

这两个小巧的星座位于容易辨认的飞马座四边形的西南边。人们将近似菱形的星座想象成跳跃的海豚，将不规则的四边形想象成马头。

虽然海豚座面积很小，图形简单，但是其中的几颗星星组合起来确实很像海豚的形状。在神话传说中，这只海豚是海神波塞冬的仆从，救过遭遇海难的诗人阿里翁。海豚座的最亮星是海豚座 β（中名瓠瓜四），星等为 3.6。海豚座 α（中名瓠瓜一）的星等是 3.8。海豚座 α 和海豚座 β 都是双星，通过业余天文望远镜观测时无法分辨它们。但是，海豚座 γ 的双星系统很容易分辨，其中有一颗星等为 4.3 的橙黄色主星，还有一颗相对暗淡、星等为 5.3 的伴星，能观测到明显的白光、蓝光和绿光。

小马座怎么看都不像一匹马，经常被视作一匹马的头部。这个说法确实有些令人费解，但是从古时候起，就认为这个星座与帕加索斯（飞马座）的小驹瑟拉瑞斯有关。

遥远的巨型星团 球状星团 NGC 693 是德国出生的英国天文学家威廉·赫歇尔于 1785 年在海豚座南边发现的。星团的星等为 8.8，距离地球约 50000 光年，通过双筒望远镜勉强可以观测到，如果用小型天文望远镜观测，效果更佳。

	赤经	赤纬	类型	星等	距离
海豚座α	20时40分	+15°55′	双星	3.8	240光年
海豚座β	20时38分	+14°36′	双星	3.6	98光年
海豚座γ	20时47分	+16°07′	双星	4.3/5.1	104 光年
小马座α	21时16分	+05°15′	双星	3.9	186光年
小马座ε	20时59分	+04°18′	聚星	5.2	197光年

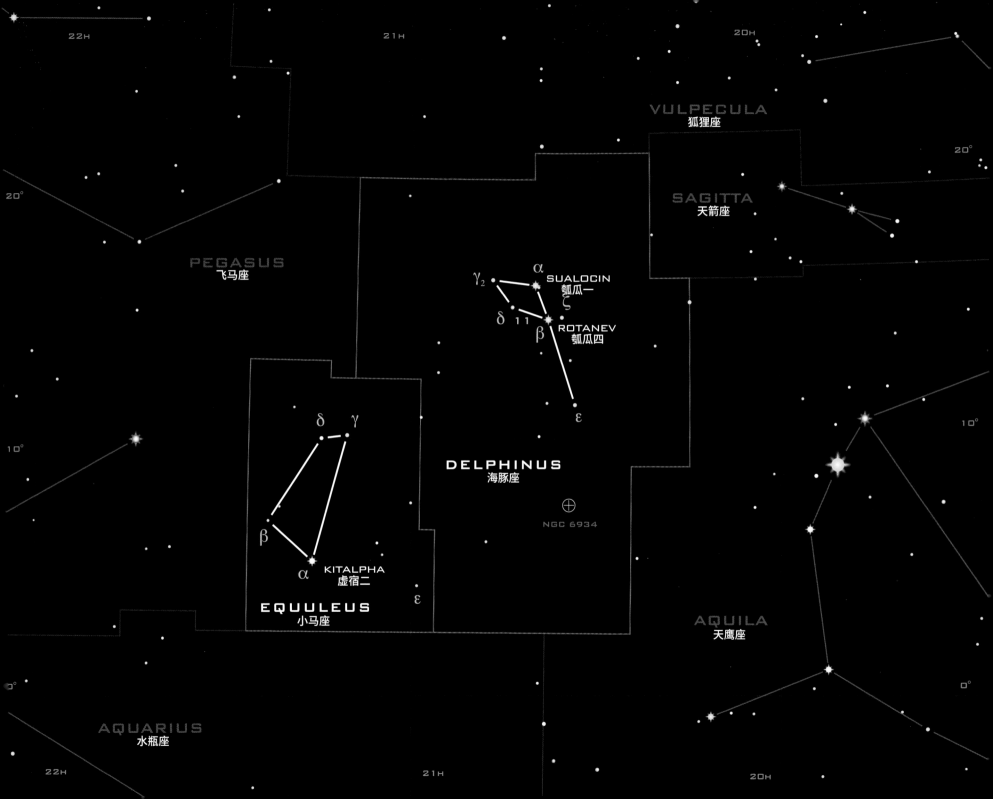

飞马座

飞马

虽然名为飞马座，但是看起来实在不像一匹长着翅膀的马。由于星座中的最亮星组成了一个非常显眼的四边形，因此很容易辨认。

组成"飞马座四边形"的星星常被描绘成马的前半部分身躯，星光相对微弱的星链代表前肢和头部。对于北半球的观测者而言，飞马的形象是颠倒的。组成四边形的四颗星中，位于东北角（飞马座 δ）同样属于仙女座（参见第 70 页）。飞马座 α（中名室宿一）是一颗星等为 2.5 的白星，距离地球 140 光年；飞马座 β（中名室宿二）是一颗距离地球 200 光年的红巨星，星等在 2.3–2.7 之间变化，亮度变化无规律可循；飞马座 γ（中名壁宿一）是一颗炙热的蓝星，距离地球 330 光年，星等为 2.8。

飞马座的最亮星是飞马座 ε（中名危宿三）。它是一颗橙超巨星，位于飞马的鼻子处，星等在 2.4 上下变化。飞马座 ε 距离地球 690 光年，通过小型天文望远镜能清楚地观测到它有一颗蓝色的伴星。

斯蒂芬五重星系　法国天文学家爱德华·斯蒂芬于 1877 年发现了这个星系团（如今被收录为希克森天体 HGC92）。斯蒂芬发现这个星系团中有五个成员，但是最近的研究表明，左上角的旋涡星系与其他星系相隔甚远，距离地球 4000 万光年，其余四个成员距离地球 3 亿光年。

	赤经	赤纬	类型	星等	距离
飞马座β	23时04分	+28°05'	变星	2.3-2.7	200光年
飞马座γ	00时13分	+15°11'	变星	c.2.8	330光年
飞马座ε	21时44分	+09°53'	变星	0.7-3.5	690光年
飞马座51	22时57分	+20°46'	行星系统	5.5	50光年
M15	21时30分	+12°10'	球状星团	6.2	34000光年

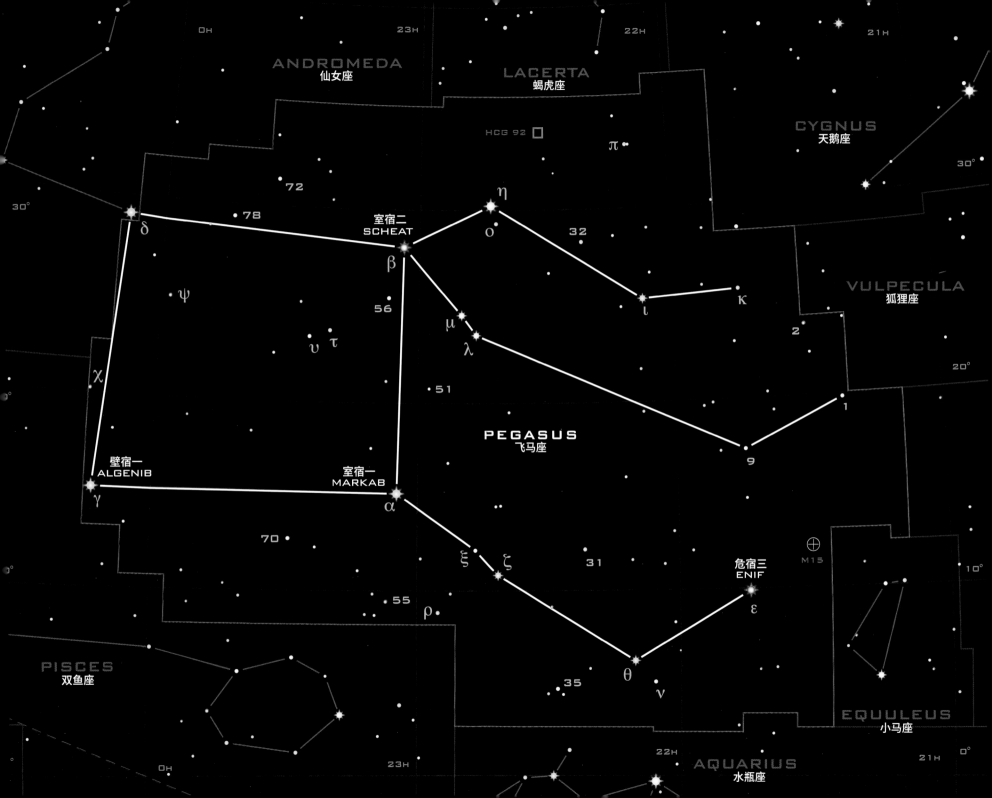

水瓶座的轮廓很难形容，却是历史最悠久的星座之一，从约公元前 2000 年的古巴比伦时期起，天文学家们就认为这是一个人手持水壶正在倒水。

从古时候起，人们就认为水瓶座与加尼米德有关。加尼米德是一个被宙斯（化作天鹰座代表的老鹰）诱拐至奥林匹斯山为希腊众神侍酒的美少年。相对明亮的水瓶座ζ周围的几颗星组成一个 Y 形，代表水壶，水从这个位置朝西南方向，也就是南鱼座的亮星南鱼座 α（北落师门）倾倒。

水瓶座的最亮星水瓶座 α 和水瓶座 β 又名危宿一、虚宿一，两个都是星等为 2.9 的黄巨星，分别距离地球 760 光年和 610 光年。水瓶座 β 的绝对亮度相对较暗，但是由于距离地球更近，反而看起来更亮。水瓶座ζ是迷人的双星系统，两颗星都是白星，二者相隔不远，星等分别为 4.3 和 4.5，几乎正好位于天赤道。

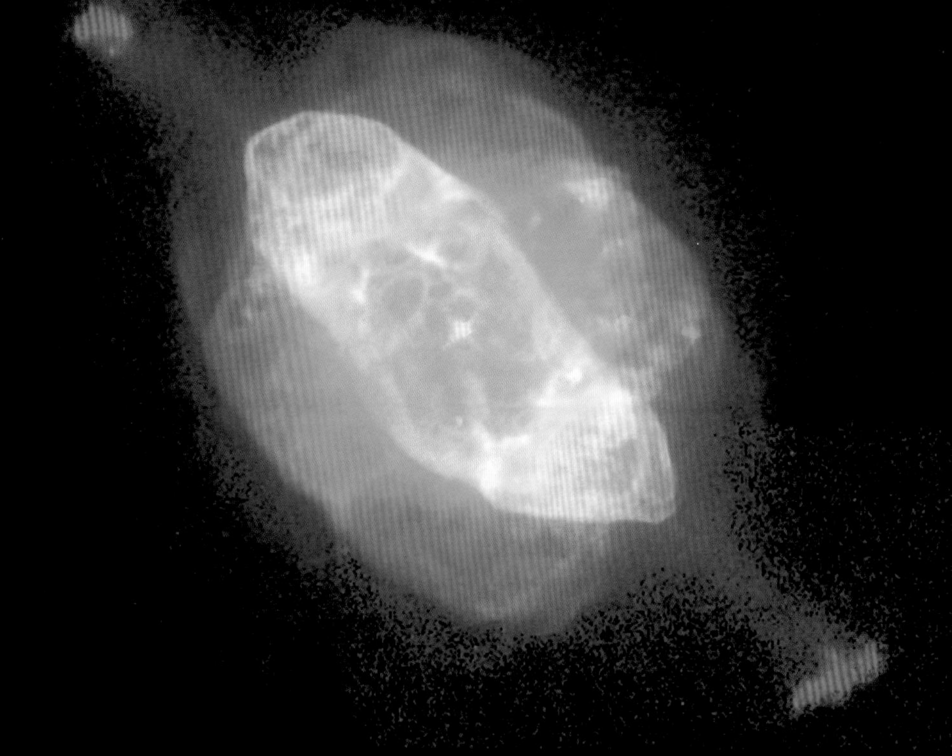

土星星云 这个行星状星云在目录中的编号是 NGC 7009，位于水瓶座西南部，距离地球约 5200 光年，由于通过小型天文望远镜观测到它看起来很像带星环的土星，因此得名土星星云。土星星云紧凑致密，星等为 8.0，观测起来相对容易。

	赤经	赤纬	类型	星等	距离
水瓶座ζ	22时29分	-00°01′	双星	4.3/4.5	103光年

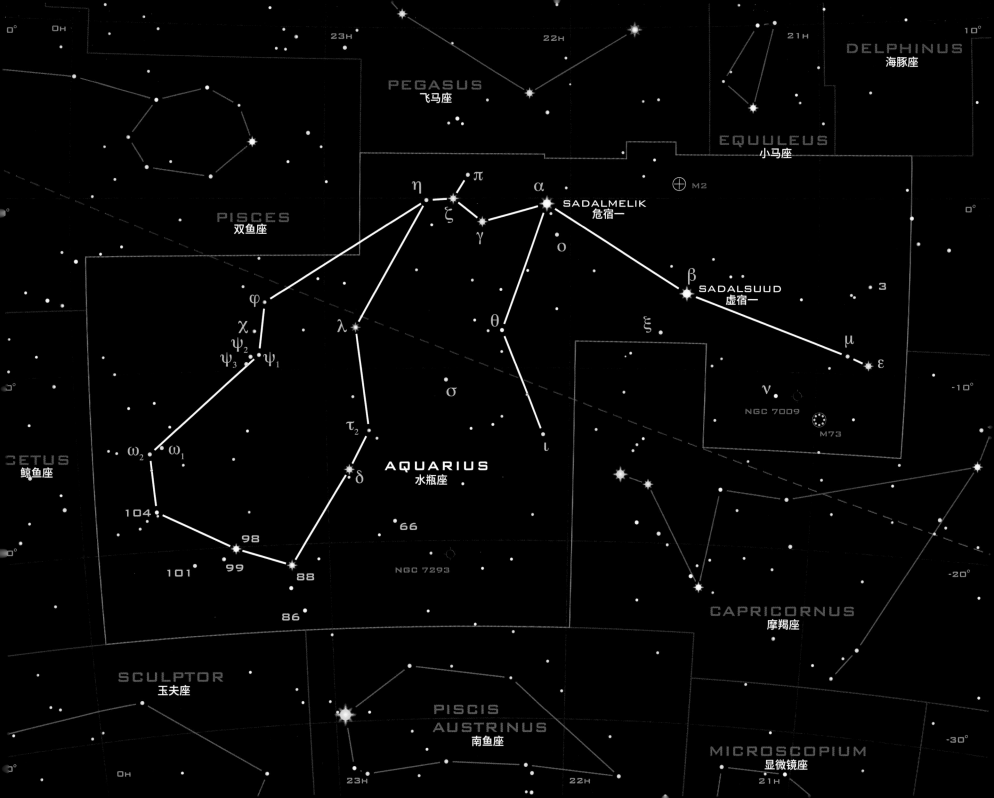

水瓶座　螺旋星云 NGC 7293

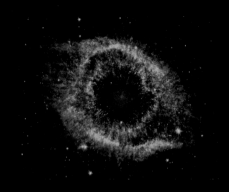

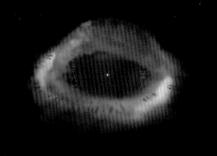

红外之眼

这是一张螺旋星云的红外图像，这张图片由多张不同波段的红外图片组合而成，揭示了星云内部的温度变化情况。图片中，外层的蓝色和绿色区域是相对炙热的气体，其中的辐射状结构是恒星即将从红巨星变成白矮星之时吹散外层气体形成的。中心附近的红光来自相对冰冷的尘埃，是斯皮策太空望远镜不经意间观测到的。有一种理论认为，一团彗星云让它这颗处于红巨星阶段的恒星变得活跃起来，由于彗星云运行轨道足够远，才没有导致它直接毁灭。

壮丽的VISTA图像

NGC 7293 的外形十分引人注目，这张图片来自位于智利的欧洲南方天台可见光和红外巡天望远镜（Visible and Infrared Survey Telescope for Astronomy，缩写VISTA）。地基望远镜的红外观测很难探测到低温物质，但是斯皮策之类的卫星天文台可以。这张图片显示了星云内部和外部的低温气态分子散发的辐射。这次的观测结果不仅揭示了星云发光部分出人意料的精细结构，还展示了气体从中心恒星向外扩散至超过 4 光年之外的情形。

不同角度

天文学家凭借对螺旋星云的发光和无线电研究，建立了三维模型。对星云不同部分移动的方向和速度进行测定，他们发现之前的"面包圈状"星云模型是错的。这个螺旋星云由两个相互交叉的星云盘组成，相交的角度为接近直角的锐角。从地球上看，星系的主要环状结构其实是较小的盘面，较大的盘面变成了外圈，整个星云发着光在宇宙中移动，不断和星际物质发生碰撞。

▶ 哈勃图像

由于离地球较近，这个螺旋星云是从地球上观测到的最明亮也是最大的星云之一。它发出的光辐射的空域比 1 个满月还大。对于大多数观测者而言，可以使用双筒望远镜或低倍天文望远镜，在漆黑的夜晚观测。如果观测效果好，这个星云看起来像一个模糊的光盘。要想观测到哈勃太空望远镜拍摄的复杂结构，就要使用专业太空望远镜或长曝光摄影设备。

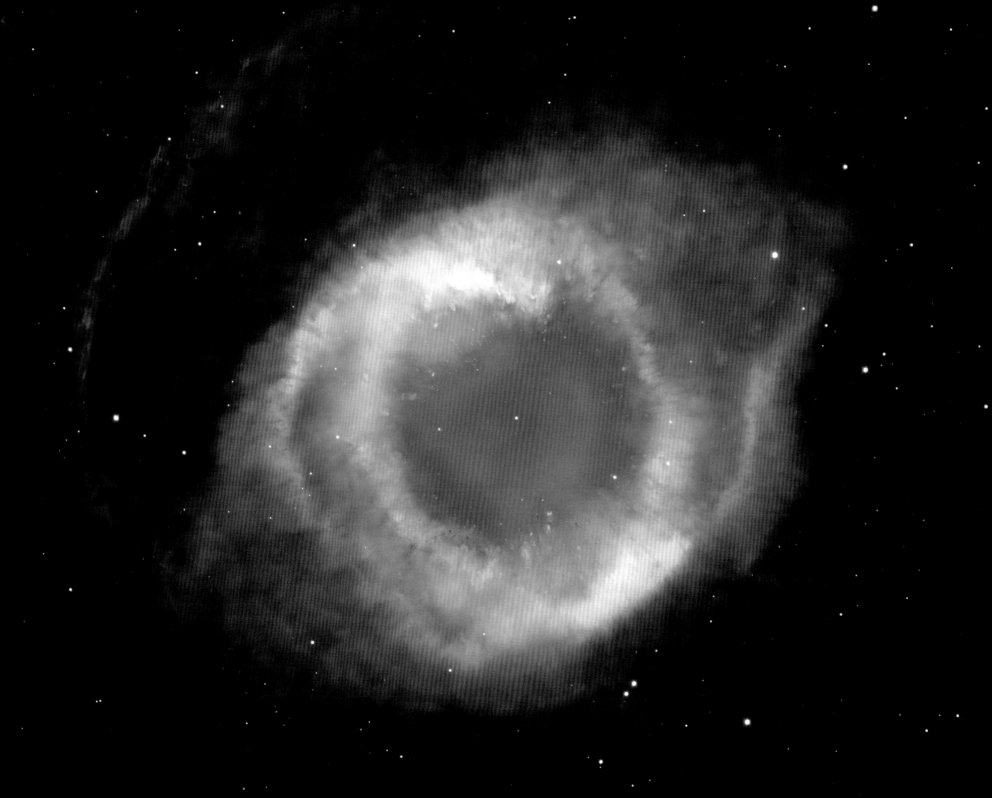

鲸鱼座

海怪

这个大型星座横跨天赤道，位于金牛座西北方，由于其中一颗关键的亮星会发生变化，因此不太容易辨认。

这个星座的拉丁名称是 cetus，也就是"鲸鱼"的意思，但是从古时候起，这个星座就被视作比鲸鱼可怕无数倍的海怪提丰。在神话中，这个怪物与双鱼座、摩羯座有关。传说中，这个怪物是神后赫拉派来破坏柯普斯（仙王座）和卡西奥佩亚（仙后座）的王国的。

鲸鱼座中有很多有意思的天体，包括迷人的双星鲸鱼座 γ，与前者相比视线距离翻倍的鲸鱼座 α（中名，天囷一），以及附近的鲸鱼座 τ 和鲸鱼座 UV 星 A 和 UV 星 B。最著名的是鲸鱼座 o（中名，蒭藁增二），鲸鱼座 o 是一颗律动缓慢的红巨星，星等在 3.0–10.0 之间变化，周期为 322 天。最亮的时候，鲸鱼座 o 是连接头和躯体的脖颈的连接点；最暗的时候，这个连接点消失，鲸鱼座会变成完全分开的两部分。

高速漫游者 这张紫外图像揭示的是鲸鱼座 o 在太空中高速移动的情形，它身后拖着一条由炙热的气体组成的尾巴。每一次漫长、缓慢的脉动都会抛出这些物质，被附近的伴星拉走。理论模型显示，在 322 天一个周期内，这颗星的直径会在太阳直径的 300 倍到 400 倍之间变化。

	赤经	赤纬	类型	星等	距离
鲸鱼座γ	02时43分	+03º14′	双星	3.5	82光年
鲸鱼座o	02时19分	-02º59′	变星	3.0-10.0（变）	420光年
鲸鱼座τ	01时55分	-15º56′	主序星	3.5	12光年
鲸鱼座UV星	01时39分	-17º57′	矮双星	8.6	12.5光年
M77	02时43分	00º00′	活动星系	9.6	6000万光年

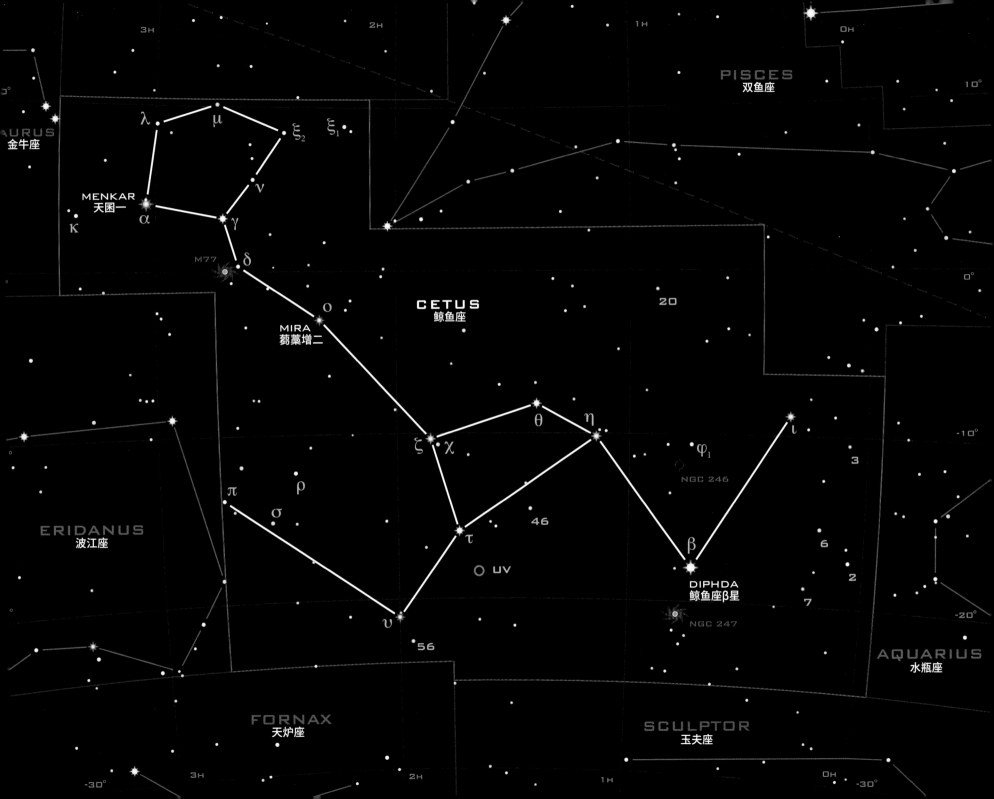

猎户座

猎人

从很久以前开始，这个明亮且容易辨认的星座就是南北天球中的重要成员。猎户座中有很多值得研究的天体，既有孕育恒星的活跃星云，也有即将走到生命尽头的恒星。

在希腊和罗马神话中，猎户座代表的是孔武有力的猎人俄里翁，俄里翁是狩猎女神阿尔忒弥斯的情人。据说俄里翁能战胜地球上的任何生物，后来被大地之母派来的蝎子蜇死。正因如此，猎户座和天蝎座至今仍然位于相互对立的位置。

猎户座中有几颗星显得格外耀眼，其中就包括参宿四（猎户座 α）、参宿七（猎户座 β），它们分别位于猎人的肩膀和膝盖。三条主星链中，相对较暗的一条被视作猎人的腰带。位于最东侧的是参宿一（猎户座 ζ），星等为 1.8，属于聚星系统，通过小型天文望远镜，能观测到参宿一有一颗星等为 4.0 的伴星；通过大型设备，能观测到参宿一有三个星等为 9.5 的成员。参宿一以南的一条星链和一团星云状物质构成了猎人的剑——这里是最值得研究的区域之一。

马头星云　猎户座后方弥散着大面积星际物质云，当附近恒星发出的光照亮物质云时才能观测到它，或者有更遥远的光源，才能显出物质云的轮廓。其中最著名的区域是马头星云，又名巴纳德33，在 IC 434 星云的映衬下，我们能清楚地看到 3.5 光年宽的暗尘构成了一枚国际象棋的形状。

	赤经	赤纬	类型	星等	距离
猎户座α	05时55分	+07°24′	变星	0.3-1.2	640光年
猎户座δ	05时32分	-00°18′	聚星	2.2/6.9/14.0	900光年
猎户座ζ	05时41分	-01°47′	聚星	1.8/4.0/9.5	820光年
猎户座θ	05时35分	-05°27′	疏散星团	4.0	1500光年
猎户座σ	05时39分	-02°36′	聚星	3.8/6.6/9.0	1150光年
M42，M43	05时35分	-05°27′	弥漫星云	4.0	1350光年
M78	05时47分	+00°03′	弥漫星云	8.3	1600光年
巴纳德33	05时41分	-02°28′	暗星云	/	1500光年

猎户座　内视图

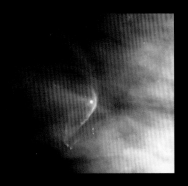

参宿四　猎户座α

猎户座 α 是一颗红超巨星，又名参宿四。虽然得名 α，而且是天空中亮度排名第十的亮星，但它却不是猎户座中的最亮星。猎户座的最亮星是猎户座 β，即参宿七。参宿四非常迷人，但是它太大了，而且大小和亮度会发生变化（大小在太阳直径的 300 倍到 400 倍之间起伏，亮度变化在 1.2 至 0.3 之间）。参宿四如此庞大，以至于哈勃太空望远镜甚至直接拍摄到了星球表面的图像，这是有史以来人类首次直接拍摄到遥远恒星的表面。

赤经 05 时 55 分，赤纬 +07° 24'
星等 0.3-1.2（变）
距离 640 光年

猎户座LL

这颗不久前诞生于猎户座星云的年轻恒星现在正往星云外移动，它最终会离开星云，进入太空。年轻的猎户座 LL 鲁莽横行，刮起了猛烈的恒星风，与之相比，太阳之类的恒星则显得十分恬静。猎户座 LL 的恒星风与迎面而来的星云气体碰撞在一起，产生"弓形激波"，这种激波与高速移动的船只在水面生成的波纹类似。星云和恒星风中的微粒相互撞击，释放出的能量使得交界处发出了耀眼的光芒。

赤经 05 时 35 分，赤纬 -05° 25'
星等 11.5
距离 1350 光年

◄ 火焰星云 NGC 2024

火焰星云位于著名的马头星云北侧不远处，其中充斥着星际气体和尘埃，是非常著名的星云。参宿一，也就是猎户座腰带最东侧的猎户座ζ，发出的光照亮了部分星云。星云中的新生恒星也照亮了一部分星云。火焰星云前面是昏暗的尘埃云，可见光呈现出了熊熊燃烧的火焰状。来自欧洲南方天文台的可见光和红外巡天望远镜的近红外图像，透过尘埃，展现了尘埃背后的另一番景象。

参宿七　猎户座β

虽然没拿到α的名号，但是猎户座β，也就是参宿七，确实是猎户座的最亮星。与猎户座α参宿四不同，参宿七是一颗耀眼的蓝白星。有人认为，之所以这样命名，是因为在历史的某个阶段，参宿四曾经比参宿七亮。像参宿七这样耀眼的蓝白超巨星，是已知质量最大的恒星——据估计参宿七的质量等于17个太阳，表面温度11000摄氏度（19800华氏度），实际亮度是太阳的66000倍。距参宿七不远处有一颗与之相伴的恒星，但是二者其实没有关系，只是将来有机会结成双星而已。

赤经 05 时 42 分，赤纬 -01° 51′
星等 2.0
距离 c.900 光年

赤经 05 时 14 分，赤纬 -08° 12′
星等 0.1
距离 860 光年

猎户座　猎户座星云 M42

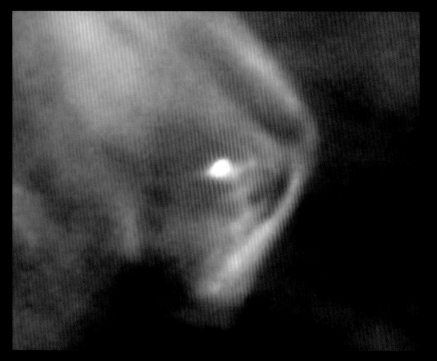

新生恒星

作为距离地球最近的恒星加工厂，猎户座星云为天文学家提供了难得的机会，让他们可以去验证自己的理论，细细探究新生恒星的各种特性。天文学家们取得了不少成果，其中一个最重要的收获就是证实了"原行星盘"确实普遍存在。即便在恒星开始发光之后，这些致密的气体和尘埃云依然会围绕恒星运行，其中的物质是后期形成恒星系统的重要原材料。还有一个重要的发现是，哈勃太空望远镜在星云中发现了大量轻质量棕矮星——质量不足以引发核融合的"失败恒星"，但是自身形成过程中会产生热量，因此也发光。

赤经 05 时 35 分，赤纬 -05° 27'
星等 4.0
距离 1350 光年

四边形星团

猎户座星云中心有一个紧凑的星团，通过小型天文望远镜观测，可以看到一个四重星系统。这个星团通常被称为"四边形星团"。1600 年，意大利天文学家伽利略·伽利雷于他的著作《星际使者》中首次提到了这个星团，后来星团中的星体数量增加，让星团的名字变得有些尴尬。从哈勃太空望远镜拍摄的这张照片中能看到五颗主要星体，它们散发的紫外辐射扩散至周围的星云状物质照亮了气体云。五颗主要星体的质量在太阳的 10-30 倍之间，这也就意味着，它们的生命周期不会很长，很快就会走向毁灭。

▶ 猎户座大星云

我们用肉眼能在猎户座 θ 以南看到一块
模糊的光斑，那块光斑就是 M42。猎户
座 θ 属于聚星系统，与其他星体一起构
成了猎户座的剑。星云呈现出的颜色虽然
透着粉色，但是绿光更强。通过双筒望远
镜或小型天文望远镜，能观测到猎户座大
星云的很多特征；通过大型天文望远镜观
测，美丽的花朵状结构看得更清楚。猎户
座的剑所在的区域有包括 M42 在内很多
值得研究的星云，但是无论是亮度还是
规模，除了 M42，谁也配不上"大星云"
这个名号。

麒麟座和小犬座

小犬座独角兽和小狗

明亮的猎户座正东，有一个看起来相对暗淡的大型 W 形星座，名为麒麟座。小犬座的最亮星南河三（小犬座 α），位于麒麟座最亮星的正北方。

麒麟座跨越了银河中一段明亮的区域，因此它的图形较难辨认。早期有些历史学家认为，麒麟座的起源应该追溯到古波斯或古阿拉伯时期，但是现在普遍认为是荷兰神学家彼得勒斯·普朗修斯于 1613 年创建了这个星座。麒麟座的轮廓虽然有些模糊，其中的恒星和深空天体却十分值得研究。例如，通过最小型的天文望远镜，我们就能观测到麒麟座 β 的三重星系统。

相比之下，小犬座显得小巧许多，但是其中有一颗星等为 0.3 的亮星南河三（小犬座 α）。小犬座是托勒密收录的 48 个星座之一，早在公元前 1 世纪就引起了人们的注意。南河三是距离地球最近的亮星之一，与地球仅相距 11.4 光年，与更耀眼的天狼星（参见第 142 页）有很多相似之处。

麒麟座 V838   2002 年 1 月，天文学家在麒麟座 δ 西南方向观测到了一次不寻常的恒星爆炸——很快将这个天体命名为麒麟座 V838。自那以后，这颗奇怪的星体就成了天文学家的重点关注对象，着重研究周围的气体和尘埃反射回来的爆炸"光回声"。据推测，爆炸原因似乎是一颗垂死的超巨星正在经历超新星爆炸。

	赤经	赤纬	类型	星等	距离
麒麟座β	06时29分	-07°02′	聚星	3.9	690光年
小犬座α	07时39分	+05°13′	双星	0.3	11.4光年
M50	07时03分	-08°20′	疏散星团	5.9	3200光年
NGC 2244	06时32分	+04°52′	疏散星团	4.8	5200光年
NGC 2266	06时41分	+09°53′	疏散星团	3.9	2700光年

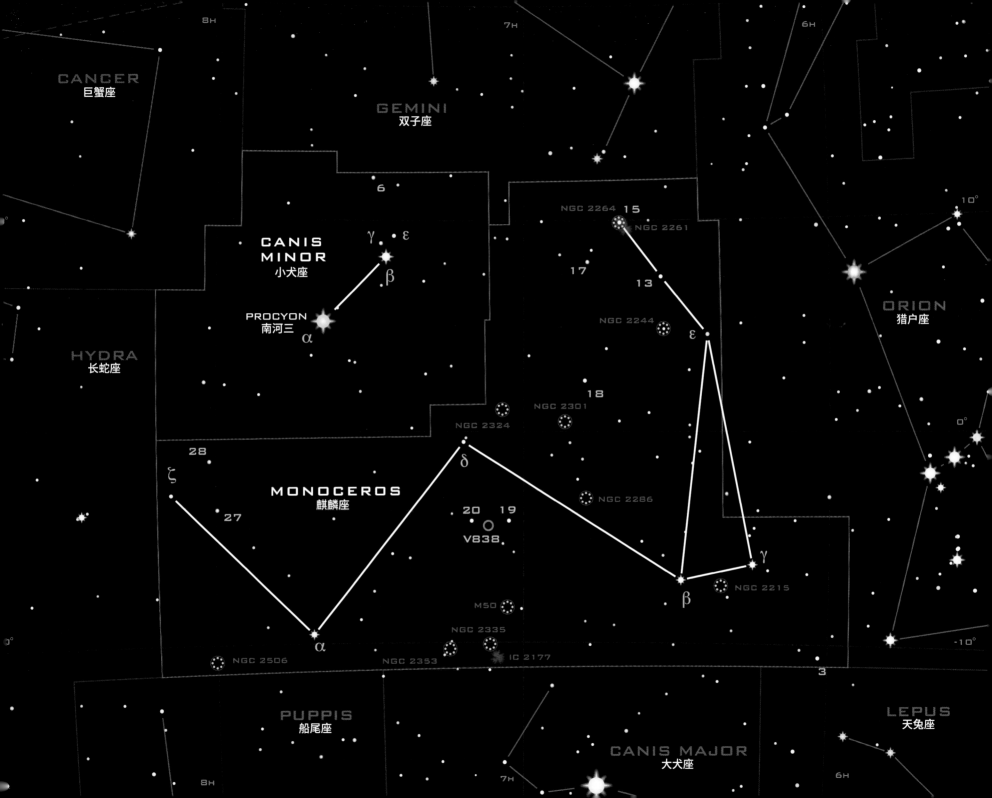

麒麟座 内视图

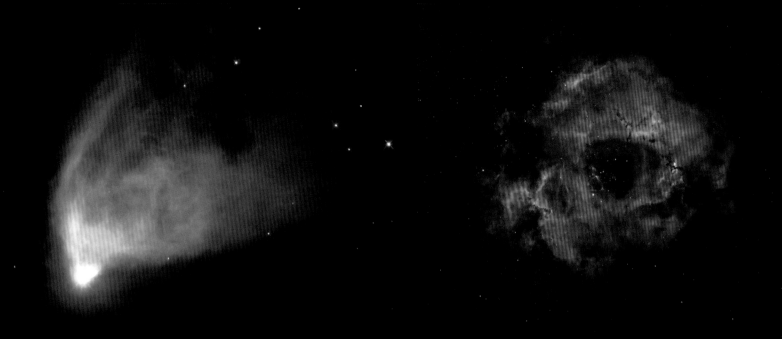

哈勃变光星云 NGC 2261

这片看起来有些奇妙的模糊星云位于星座北部的麒麟座 15 附近。天文学家发现，这片星云的表现很奇怪，无论是亮度还是形态都会发生变化。之所以取名哈勃，是为了纪念伟大的美国天文学家埃德温·哈勃，他是第一个对这片星云进行深入研究的天文学家。在这张来自哈勃太空望远镜的图片中，哈勃变光星云与图片下方不稳定的变星麒麟座 R 是连在一起的。麒麟座 R 属于金牛 T 型星——不稳定的新生恒星，会向外辐射物质，且亮度变化无规律可循。星云是被麒麟座 R 发出的光照亮的，因此星云的亮度也会随恒星亮度的变化而变化，由于光波也要长途跋涉，所以会有些延迟。

赤经 06 时 39 分，赤纬 +08° 44′
星等 10.0-12.0（变）
距离 2500 光年

蔷薇星云 NGC 2244

这片美丽的星云位于麒麟座 ε 东侧，看起来就像一朵在太空中绽放的鲜花。NGC 2244 是整个星云状结构中间位置的星团，其中聚集着很多大质量蓝星，恒星风会"掏空"中心区域，周围的气体会被那些恒星的辐射照亮，同时变得活跃起来。NGC 2237、2238、2239、2246 构成了蔷薇的其他部分。蔷薇星云直径约 130 光年，距离地球 5200 光年。用天文望远镜观测它时，需要将放大率调节至低位。其实，我们用肉眼也能观测到它，如果通过双筒望远镜，则能看得很清楚。

赤经 06 时 34 分，赤纬 +05° 00′
星等 9.0
距离 5200 光年

▶ 锥体星云 NGC 2264

NGC 2264 代表的是两个天体——一个是
明亮的圣诞树星团，还有一个是附近不透
明的尘埃柱，即锥体星云。附近的发射星
云为二者提供了美轮美奂的背景。圣诞树
星团用肉眼或双筒望远镜就能观测到，形
状也接近于圆锥形，与由气体和尘埃组成
的锥体星云"尖尖相对"。锥体星云实际
上也是"创造之柱"——一部分恒星形成
区也曾发展成圣诞树星团规模，从其中诞
生的恒星产物的辐射，让其收缩至现在的
规模。

赤经 06 时 41 分，赤纬 +09° 53'
星等 3.9
距离 2700 光年

大犬座

大狗

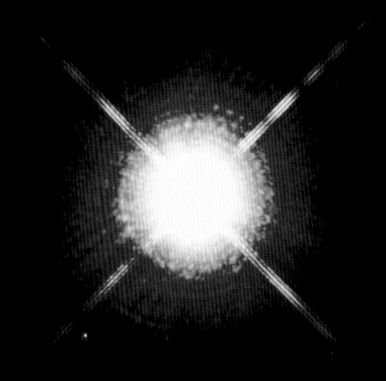

大犬座位于猎户座东南方，由于整个天空中最耀眼的天狼星身居其中，因此不会认错。大犬座中还有其他亮星和深空天体，很长一段银河贯穿其中。

最开始之所以将这个星座和狗联系在一起，可能是因为星座中的星星在天空中忠实地追随着伟大的猎人俄里翁（猎户座）。天空中最亮的天狼星（大犬座 α）的西名 Sirlus，在古希腊语里是"灼热"的意思，但是很长时间以来，大家都称之为"天狗星"。这颗炙热的白星，质量是太阳的两倍，绝对亮度是太阳的 25 倍，之所以是天空中的最亮星，很大程度上要归功于它与地球相隔不远——与地球相距8.6 光年，是离地球第五近的恒星系统。

相比之下，星座中的其他亮星与地球之间的距离要远得多。之所以看起来还那么亮，完全仰仗自身的绝对亮度。例如，大犬座 δ（弧矢一）的星等是 1.8，与地球相距 1800 光年，绝对亮度实际上是太阳的约 47000 倍。

天狼星系统 天狼星与地球相隔不远，但是它的伴星天狼星 B 却小到几乎无法观测到。天狼星 B 的星等是 8.5，亮度也不算太低，只是邻居太过耀眼，完全掩盖了它的光芒。这样一颗又小又弱的恒星，实际质量和太阳相当。天狼星 B 是一颗内核几乎燃烧殆尽的白矮星，追溯过往，它曾经比天狼星 A 还要耀眼。

	赤经	赤纬	类型	星等	距离
大犬座α	06时45分	-16°43'	双星	-1.46	8.6光年
大犬座β	02时23分	-17°57'	变星	2.0	500光年
M41	06时46分	-20°44'	疏散星团	4.5	2300光年
NGC 2362	07时19分	-24°57'	疏散星团	4.1	5000光年

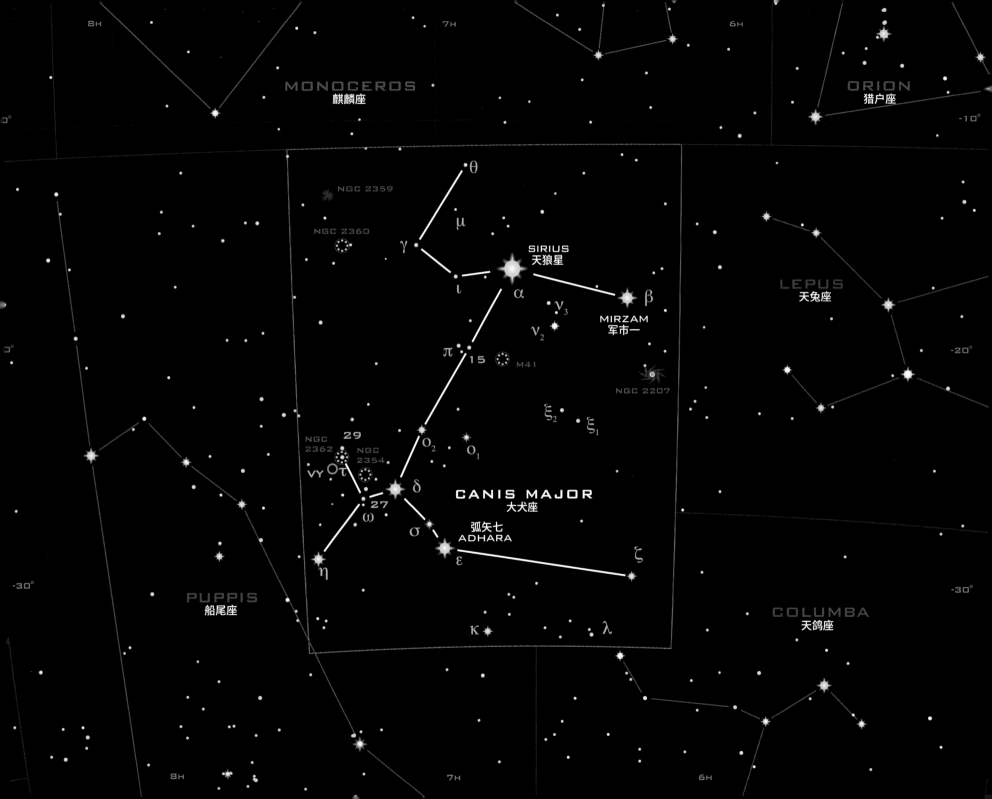

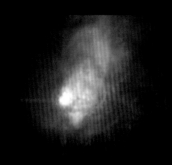

大犬座τ
星团NGC 2362

大犬座τ是一颗星等为4.4的蓝超巨星，它周围是大质量年轻疏散星团。星团的总质量大于太阳质量的500倍，综合星等是4.1，因此裸眼就能轻松地观测到，如果是通过双筒望远镜或小型天文望远镜观测，则能看得更清楚。上面的图片是斯皮策太空望远镜的红外成像结果，天文学家希望借此在这些年轻的恒星周围搜寻原行星盘，结果只在星团中最小的一颗恒星周围发现了原行星盘的身影。

超巨星
大犬座VY

大犬座VY是大犬座τ正南方的一颗红超巨星，是已知的最大星体之一。若是把它放到太阳系正中心，它的最外层能延伸到土星轨道。大犬座VY的质量是太阳的40倍，正朝着象征死亡的超新星爆炸急速狂奔。在生命的最后阶段，它变成了一颗不稳定的变星，爆炸时有发生，毫无规律可言，同时正在大肆抛撒外层气体和尘埃。这张彩色图片来自哈勃太空望远镜，用不同的颜色展现了恒星周围的尘埃分布情况。

雷神头盔
NGC 2359

这片美丽的星云属于发射星云，是泡泡中心的蓝巨星吹出的高能量恒星风创造出来的。微小粒子被高能恒星风吹送至周围的太空物质中，在此过程中会发光，由此形成的弓形激波跨越了约30光年。中心的蓝巨星在天空中移动，这个泡泡也会跟着它移动，在星云状物质中整体移动产生的弓形激波会将周围的物质"扫"回旁边的星云，这一系列活动使得这片星云呈现出了雷神头盔的形状。

▶ 交错的螺旋星系
NGC 2207/IC 2163

大犬座β南侧不远处，有两个引人注目的星系，这两个星系是英国天文学家约翰·赫歇尔于1835年发现的。这两个旋涡星系正在缓慢的接触中，接触过程已经持续了4000万年。二者的潮汐力相互拉扯，将恒星的流光洒向星际空间，同时引发爆炸形成新恒星。最终，它们会融合在一起，可能会形成一个椭圆星系，这个过程可能还需要1亿年才能完成。

赤经07时19分，赤纬-24° 57'
星等4.1
距离5000光年

赤经07时22分，赤纬-25° 46'
星等6.5-9.6（变）
距离3800光年

赤经07时19分，赤纬-13° 13'
星等11.5
距离15000光年

赤经06时16分，赤纬-21° 22'
星等12.2,11.6
距离1.14亿光年

长蛇座

水蛇

长蛇座是天空中最大的星座，位于包括狮子座和室女座在内的几个重要星座以南。长蛇座蜿蜒在天赤道上下，将很大一段天赤道纳入自己的范围。

这个巨大且古老的星座从一开始就被古巴比伦时期的天文学家视作一条蛇。星座的西名 HYDRA 来自与赫拉克勒斯（武仙座）搏斗的多头蛇许德拉，与旁边的乌鸦座和巨爵座（参见第 150 页）是同一个故事中的角色。长蛇座狭长、暗淡，很难辨认，只有位于狮子座西南方的头颈部分还算显眼。

长蛇座的最亮星星宿一（长蛇座 α）是一颗红巨星，距离地球约 180 光年。它的西名 Alphard 是"孤独者"的意思，星等为 2.0，是这片缺乏亮星的天空中的最亮星。包括疏散星团梅西耶 48 在内的深空天体位于蛇首下方（用双筒望远镜和小型天文望远镜能观测到），壮丽的南天风车星系梅西耶 83 位于蛇尾。

星系剪影 NGC 3314 位于长蛇座南部边界，是发生在宇宙空间的美丽巧合——两个分别距离地球 1.17 亿光年和 1.4 亿光年的星系，连成了一条直线。更远的星系发出的光线使得前面的旋涡星系看起来像是透明的，这个机会十分难得，我们正好可以趁机看清星系的尘埃分布。

	赤经	赤纬	类型	星等	距离
长蛇座ε	08时47分	+06°25′	聚星	3.4/7.5	130光年
长蛇座P	13时30分	-23°17′	变星	3.2-11.0	2000光年
M48	08时14分	-05°48′	疏散星团	5.5	1500光年

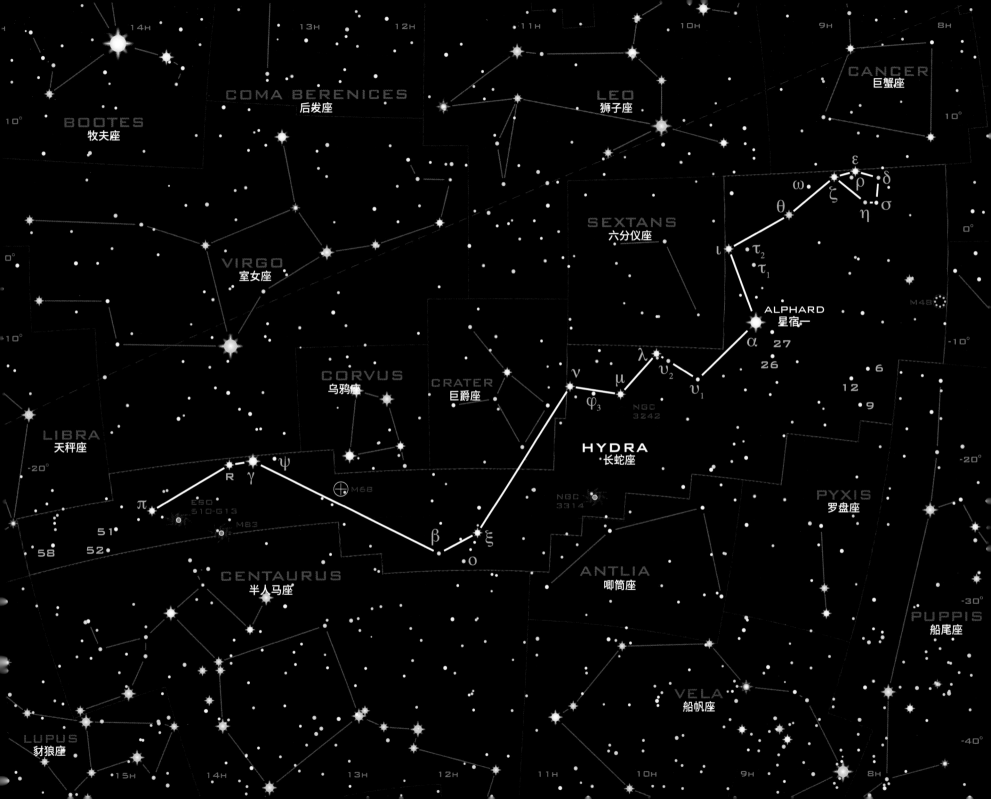

长蛇座 内视图

扭曲的旋涡星系ESO510-G13

长蛇座 π 西侧有一个奇怪的星系，除非通过大型业余天文望远镜观测，否则我们根本观测不到它。尽管如此，这个星系依然很吸引人。它是一个侧向旋涡星系，在明亮的星系盘和星系中心的映衬下，我们能清楚地看到外围尘埃带的昏暗轮廓，不过由于某些原因，星系盘有些扭曲。天文学家认为星系盘之所以扭曲变形，是因为 ESO510-G13 正在凭借自己的引力吞噬一个小型星系。值得一提的是，最近有观点认为，银河系的外围也在发生类似的扭曲。

梅西耶68

梅西耶 68 是长蛇座中唯一的球状星团，位于长蛇座 β 和长蛇座 γ 之间，在天空的另一边与拥挤的银河中心遥遥相对。M68 是围绕银河系运行的多个独立星团之一，据估计，它与地球相距 33000 光年。由于太暗，我们无法通过双筒望远镜观测到 M68。M68 是查尔斯·梅西耶于 1780 年发现的，如果你想看到它，最好是通过大型望远镜进行观测。图片揭示了星团的松散结构，从外围到星团中心，个体恒星分布得很分散。

南天风车星系
梅西耶83

这个美丽的棒旋星系无疑是长蛇座最迷人的深空天体。这个星系在天空中占据的面积相当于三分之一个满月，星等为 7.6，还算明亮。通过双筒望远镜，我们可以在位于星座南端蛇尾附近的长蛇座 R 以南观测到这个星系。M83 属于棒旋星系，大小和半个银河系相当，星系从外围到中心分布着很多尘埃带。1752 年，法国天文学家尼古拉·路易·德·拉卡伊首次发现了 M83。南天的很多星座都是这位法国天文学家命名的。

▶ 恒星的一生

这张令人惊叹的图片来自哈勃太空望远镜。图片中，恒星形成区发出的光照亮了梅西耶 83 的一条旋臂。也许是受附近星系的引力影响，梅西耶 83 的造星速度比银河系还快。这张图片捕捉到了很多关键点，从在暗云中"孵化"，到在明亮的星云中诞生，再到耀眼的疏散星团出现，最终走向死亡，能从中找到恒星从生到死的各个阶段，美国宇航局的科学家在这张图片中找到了将近 60 个超新星残骸。

赤经 13 时 55 分，赤纬 -26° 46′
星等 13.4
距离 1.5 亿光年

赤经 12 时 39 分，赤纬 -28° 45′
星等 9.7
距离 33000 光年

赤经 13 时 37 分，赤纬 -29° 52′
星等 7.6
距离 1500 万光年

乌鸦座、巨爵座和六分仪座

乌鸦、杯子和六分仪

这三个小型星座都位于长蛇座的"背部",横亘在长蛇座、室女座和狮子座中间,其中两个历史悠久,找起来相对容易些。

在神话传说中,乌鸦座、巨爵座和长蛇座都是和阿波罗有关的角色。据说,乌鸦原本是阿波罗的仆人。有一次,阿波罗派乌鸦拿着杯子去井里取水,但是乌鸦在途中看见了一株无花果树,它在树下等待无花果成熟,因而耽误了取水。回去的时候,乌鸦抓了一条水蛇,说是因为水蛇封住了水井所以没有取到水。阿波罗一眼看穿了乌鸦的谎言,一气之下,将杯子、乌鸦和水蛇全都扔到了天上。六分仪座创建的时间相对较晚,是波兰天文学家约翰内斯·赫维留于 17 世纪晚期创建的星座。

这三个星座中的大部分星体都不值得一提,但是巨爵座 δ(轸宿三)是个例外。我们透过小型天文望远镜能观测到它。巨爵座 δ 经常呈现不同寻常的紫色,其中有一颗星等为 3.0 的主星,还有一颗星等为 8.5 的伴星。

触须星系　这对外形古怪的星系位于乌鸦座靠近巨爵座一侧,据估计与地球相距 4500 光年。恒星的分布整体看起来像昆虫的触角,但是细看之下不难发现,这是两个正发生碰撞的旋涡星系(NGC 4038 和 NGC 4039)。

	赤经	赤纬	类型	星等	距离
乌鸦座δ	12时30分	-16°31'	双星	3.0/8.5	88光年
NGC 3115	10时05分	-07°43'	透镜状星系	9.9	3200万光年
NGC 4038/4039	12时02分	-18°52'	碰撞星系	10.3	4500万光年

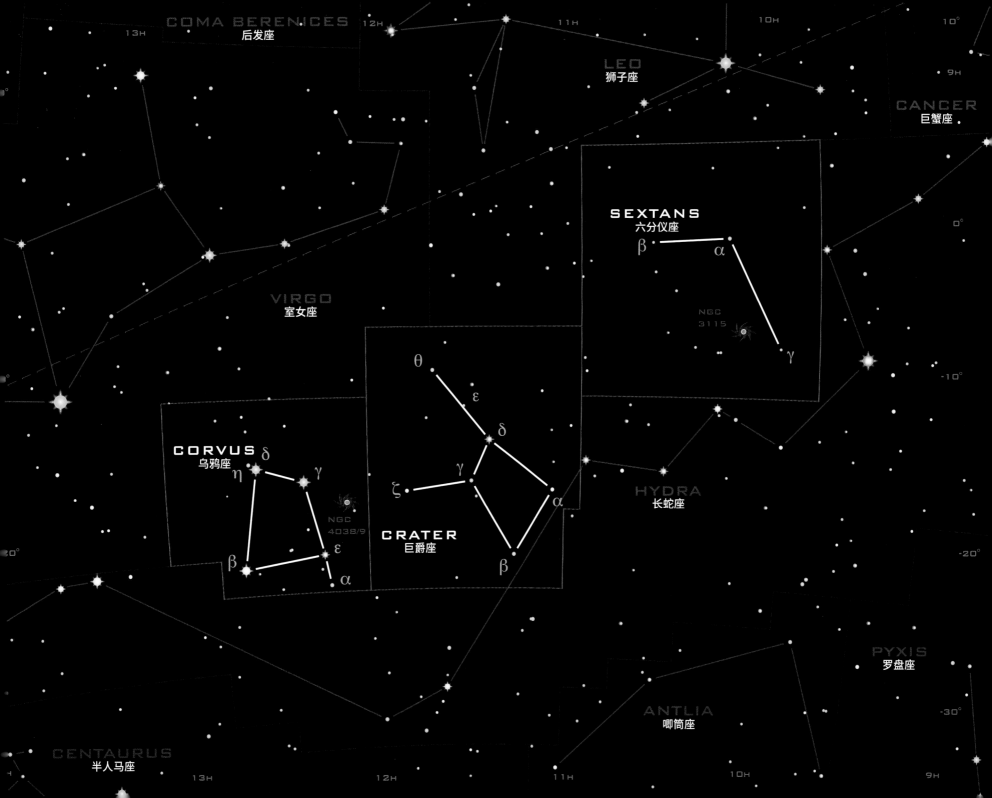

半人马座

半人半马的肯陶罗斯人

　　天空中有两个星座代表半人半马的肯陶罗斯人，半人马座是其中之一。半人马座位于长蛇座和南十字座中间，它的面积很大，南天中几个值得关注的重点都位于这个星座之中。

　　古巴比伦天文学家曾将半人马座的形状视作一头公牛。罗马时期，人们认为这些星星组成的图形是半人半马的肯陶罗斯人喀戎，喀戎是勇士阿喀琉斯的导师。星座中的五边形是半人马的身体，南天的几颗最亮星全都在这个范围内。

　　半人马座α（南门二）是整个天空中的第三亮星，星等是 –0.1。我们通过小型天文望远镜能观测到一对双星，其中的两颗星都和太阳类似。再往远处看，我们还能观测到这个双星系统中的第三颗星，这是一颗星等为 11.0 的红矮星，名为比邻星。比邻星是离太阳最近的恒星，二者相距 4.26 光年。半人马座β（马腹一）也是三星系统，由大质量、高亮度的蓝星组成，距离地球 525 光年（只能分辨出其中两颗）。

半人马座中的繁星　这张让人为之惊叹的图片拍摄的是银河南部，展示了广阔半人马座之中的点点繁星。位于左下角的一对亮点是半人马座 α 和 β，这两颗星位于南十字座旁边。2012 年，天文学家声称他们发现了一个和地球差不多大的行星，围绕半人马座 α 两颗距离相近的恒星运行。

	赤经	赤纬	类型	星等	距离
半人马座α	14时40分	-60°50′	聚星	-0.1	4.4光年
半人马座β	14时04分	-60°22′	聚星	0.6	525光年
NGC 5139	13时27分	-47°29′	球状星团	3.7	16000光年
NGC 5128	13时26分	-43°01′	活动星系	7.0	1500万光年
NGC 3918	11时50分	-57°11′	行星状星云	8.6	2600光年

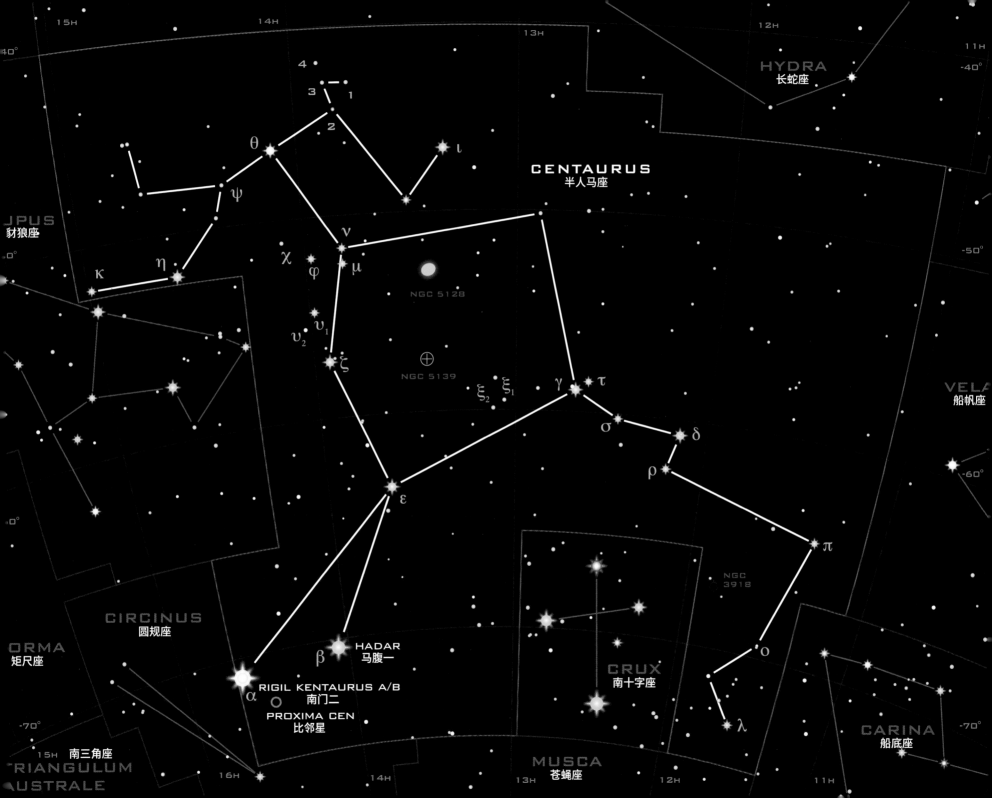

半人马座　NGC 5122/半人马座 A

无线电波喷射

我们通过双筒望远镜就能观测到这个明亮的星系。如果通过小型天文望远镜观测，我们看到的 NGC 5122 呈椭球状。如果换成更大的观测设备或者长曝光摄影设备，我们能看到星系盘被一条昏暗的尘埃带一分为二。NGC 5122 和半人马座 A 一样，都是强大的无线电波源，导致很多人弃其正式名称，直接称之为"无线电波源"。半人马座 A 是距离地球最近也是最耀眼的活动星系。在上面的多波段合成图中，能看到一对物质喷射流从明亮的星系核朝相反的方向喷出，释放出了无线电波（橙色）和 X 射线（蓝色）。

赤经 13 时 26 分，赤纬 -43° 01'
星等 7.0
距离 1500 万光年

▶ **星暴区**

椭圆星系通常缺乏可供恒星不断成长的原料，因此其中大多是生命周期更长的小质量恒星。有新物质注入半人马座 A 后，昏暗的尘埃带及其周围掀起了一阵恒星诞生的大浪潮。哈勃太空望远镜拍摄的这张图片展示的是一片量产恒星的粉色星云，年轻的恒星成群结队破茧而出，发出蓝色的光芒。这张多波段图片是通过可见光，经红外和紫外成像图片合成的，这样一来，我们可以更加清楚地看到星系尘埃带中的大部分物质。

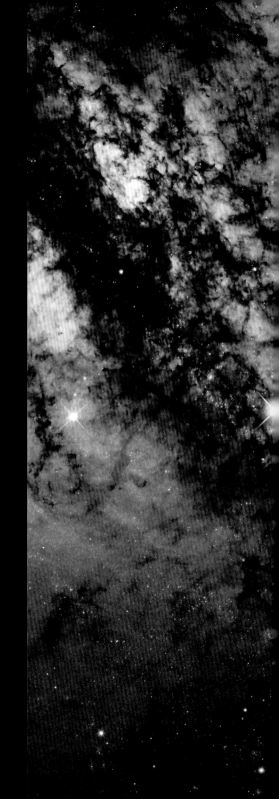

被吞噬的星系

这张不同寻常的图片是由两张图合成的，一张是半人马座 A 的近红外图像，还有一张是对星系中一氧化碳分子进行无线电波探测的导出图。星系中富含的气态物质以及可见的尘埃带组成了一个完美的四边形，中心两侧的颜色不同，绿色部分正朝地球方向移动，红色一端正在远离地球。有证据显示，这个结构奇怪、富含气体和尘埃的星系（也许是与银河系类似的旋涡星系），正在被一个大型椭圆星系吞噬。红外图像中，星系中间的光芒是活跃的星系核所在的位置，一个超大质量的黑洞被外界的骚乱搅醒，变得活跃起来。

半人马座　半人马座 Ω　NGC 5139

半人马座Ω

半人马座 Ω 是天空中最大、最亮的球状星团，以至于天文学家错给它安排了一个恒星专用的希腊字母。半人马座 Ω 的星等为 3.7，如果用肉眼观测它，我们看到的是一片满月大小的亮光。一方面星团与地球的距离相隔 16000 光年，是离地球相对较近的球状星团之一；另一方面星团本身确实很亮，这个巨大的星团跨越了 170 光年，其中有数百万颗发光的恒星。我们通过任何望远镜都能观测到星团外围的单独星体，但是只有通过大型设备才能看清星团中心的恒星。

布满繁星的天空

这张哈勃太空望远镜拍摄的图片瞄准的是半人马座 Ω 的中心，图片中有数万颗恒星。球状星团中的恒星存在的时间都很久——形成于宇宙演变早期阶段。这些恒星之所以能存在这么长时间，是因为没有遭受金属"污染"——重元素会加速恒星燃料的消耗，很多近期形成的恒星都存在这个问题。

有证据显示，Ω 中的恒星形成过程经历了数个阶段，总共耗时 20 亿年，直到 10 亿年前才结束。但是，大部分球状星团都是在一次星暴中形成的。由此，天文学家得出理论认为，半人马座 Ω 并不是一般的球状星团，而是被银河系吞并的一个矮星系的致密星系核。

赤经 13 时 27 分，赤纬 -47° 29′

星等 3.7

▶ 各种星体

这张图片是哈勃太空望远镜广域 3 号相机拍摄的，展示的是半人马座 Ω 中心五颜六色的恒星。星团中大多数是黄星，它们正处于稳定的中年时期。红星都是巨型恒星，正在膨胀和发光中走向生命的尽头。相对暗淡的蓝白星是白矮星，星核中的燃料耗尽，已经死亡很久了。亮蓝色的恒星是"蓝色离散星"。按理来讲，这种星团中不应该存在生命周期短的大质量恒星，天文学家认为，可能不久之前，在星团拥挤的中心，"普通恒星"发生碰撞，相互融合，由此形成了这些短命的恒星。

豺狼座

狼

豺狼座虽然明亮，但是轮廓不清，位于天蝎座的心宿二与半人马座的亮星半人马座 α、半人马座 β 之间。豺狼座跨越了银河系的一片亮区，其中有很多值得研究的天体。

豺狼座所在的这片星空在古希腊时期就引起了人们的注意，但是直到中世纪才将这个星座想象成一头狼。早期的天文学家称之为"Bestia"或"Fera"，这两个词都是野兽的意思。这个怪兽常被描绘成插在肯陶罗斯人（半人马座）手握的长矛的矛尖上的样子。

豺狼座的最亮星豺狼座 α（中名骑官十）是一颗蓝巨星，星等为 2.3，距离地球 550 光年。豺狼座 μ 是聚星系统，通过小型天文望远镜，我们能看到一颗星等为 7.2 的伴星围绕一颗星等为 4.3 的主星运行；通过大型设备观测，我们又会发现主星实际上是一对星等分别为 5.1 和 5.2 的双星。豺狼座中分布着很多星团，其中最亮的疏散星团是 NGC 5822，最亮的球状星团是 NGC 5986，星等为 7.1。

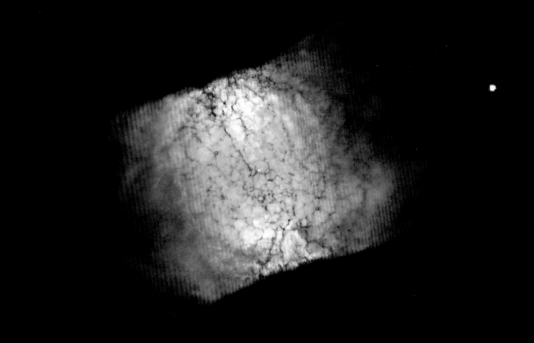

视网膜星云　目录中的编号是 IC4406，图中不同寻常的矩形气体云实际上是一个行星状星云。一颗与太阳类似的濒死恒星将外层气体向太空抛洒，从而构成了这幅景象。视网膜星云的造型之所以这么奇特，主要是观测角度造成的。实际上它看起来更像甜甜圈，但是基本上是侧对着我们的。

	赤经	赤纬	类型	星等	距离
豺狼座γ	15时35分	-41°10'	双星	2.5	570光年
豺狼座μ	15时19分	-47°53'	聚星	5.1/5.2/7.	290光年
NGC 5822	15时04分	-54°24'	疏散星团	6.5	6000光年
NGC 5986	15时46分	-37°47'	球状星团	7.1	34000光年
IC4406	14时22分	-44°09'	行星状星云	10.5	2000光年

天蝎座

蝎子

明亮的天蝎座是位列黄道十二宫的大型星座。天蝎座穿过银河南部，位于人马座和天秤座之间，由于其中有一颗血红的亮星，因此很容易辨认。这颗血红的亮星学名为心宿二，又称心大星（中国俗称"大火星"），西方社会称之为"rival of Mars"，意思是马尔斯的对手，马尔斯代表的是火星。

天蝎座是天空中历史最悠久的星座之一，在没有任何天文记录之前，它就已经引起了人们的注意。这个星座形状扭曲，看起来确实与蝎子有几分相像，按照现代标准划分的星座样式，缩小了蝎子头部的比例，靠近天秤座的部分是蝎子的螯。

心大星（天蝎座 α，中文学名心宿二）的平均星等为1.0，亮度会发生缓慢变化，是天空中最著名的星体之一，如果把它拖到太阳系中心，它会侵吞木星在内的所有行星。心大星有一颗相隔很近的伴星，星等为 5.5，通过中等型号的望远镜可以观测到。除此之外，星座中还有很多易于观测的目标。蓝色的房宿四（天蝎座 β）由两颗星等分别为 2.6 和 4.9 的星体组成。房宿二（天蝎座 ν）属于"双—双星系统"，通过小型天文望远镜观测，我们能看到其中的两个成员，而如果换成中型设备观测，我们就能看到四个。

蝴蝶星团　这个明暗对比很明显的星团位于天蝎座东部，用肉眼观测，我们可以看到它是银河系中一片较为集中的亮光，大小相当于一个满月。在目录中的编号是梅西耶 6，与地球相距 1600 光年。星团中大部分是蓝星，最亮的却是橙巨星天蝎座 BM。

	赤经	赤纬	类型	星等	距离
天蝎座α	16时29分	-26°26'	变星	0.9-1.2	600光年
天蝎座β	16时05分	-19°48'	聚星	2.6/4.9	530光年
天蝎座ν	16时12分	-19°28'	聚星	3.9	440光年
天蝎座ξ	16时04分	-11°22'	聚星	4.2	93光年
M4	16时24分	-26°32'	球状星团	5.9	7200光年
M7	17时54分	-34°49'	疏散星团	3.3	800光年

天蝎座 内视图

梅西耶80

这个球状星团是已知的最密集的星团之一，数十万颗恒星聚集在一个直径为 95 光年的球形空间内。星团位于心大星和天蝎座 β 之间，通过双筒望远镜和小型天文望远镜，我们很容易能观测到它。但是，即便用最大型的观测设备观测，也无法看清拥挤的星团核。M80 中有很多"蓝色离散星"以及多到难以想象的明亮且炙热的恒星，星团中的星体密度如此之高，倒也不令人觉得意外。天文学家普遍认为，这些不稳定的恒星是星团中占绝大多数的稳定恒星在相互碰撞和融合中形成的。

梅西耶4

这张图片是哈勃太空望远镜拍摄的球状星团梅西耶 4 的中心。正如图片所示，与梅西耶 80 相比，梅西耶 4 的结构相对松散。这个星团的亮度是人类肉眼可见的极限，但是通过双筒望远镜或小型太空望远镜，我们很容易就能在心大星西侧找到它。通过相对大型的望远镜，我们能看到这个直径达 75 光年的星团中的恒星个体。M4 与地球相距 7200 光年，是距离地球最近的球状星团之一。通过对 M4 星团的研究，天文学家发现了一颗形成于 130 亿年前的白矮星，这颗白矮星是和银河系的无数恒星中存在时间最久的一颗。

托勒密星团梅西耶7

银河系中的这个亮星聚集区离蝎子的尾刺不远，以希腊裔埃及亚历山大城的天文学家托勒密之名命名，托勒密在公元 130 年编制了史上第一份星表。因为这块区域有很多星团，那时候的占星师用肉眼很难分辨出 M7，但是如果我们通过双筒望远镜或低倍天文望远镜观测，能清楚地观测到星团的光辉。与 M4 和 M80 不同，梅西耶 7 是一个疏散星团，其中有数十颗恒星，大约形成于 2 亿年前。星团中大多数是蓝白星，除此之外还有一颗单独的红巨星。

心大星
天蝎座 α

发出耀眼红光的心大星，亮度在整个天空中排名第 16 位，这是一颗经过高度演化的红巨星，星等在 0.9–1.2 之间发生不规则的缓慢变化。它是天蝎座—半人马座 OB 星协（由附近的大质量恒星组成）中最亮、质量最大的成员。心大星的质量相当于 17 个太阳，虽然才形成 1200 万年，却正以惊人的速度耗费星核中的能源，飞速奔向毁灭。这张令人赞叹的图片是通过长曝光摄影技术拍摄的，图片中的心大星所在区域周围的行星状物质密度颇高。

赤经 16 时 17 分，赤纬 -22° 59′
星等 7.9
距离 32600 光年

赤经 16 时 24 分，赤纬 -26° 32′
星等 5.9
距离 7200 光年

赤经 17 时 54 分，赤纬 -34° 49′
星等 3.3
距离 800 光年

赤经 16 时 29 分，赤纬 -26° 26′
星等 0.9-1.2（变）
距离 600 光年

人马座

射手

人马座身处银河系中星光最密集的区域。这个星座中有很多深空天体，有星云，也有星团，银河系的正中心也在人马座范围内。

人马座最亮的几颗星位于密集的银河系星场前方，它们组成了一个非常形象的"茶壶"。多个古代文明都将人马座视作马和骑士，但是古希腊人认为它是正张弓搭箭的肯陶罗斯人（半人半马，与半人马座指代的人物同族）。人马座的最亮星是人马座 ε（箕宿三），是一颗星等为 1.85、与地球相距 145 光年的白巨星。人马座 β（天渊二）是目视双星，一颗是蓝星，一颗是白星，星等分别为 4.0 和 4.3。之所以称它们为目视双星，是因为这两颗星实际相隔 140 光年，只是在地球上看起来离得比较近。通过小型天文望远镜，我们还能观测到星等为 7.1 的第三位成员。

人马座中重要的深空天体还包括泻湖星云、Ω 星云和三叶星云（M8、M17、M20）。离人马座 γ 不远的人马座 A* 是银河系的中心，即"银心"所在，与地球相距 26000 光年，隐藏在数个密集交错的星团背后。

三叶星云 昏暗的尘埃谷将发光的气体云分成三部分，这三部分面积差不多大，因此梅西耶 20 又名三叶星云。三叶星云距离地球 5200 光年，是既罕见又美丽的粉红色星云。这个美丽的粉红色星云实际上是一个集合体，它的光芒来自一个反射蓝光的星云和一个发光的星团，用肉眼是无法观测到的。

	赤经	赤纬	类型	星等	距离
人马座ε	18时24分	-34°23'	双星	1.8	600光年
人马座β	19时23分	-44°27'	目视双星	4.0,4.3	380光年,140光年
人马座RY	19时17分	-33°31'	变星	6.0-7.1（变）	9000光年
M8	18时04分	-24°23'	弥漫星云	6.0	5000光年
M17	18时20分	-16°11'	弥漫星云	6.0	5500光年
M20	18时02分	-23°02	弥漫星云	6.3	5200光年
M22	18时36分	-23°54'	球状星团	5.1	10400光年
M23	17时57分	-19°01'	疏散星团	6.0	2100光年

人马座　内视图

外来访客
梅西耶54

乍看之下，这个星团是典型的球状星团，但是梅西耶54实际隐藏着一个超级大秘密。早在1778年，查尔斯·梅西耶就已经观测到这个星团，并将其收入天体目录，但是直到1994年，天文学家对银心内及远离银心的星团的密度进行分析后，发现有一个小型星系的外围正偷偷地撞入银河系。确认了这个人马座矮椭圆星系之后，天文学家们意识到，M54的性质和它是一样的，这个银河系外的星团已经被银河系的引力场捕获，即将登门造访。

Ω星云
梅西耶17

梅西耶17又名天鹅星云，最好是通过双筒望远镜观测它。沿着盾牌座往下找，进入人马座界内后，马上就能看到一片楔形的星云。通过大型天文望远镜观测，我们会发现星云的结构与希腊大写字母 Ω 类似。M17是银河系中最亮也是密度最高的恒星形成区之一，如果它与地球之间的距离再近一些，看起来一定壮观得多。即便相隔这么远，梅西耶17依然让地球上的观测者们赞叹不已。

▶ 泻湖星云
梅西耶8

在漆黑的夜空中，位于人马座西部的泻湖星云在银河系中脱颖而出，散发着淡雅微光的泻湖星云，是南天球仅有的两个肉眼可见的、有恒星正在形成的星云之一。如果我们通过双筒望远镜观测，能看到发光的星云在天空中的跨度相当于3个满月，星云中心有一个亮核；如果通过小型天文望远镜进行观测，我们能看到包括交错的尘埃分布状况在内的更多细节。星云之所以得名"泻湖"，就是因为其中的尘埃分布使得星云看起来像一片泻湖。我们用裸眼就能看到位于星云东半边的NGC 6530星团，天文学家普遍认为这个星团形成于200万年之前。

赤经18时55分，赤纬-30°29'
星等8.4
距离87000光年

赤经18时20分，赤纬-16°11'
星等6.0
距离5500光年

赤经18时04分，赤纬-24°23'
星等6.0
距离5000光年

166

人马座　银河系中心

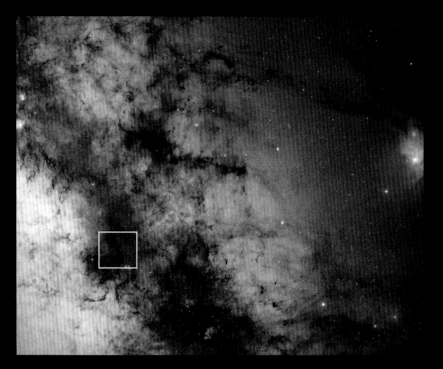

明暗对比

这张美丽的图片是通过长曝光摄影拍摄的，展示的是人马座和天蝎座周围的空域。银河系数不尽的恒星发出的光芒，与人马座/船底座所在的银河旋臂上的尘埃，形成了鲜明对比。明亮的泻湖星云、三叶星云和相对暗淡的 Ω 星云位于左下方，图片右边比较引人注目的天体是心大星和蛇夫座 ρ。图中的小方块标示的是位于银心的人马座 A* 无线电辐射源，人马座 A* 比图中的大部分天体远 20000 光年。幸运的是，红外、无线电和 X 射线之类的不可见辐射能穿透交错分布的各种物质，为我们揭开银河系中心的神秘面纱。

赤经 17 时 46 分，赤纬 -29° 00′

星等 N/A

距离 26000 光年

人马座A*

这张图片来自钱德勒 X 射线天文台，是目前获得的分辨率最高的银河系中心图像。图中的红云发出的低能辐射、一团一团的气体发出的高能 X 射线，蔓延到人马座 A* 的四面八方。银河系中心经常发生激烈的活动，哈勃太空望远镜在人马座 A* 周围观测到了巨型恒星组成的星团，星团围绕一个质量相当于太阳的 400 万倍、半径小于天王星轨道半径的天体运行。实际上，在无线电辐射的源头、星团的轨道中心，根本看不到任何天体。这些证据表明，是一个超级黑洞的引力在控制着整个银河系。

▼ 银河系多波段图像

这张彩色的银河系中心图片是由美国宇航局"大型轨道天文台计划"的多个卫星天文台提供的多张图像合成的。哈勃太空望远镜捕捉的近红外光在图中以黄色表示,斯皮策太空望远镜捕捉的远红外线在图中以红色表示,钱德勒 X 射线天文台的观测数据在图中以蓝色表示。掀开银河系中心的面纱,我们能看到扭曲的星云和尘埃云,狂暴的恒星风、超新星爆炸产生的激波和强大的引力是它们的造型师。人马座 A* 标志着银河系的中心。

这个位列黄道十二宫的神奇星座位于人马座东侧，太阳每年运行到最南点时，就处于摩羯座范围内。摩羯座星光暗淡，轮廓不清，其中只有一颗星等超过 3.0 的亮星。

摩羯座虽然不够显眼，却是天空中最古老的星座之一，古巴比伦和亚述天文学家称之为"鱼尾山羊"，其他文明有的将它视作普通山羊、野山羊，有的将它视作公牛。古希腊天文学家根据美索不达米亚人的理解，将这个星座描绘成长着羊头的神潘恩，潘恩为了逃离怪兽提丰，变成了一条鱼。

这片天空中的最亮星是摩羯座 δ。摩羯座 δ 是双星系统，亮度一般为 2.9，由于两个星体交替绕到对方身前，挡住后方星体的光线，每隔 24.5 小时，会短暂地跌落 0.2 等。摩羯座 α（牛宿二）是裸眼可视的目视双星，一颗星等为 3.6，另一颗为 4.2，两者相隔甚远（分别距离地球 108 光年和 635 光年）。通过小型天文望远镜观测，我们会发现它们各有一颗亮度较暗的伴星。

陷阱星团　球状星团梅西耶 30 是摩羯座中重要的深空天体。这个密集的星团与地球相距 29000 光年，星团星等为 7.7，我们能通过双筒望远镜很容易地观测到它。如果通过天文望远镜观测，会发现它经历过"核心坍缩"过程。所谓的核心坍缩，是指大量恒星坠入星团中心。

	赤经	赤纬	类型	星等	距离
摩羯座α	20时18分	-12°31′	目视双星	4.2,3.6	635光年,108光年
摩羯座β	20时21分	-14°47′	聚星	3.1	330光年
摩羯座δ	21时47分	-16°08′	聚星	2.8-3.1（变）	38光年
M30	21时40分	-23°11′	球状星团	7.7.	29400光年
NGC 6907	20时25分	-24°49′	旋涡星系	11.3	1.4亿光年

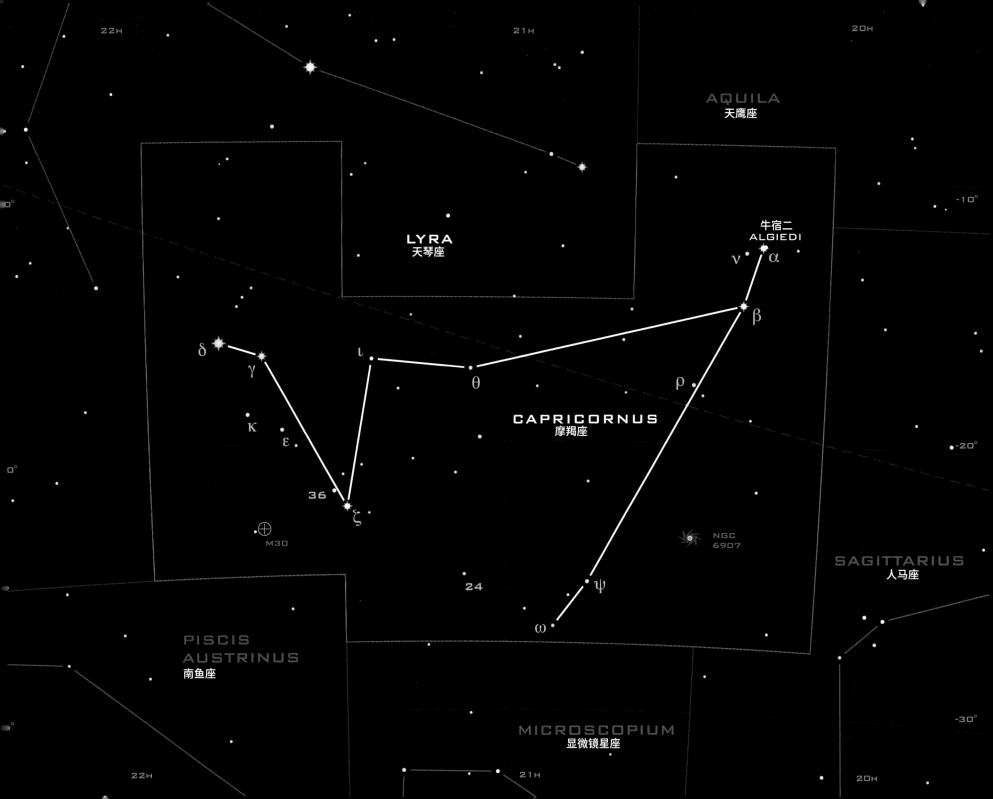

南鱼座和显微镜座

南天的鱼和显微镜

　　南鱼座是古希腊星座中最南端的星座，由于耀眼的北落师门（南鱼座 α）位于南鱼座，所以辨认起来非常容易。显微镜座创建时间比较晚，亮度也比南鱼座暗得多。

　　在神话传说中，南鱼座与著名的双鱼座有关，南鱼座的鱼是双鱼座两条鱼的父或母，南鱼座喝的水是从水瓶座中倒出来的。法国天文学家尼古拉·路易·德·拉卡伊于 18 世纪 70 年代创立的数个近代星座，显微镜座就是其中之一。

　　北落师门是这片天空中的最亮星，星等为 1.2，与地球之间的距离相对较近，相隔约 25 光年。它相对年轻，形成于约 3 亿年前，由于周围存在原行星物质盘（也可能是行星），因此名声大噪。南鱼座 β 和南鱼座 γ 是中等亮度的双星，我们可以通过小型或中型天文望远镜观测到它们各自相对暗淡的伴星。

上帝之眼　这张动人心魄的图片来自哈勃太空望远镜，图片展示了围绕北落师门运行的物质盘（图片中心看似什么都没有，实际上是北落师门所在的区域）。物质盘的形状和环面内边界的形状表明，那颗看不见的天体质量至少和海王星差不多。

	赤经	赤纬	类型	星等	距离
南鱼座β	22时32分	-32°21′	聚星	4.3	148光年
南鱼座γ	22时53分	-32°53′	双星	4.5	220光年
显微镜座α	20时50分	-33°47′	聚星	4.9	380光年
显微镜座AU	20时45分	-31°20′	行星系统	c.8.6（变）	32光年

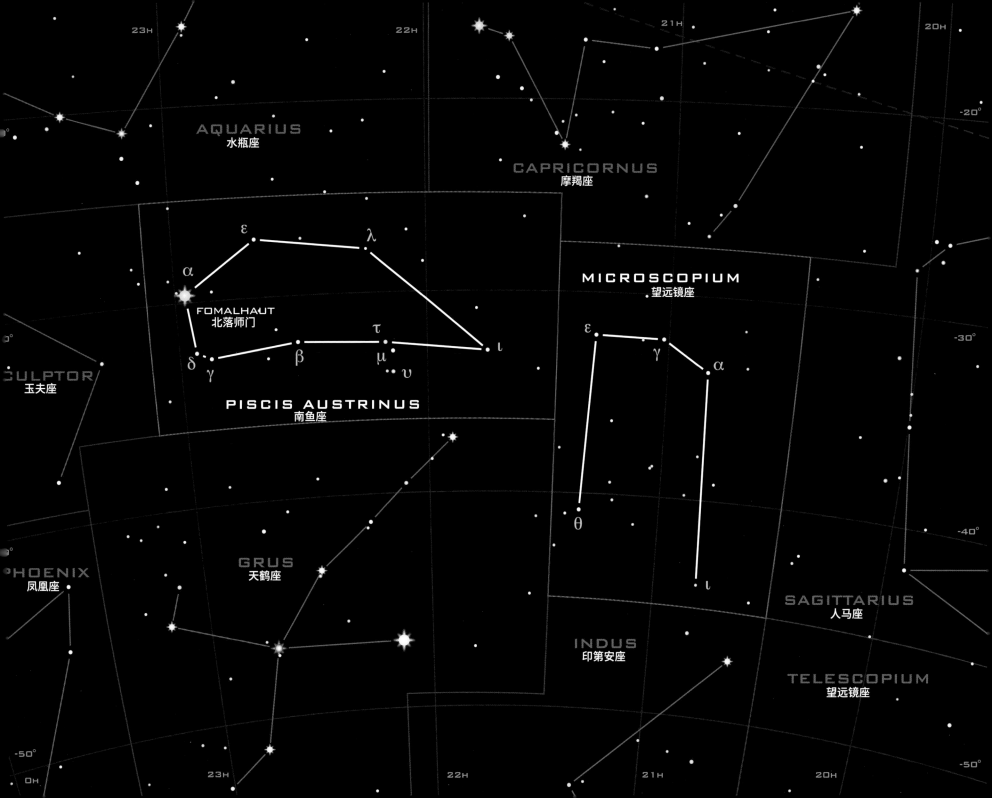

玉夫座和天炉座

雕刻家的工作间和熔炉

这两个昏暗的星座位于鲸鱼座以南，挤在蜿蜒的天河波江座的拐弯处。两个星座的星光都很暗淡，巧合的是，两个星座中分别有一个重要的星系团。

法国天文学家尼古拉·路易·德·拉卡伊于 1763 年绘制了南天星图，天炉座和玉夫座就是他当时创建的多个星座之中的两个。拉卡伊是一位勤奋的观测者，从 1750 年开始，他待在好望角，四年间一共记录了约 10000 颗星体的位置，但是他创建的星座星光都很暗淡，很难分辨。

玉夫座位于银河系南极方向，往那个方向看能清楚地观测到星际空间。离地球最近的星系群位于玉夫座。天炉座中的星系更多，与地球相隔更远，统称为天炉座星系团。天炉座 α 是双星系统，距离地球 42 光年，通过双筒望远镜或小型天文望远镜，我们能看到两颗星等分别为 4.0 和 6.5 的黄星。玉夫座 α 是一颗星等为 4.3 的蓝巨星，距离地球 780 光年。

天炉座星系团　天炉座中有一个大规模星系团，是排在室女座星系团（参见第 104 页）之后的第二大星系团。天炉座星系团的中心与地球相距 6500 万光年，可能与波江座中一个 2000 光年之外的星系团存在某种联系。星系团的核心区域跨越了两度，集中在巨型星系 NGC 1316 和 NGC 1365 周围，我们可以通过小型天文望远镜观测到它，而且效果不错。

	赤经	赤纬	类型	星等	距离
玉夫座R	01时27分	-32°33'	变星	5.8-7.7	1550光年
天炉座α	03时12分	-28°59'	双星	4.0/6.5	42光年
NGC 55	00时15分	-39°11'	旋涡/不规则星系	8.8	700万光年
NGC 253	00时48分	-25°17'	旋涡星系	7.1	1000万光年
NGC 1097	02时46分	-30°17'	活动星系	10.2	4500万光年
NGC 1316	03时23分	-37°13'	活动星系	9.4	7000万光年

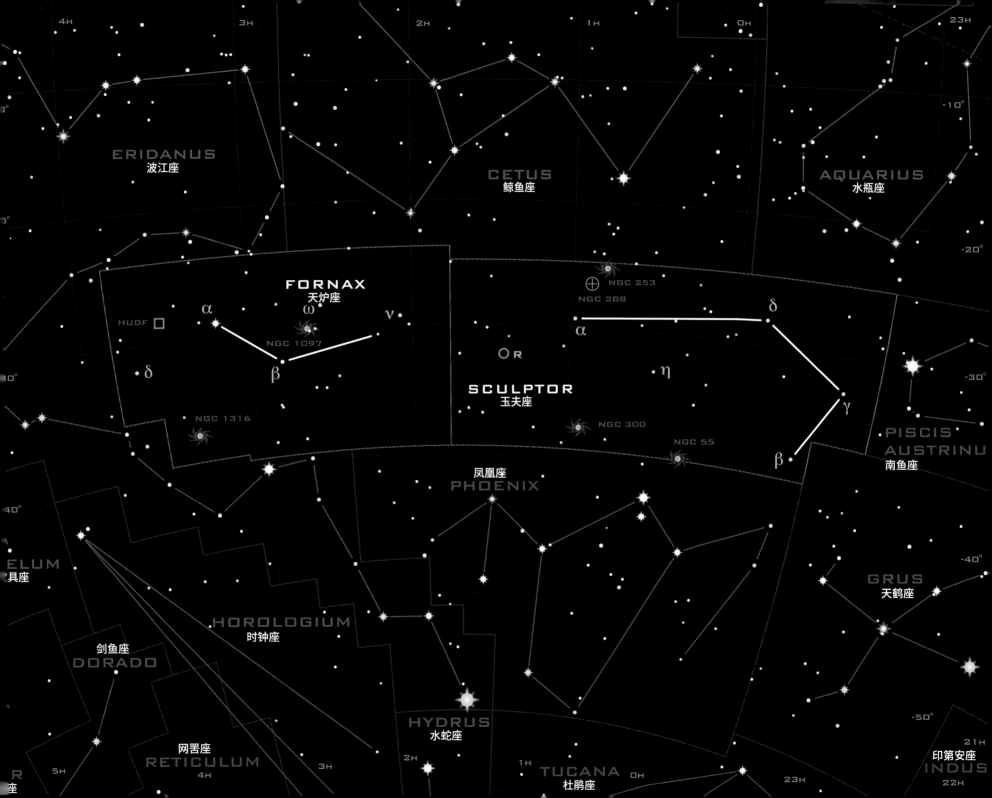

银币星系　NGC 253

银币星系位于玉夫座 α 和鲸鱼座 β 中间，是南天最大的星系之一。银币星系是离地球较近的侧向旋涡星系。NGC 253 是玉夫座星系群的重要成员，玉夫座星系群是离本星系群最近的星系群。银币星系狭窄的侧面使得光线看起来比较集中，通过双筒望远镜很容易观测到；通过大型设备，我们看到的是斑驳的椭圆形，还能看到星系的螺旋结构。与星系核相比，NGC 253 的旋臂亮得不正常，这说明星系正在经历星暴，一大批恒星正在形成。

非典型星系　NGC 55

NGC 55 是一个特别的星系，它既有棒旋星系的特征，也有不规则星系的特征。这个星系位于玉夫座南部边界、凤凰座 α 的西北方。虽然它离玉夫座星系群中的其他星系不远，也一直被视作玉夫座星系群中的一员，但是最近的研究显示，它可能是本星系群的外围成员，也可能是一个不受其他星系群引力影响的独立星系。可以肯定的是，星系的结构如此扭曲，是因为受到附近的小型旋涡星系 NGC 300 的影响。

有环星系　NGC 1097

这个位于天炉座的棒旋星系，星系核十分明亮。通过小型天文望远镜，我们可以在天炉座 β 西北方观测到它。如果要看清星系的完整结构，则要借助大型天文望远镜。NGC 1097 正在经历一波恒星形成的浪潮，正是因为这个原因，星系的旋臂才会这么亮。激烈的恒星形成活动，可能和星系与一个小型椭圆星系 NGC 1097a（图中左上角）的相遇有关。这个星系有很多不寻常的特点，其中之一是恒星形成区在星系核周围组成了一个完美的圆环，这个特点百分之百和正在发生的星系互动有关。

▶ 哈勃超深空视场

由于观测到了"哈勃深空"（参见第 46 页），天文学家们深受鼓舞，于 2003 年开始了一项更具挑战性的任务。这张哈勃超深空的图片，曝光时间共计一百万秒，图片结合了哈勃太空望远镜 NICMOS（近红外线照相机和多目标分光仪）提供的可见光观测数据和近红外数据，揭示了超深空天体（由于宇宙在膨胀，所以深空天体在高速远离）发出的光受多普勒效应的影响，转变成了红外光。由此，我们有幸见到了大爆炸发生 4 亿年之后的景象。

赤经 0 时 48 分，赤纬 -25° 17′
星等 7.1
距离 1000 万光年

赤经 0 时 15 分，赤纬 -39° 11′
星等 8.8
距离 700 万光年

赤经 02 时 46 分，赤纬 -30° 17′
星等 10.2
距离 4500 万光年

赤经 03 时 33 分，赤纬 -27° 47′
星等 ＜ 29.0
距离 远达 133 亿光年

弯弯曲曲的波江座就像一条蜿蜒曲折的天河，从狮子座的脚下一路向南，终点是波江座的亮星水委一（波江座 α）。

古希腊天文学家曾将波江座和很多河流联系在一起，既有真实的河流，也有神话中的。古时候，波江座的终点不是水委一，而是波江座 θ。在欧洲文艺复兴时期之后，才向南延伸到现在的位置，因为在地中海地区观测，根本看不到水委一。

水委一是一颗炙热的蓝白星，与地球相距 143 光年，星等为 0.5，它的西名"Achernar"在阿拉伯语中是"河的尽头"的意思。水委一是天空中旋转速度最快的恒星之一，由于旋转速度太快，赤道直径比极直径长 50%。其他值得注意的恒星，还包括和太阳相似的波江座 ε 以及双星波江座 o2。通过小型天文望远镜，我们能观测到一颗星等为 4.4 的主星和一颗星等为 9.5 的伴星，这颗伴星是天空中最容易观测到的白矮星。

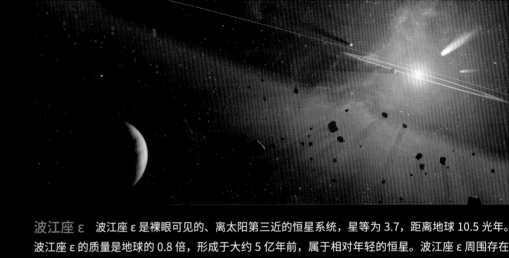

波江座 ε　波江座 ε 是裸眼可见的、离太阳第三近的恒星系统，星等为 3.7，距离地球 10.5 光年。波江座 ε 的质量是地球的 0.8 倍，形成于大约 5 亿年前，属于相对年轻的恒星。波江座 ε 周围存在可能形成行星的尘埃盘，恒星发出的大量红外辐射，是天文学家发现的第一个证据。2000 年，天文学家观测到了一个巨型行星，公转周期为 7 年。如今，天文学家们已经在这个恒星系统中发现了两个多岩石的小行星带，由此推测围绕波江座 ε 运行的行星可能不止一颗。

	赤经	赤纬	类型	星等	距离
波江座ε	03时33分	-09°28′	行星系统	3.7	10.5光年
波江座θ	02时58分	-40°18′	双星	3.2/4.3	120光年
波江座o2	04时15分	-07°39′	聚星	4.4/9.5/10.5	16.5光年
波江座32	03时54分	-02°57′	双星	5.0/6.3	290光年
NGC 1535	04时14分	-12°44′	行星状星云	9.6	5800光年
NGC 1300	02时20分	-19°25′	棒旋星系	11.4	7000万光年

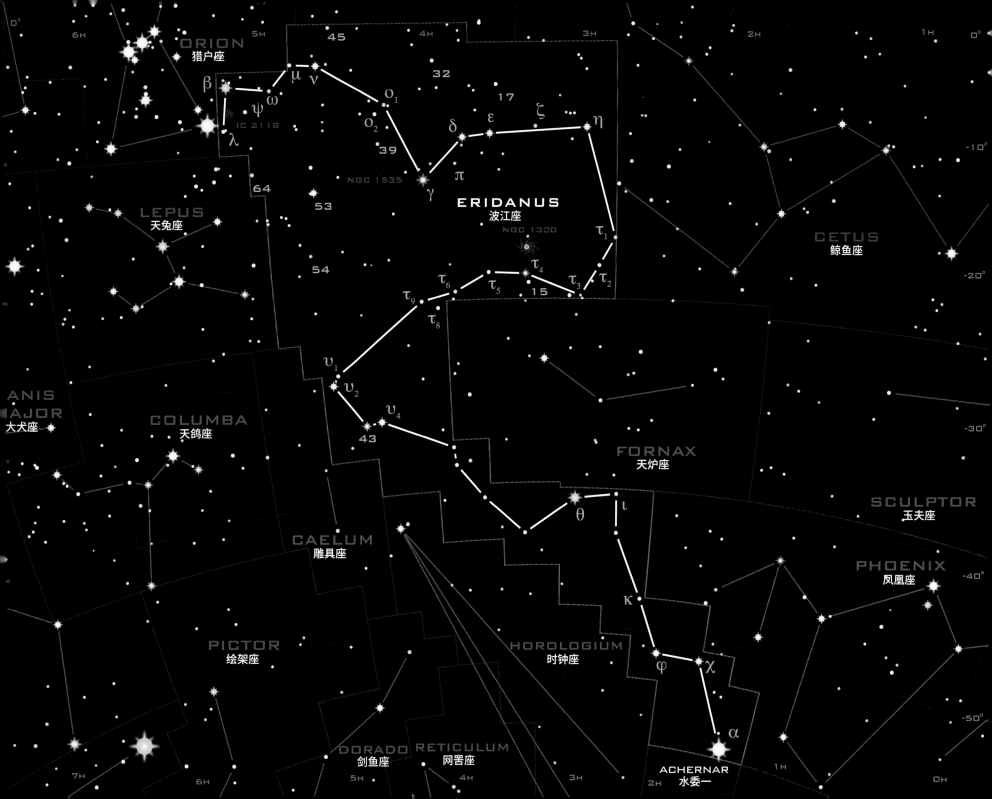

伯天文学家将天兔座视作两只在天河边俯首饮水的骆驼，天河指的就是波江座。

　　天兔座 α，又名厕一，是一颗罕见的白色超巨星，星等为 2.6，距离地球约 1300 光年，实际亮度是太阳的 13000 倍。天兔座 γ 是迷人的双星系统，由一颗黄星和一颗橙星组成，星等分别为 3.6 和 6.2，通过双筒望远镜或小型天文望远镜观测，可以分辨两颗星。天兔座主图形的南边是梅西耶 79，M79 是一个球状星团，星等为 8.6，距离地球 41000 光年，通过小型天文望远镜，能观测到星团的完整轮廓。

兔子身后的殷红星　通过双筒望远镜，我们可以在天兔座西侧边界观测到天兔座 R。天兔座 R 是整个天空中最红的星体之一，它距离地球 1500 光年，被人们称为"兔子身后的殷红星"。这是一颗和鲸鱼座的刍藁增二（参见第 130 页）类似的长周期变星，体积和亮度会发生缓慢的变化，星等在 7.3-9.8 之间，变化周期大约是 420 天。天兔座 R 的星等偶尔会提升到 5.5，这时我们用肉眼就能看到它。

	赤经	赤纬	类型	星等	距离
天兔座K	05时33分	-17°49′	双星	4.4/7.4	220光年
天兔座R	05时00分	-14°48′	聚星	5.5-11.7	820光年
M79	05时25分	-24°33′	球状星团	8.6	41000光年
NGC 2017	05时30分	-17°51′	目视星团	6.4	N/A

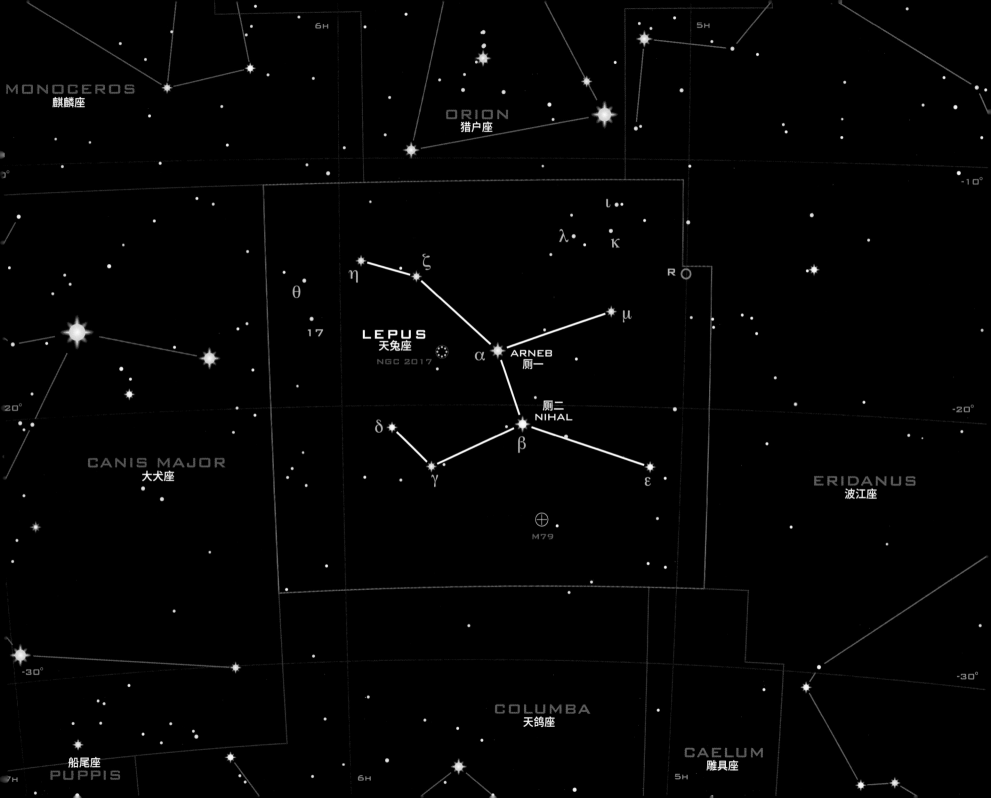

雕具座和天鸽座

凿子和鸽子

这两个小型星座位于天兔座以南，在猎户座的几颗赤道星和船帆座、船底座的几颗南天主要星体之间。组成鸽子形状的几颗星相对较亮，组成凿子的几颗星则相对暗淡。

荷兰天文学家兼神学家彼得勒斯·普朗修斯创建了天鸽座，他在 1592 年出版的天体图中插入了多个和《圣经》有关的星座，他认为天鸽座中的鸽子是诺亚从方舟上放出的鸽子。雕具座是法国天文学家尼古拉·路易·德·拉卡伊于 18 世纪 50 年代创建的。

天鸽座 α，又名丈人一，是一颗高速旋转的蓝白星，平均星等为 2.6，距离地球约 530 光年。由于它一直在高速旋转，导致其赤道周围的物质不断撒向太空，星体亮度也会因此发生轻微波动。天兔座 μ 也比较有意思，它是一颗星等为 5.1 的炙热蓝色速逃星。就像御夫座 AE（参见第 40 页）一样，天兔座 μ 也在天空中高速移动，根据它的移动轨迹，往回可以追溯至猎户座星云。

混合球状星团　NGC 1851 位于天鸽座西南角，与地球相距 39500 光年，是天空中距离地球最远的球状星团之一。它的星等为 7.3，还是比较亮的，我们可以通过高精度的双筒望远镜观测到它。NGC 1851 表现出的几个不寻常的特点，说明它可能是两个球状星团合并之后形成的。

	赤经	赤纬	类型	星等	距离
天鸽座α	05时40分	-34°04'	变星	c.2.6（变）	530光年
雕具座γ1	05时04分	-35°29'	双星	4.6/8.1	185光年
NGC 1851	05时14分	-40°03'	球状星团	7.3	39500万光年

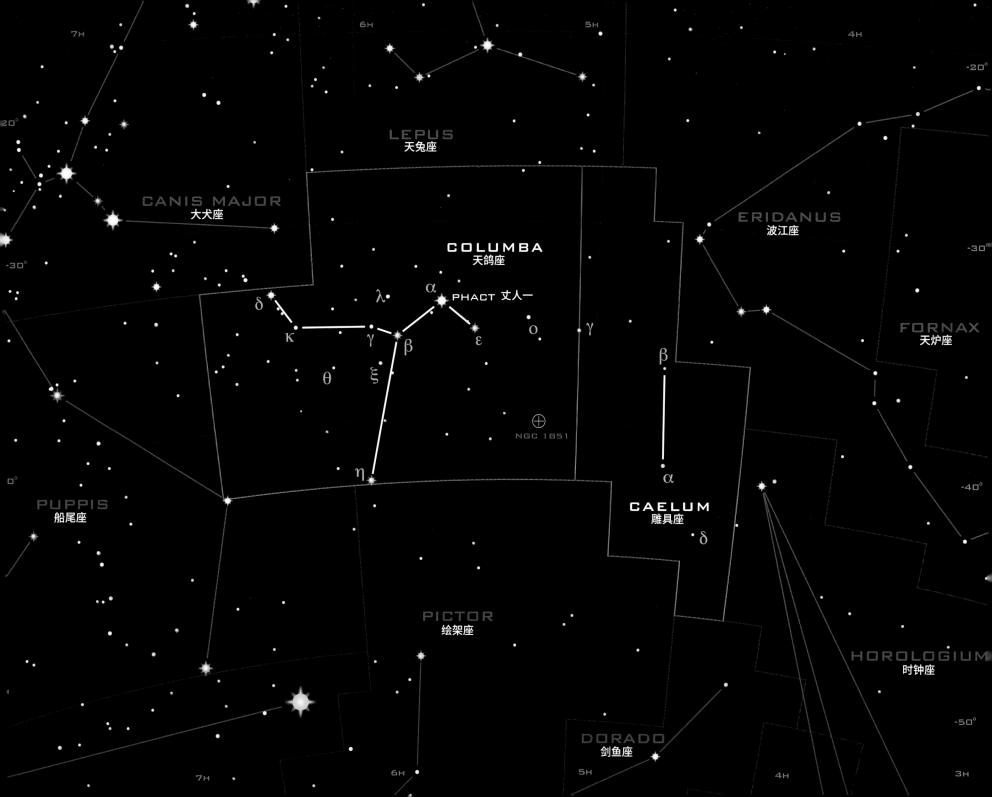

船尾座

阿尔戈号船尾

阿尔戈号是一艘天空之船，船体的最北端位于天赤道附近、大犬座东南方。宽阔的银河是它的航路，船尾座中有很多星体密集的星云和星团。

船尾座代表的是阿尔戈号的船尾。古希腊占星师在北半球的春天望向南地平线，在天空中看到了一艘大船的轮廓，于是创建了一个超大型星座，后来的天文学家将这艘大船分成了船尾（船尾座）、龙骨（船底座）和船帆（船帆座）三个部分。

阿尔戈号虽然被分成了三部分，但是三个星座命名的时候只使用了一套"拜耳字母"——因此船尾的最亮星弧矢增二十二，是船尾座ζ。这颗极度炙热的蓝星星等是2.2，诞生于400万年前，与地球相距1100光年。船尾座的另一个亮点是船尾座L，船尾座L是目视双星，我们能通过双筒望远镜分辨两颗星体。位于北侧的是蓝白星船尾座L1，星等为4.9，南边的船尾座L2发出的是红光，星等在2.6到6.2之间呈周期性变化，变化周期为141天。

恒星孵化锅 哈勃太空望远镜拍摄的这张图片展示的是 NGC 2467 星云中翻滚沸腾的气体，看起来就像女巫熬制毒药的大锅。星云位于船尾座 Ω 附近，星云后面的星团星等为 7.1，我们可以通过双筒望远镜观测到它。由于星团亮度高，因此看起来像是位于星云前方。

	赤经	赤纬	类型	星等	距离
船尾座ζ	07时49分	-24°52′	聚星	3.3	1350光年
船尾座L	07时44分	-28°57′	目视双星	4.9，2.6-6.2（变）	181光年,198光年
M46	07时42分	-14°49′	疏散星团	6.0	5400光年
M47	07时37分	-14°30′	疏散星团	4.2	1600光年
M93	07时45分	-23°52′	疏散星团	6.0	3600光年
NGC 2451	07时45分	-37°58′	疏散星团	2.8	850光年

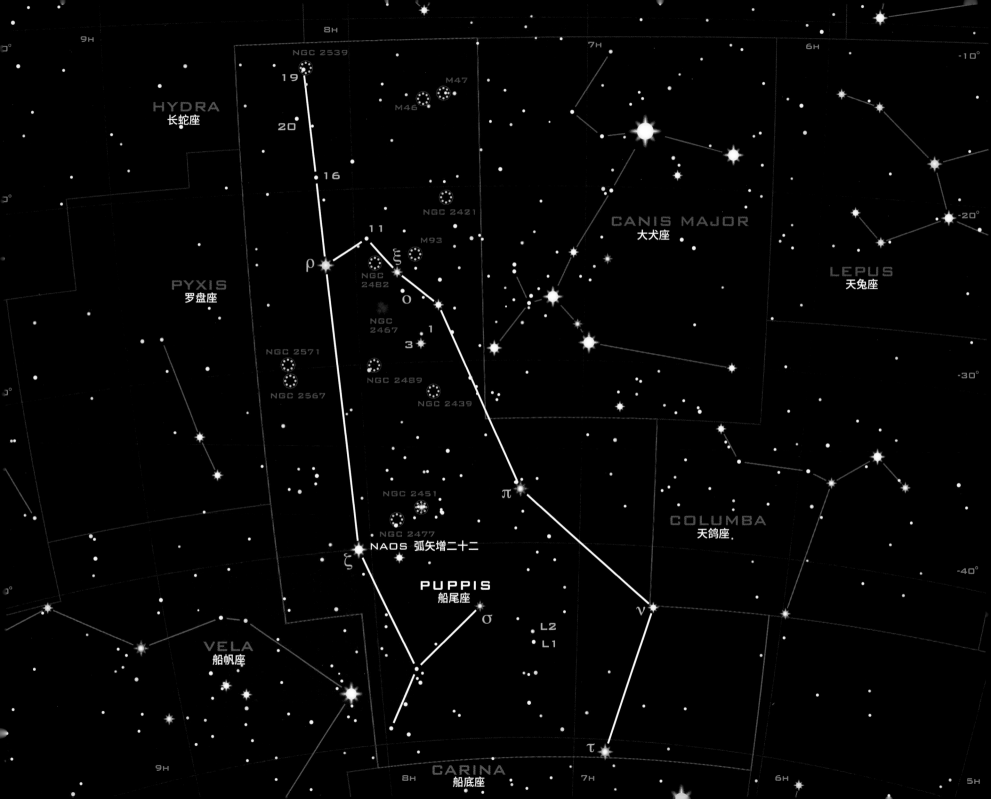

唧筒座和罗盘座

气泵和指南针

这两个星光暗淡的星座位于天空的中南部，观测的时候可以在半人马座以西、船尾座以东的空旷区域，沿着船帆座的亮星向北寻找。

罗盘座和唧筒座都是法国天文学家尼古拉·路易·德·拉卡伊于 18 世纪发现的，这两个星座的图形实在有些名不符实。和拉卡伊发现的大多数星座一样，这两个星座代表的也是那个时代的科学设备，一个代表磁力指南针，一个代表打气用的气泵。

唧筒座 ζ 实际上是伪双星，通过双筒望远镜观测，我们会看到一对星等分别为 5.8 和 5.9 的白星，这两颗星与地球相隔的距离也差不多（大约 370 光年），只是它们并不围绕对方运行，因此也只能算是目视双星。通过小型天文望远镜观测，会发现位于西边的 ζ1 是真正的双星系统，两颗星的星等分别为6.2 和 7.0。罗盘座 T 是一颗再发新星——平时的星等为 13.8，与地球相距 6000 光年，每隔二三十年会爆发一次，当它爆发的时候，我们用双筒望远镜甚至肉眼都能观测到（最近一次是 1996 年）。

倾斜的旋涡星系　NGC 2997 是一个明亮的旋涡星系，位于唧筒座 ζ 西南，从地球上观测，星系呈 45°角倾斜。这个星系与地球相距 4000 万光年，是它所在的小型星系群的引力锚。星系的目视直径相当于三分之一个满月，星等为 10.1，大家可以试着借助小型天文望远镜观测星系概貌，如果要观测细节，则要使用大型观测设备。

	赤经	赤纬	类型	星等	距离
唧筒座δ	10时30分	-30°36'	双星	5.6/9.7	480光年
唧筒座ζ	09时31分	-31°53'	双星	6.2/7.0	370光年
罗盘座T	09时05分	-32°23'	再发新星	6.0-13.8	6000光年

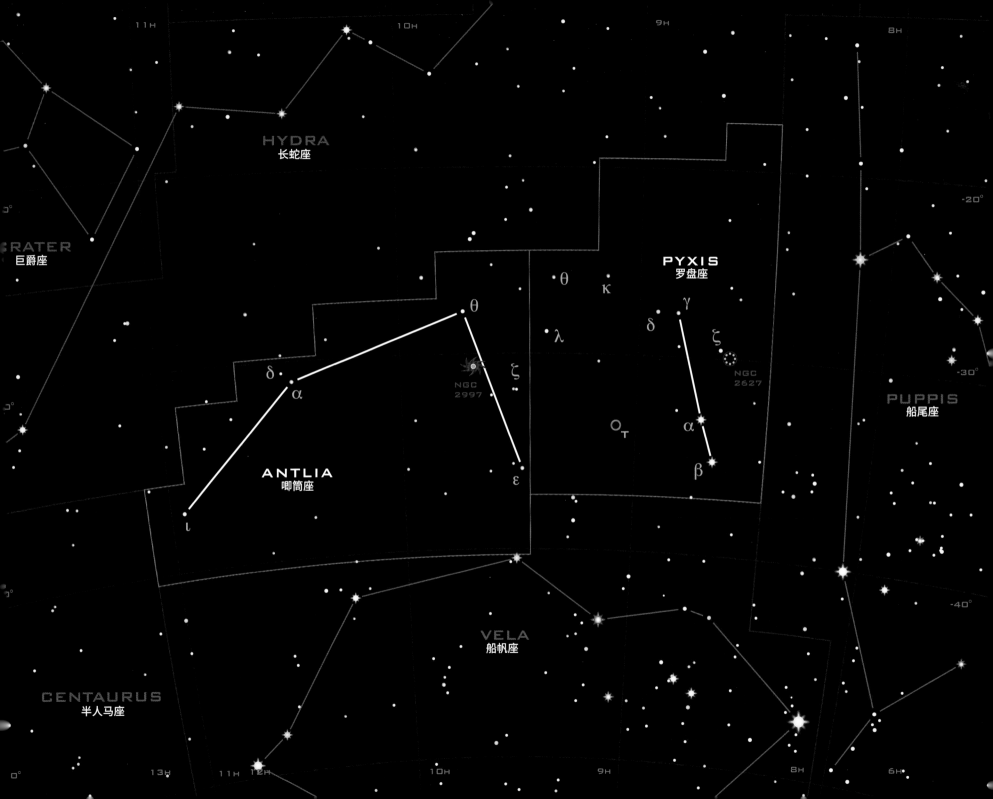

船帆座

阿尔戈号船帆

这个不规则的八边形星座不是天空中最显眼的星座，但是由于星座的亮度，再加上东邻半人马座和南十字座，西邻船底座，因此很容易辨认。

船帆座代表的是阿尔戈号的船帆，阿尔戈号被分割成三部分，这个形状怪异的星座就是其中之一。在神话传说中，阿尔戈号是优秀的船匠阿尔戈斯为杰森造的一艘船，受神后赫拉的庇佑。

船帆座 γ 是船帆座的最亮星，又名天社一，是复杂的聚星系统，综合星等为 1.8。通过双筒望远镜观测它，我们能看到一颗星等为 4.3 的伴星；如果是通过小型天文望远镜观测，则能发现另外两个星等分别为 8.5 和 9.4 的成员。对子星 γ1 的光谱进行研究后发现，γ1 本身也是双星，两颗星体的质量分别为太阳的 10 倍和 30 倍。船帆座 δ 也是聚星系统，其中有一颗十分显眼的白星，星等为 2.0，还有一颗星等为 5.1 的黄星。除此之外，另有一个引人注目的天体 IC 2391，这是一个肉眼可见的疏散星团，星团的中心是船帆座 o。

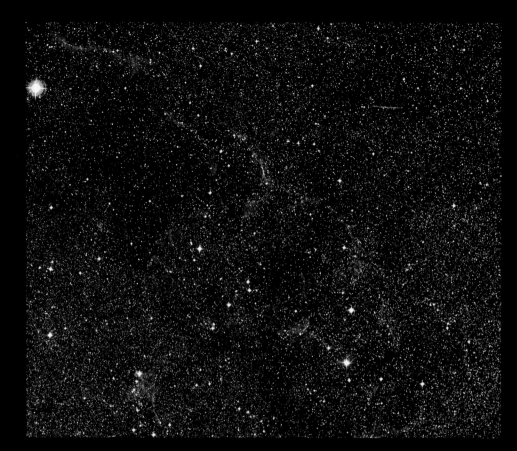

船帆座超新星残骸 在船帆座 γ 的东北方向，一缕缕发着微光的气体组成了一张大网，这张气网实际上是超新星残骸——大约 11000 年前，恒星爆炸释放出炙热的气体形成不断扩散的激波。由于这个超新星残骸发出的光太微弱，如果直接观测，一定会让观测者郁闷不已，因此最好借助长曝光摄影技术拍成图片再欣赏。

	赤经	赤纬	类型	星等	距离
船帆座γ	08时10分	-47°20′	聚星	1.8/4.3/8.5/9.4	1200光年
船帆座δ	08时45分	-54°43′	聚星	2.0/5.1	80光年
NGC 3132	10时07分	-40°26′	行星状星云	9.9	2000光年
NGC 3201	10时18分	-46°25′	球状星团	6.8	15000光年
IC 2391	08时40分	-53°04′	疏散星团	2.5	580光年

船帆座　内视图

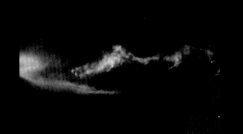

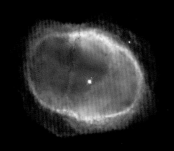

HH47

赫比格·哈罗天体是位于新生恒星两侧的双裂星云，通常能观测到狭窄的喷流将星云和恒星连在一起。当新生恒星高速旋转，顺着旋转轴甩出大量物质时，就会形成双裂星云。这些高速喷流扩散到太空，会和星际气体、星际尘埃发生碰撞，形成发光的激波。赫比格·哈罗 47（HH47）或许是这类天体中知名度最高的，天文学家们对它进行的研究也应该是最深入的。这张哈勃太空望远镜拍摄的图片展示了星云一侧的激波。

八裂星云 NGC 3132

这个明亮的行星状星云位于船帆座北部边界，星等为 3.8 的三重星船帆座 P 的西北方。通过小型天文望远镜观测，我们看到的是一个比木星还要大的光盘。在接近光盘中心的位置，还能看到一颗星等为 10.0 的星体。但是，眼见不一定为实，这颗相对明亮的星体实际上跟星云没有任何关系。而在这颗明亮星体的旁边，有一颗 16.0 星等的伴星（大部分业余望远镜都观测不到），这颗伴星才是形成这片星云的根源。

船帆座脉冲星 PSR B0833-45

在船帆座超新星残骸的中心，一颗高速旋转的中子星以每 89 毫秒朝地球发送一波无线电波、X 射线和伽马射线。这样的"脉冲"信号来自恒星残骸周围的一个超强磁场，两条狭窄的辐射束会环扫整个天空。脉冲星的 X 射线图像展示了它的两条辐射束——射流沿着脉冲星的自转轴喷射而出，就像消防水带一样，向周围的星云喷洒能量粒子。

▶ 铅笔星云 NGC 2736

船帆座超新星残骸中，铅笔星云发出的可见光最耀眼，这个星云实际上是正在扩散的激波，以每小时 650000 千米的速度（每小时 400000 英里）穿过太空。激波前端的粒子与星际介质发生碰撞，生成一道长达四分之三光年的光墙，这道光墙在太空中高速推进，场面极其壮观。铅笔星云是英国天文学家约翰·赫歇尔于 1835 年在好望角发现的，但是当时他并没有将铅笔星云与巨大的超新星残骸联系起来，直到最近，人们才将二者联系起来。

赤经 08 时 26 分，赤纬 -59° 03'
星等 c.10.0（变）
距离 1470 光年

赤经 10 时 07 分，赤纬 -40° 26'
星等 9.9
距离 2000 光年

赤经 08 时 35 分，赤纬 -45° 11'
星等 23.6
距离 815 光年

赤经 09 时 00 分，赤纬 -45° 54'
星等 12.0
距离 815 光年

船底座

阿尔戈号龙骨

传说中的阿尔戈号被分成三部分，代表龙骨的船底座是其中最大的一部分。由于整个天空中第二亮的老人星（船底座 α）位于船底座，因此很容易辨认。银河系南部星光最密集的几块区域也在船底座界内。

老人星的西名"Canopus（坎诺帕斯）"来自一位赫赫有名的舵手，在远征特洛伊的时候，斯巴达王墨涅拉俄斯乘坐的船就是他在掌舵。老人星的星等为 0.7，天狼星的星等为 1.4，更可怕的是：老人星与地球的距离是 315 光年，相当于天狼星到地球距离的 30 多倍，这颗黄白超巨星的实际亮度是太阳的 15000 倍、天狼星的 600 倍。

船底座中的另一个亮点是船底座星云 NGC 3372。如果直接用肉眼观测，我们可以在银河上看到一块满月大小的大亮斑。如果借助双筒望远镜或小型天文望远镜观测，则能发现很多有趣的特点（参见第 196—197 页）。除了船底座星云，船底座中还有两个肉眼可见的星团——许愿井星团 NGC 3532

神秘山　船底座星云与地球相距 7500 光年，星云中处于不同阶段的形成区组成了这幅奇特狰狞的景象。图中深色的山峰状结构和其他星云中的"创造之柱"类似，附近耀眼的恒星发出的辐射正在不断地侵蚀这些"山峰"。

	赤经	赤纬	类型	星等	距离
船底座η	10时45分	-59°41′	双星	c.4.6（变）	7500光年
船底座υ	09时47分	-65°04′	双星	3.1/6.3	1400光年
船底座S	10时09分	-61°33′	变星	4.4-9.9	1320光年
NGC 2516	07时58分	-60°52′	疏散星团	3.8	1300光年
NGC 3372	10时44分	-59°52′	弥漫星云	1.0	7500光年
NGC 3532	11时06分	-58°40′	疏散星团	3.0	1300光年

◀ 濒死之星
船底座η

这张视野开阔的船底座星云图片展示的是船底座 η 周围球茎状的"矮人星云"。船底座 η 是天空中最引人注目的星体之一，现在的星等只有 4.6，但是会发生无规律的变化：1843 年达到爆发峰值，变成了整个天空中第二亮的明星。船底座 η 包含一对蓝色超巨星，星体的质量分别相当于太阳的 60 倍和 80 倍，释放的能量是太阳的数十万倍。在不远的将来，这两颗巨星会在超新星爆炸中走向生命的终点，当然这里所说的"不远的将来"，是天文学意义上的"不远"。

大质量星团
NGC 3603

1834 年，英国天文学家约翰·赫歇尔在南非发现了这个星团，他一开始认为这应该是个球状星团。实际上，NGC 3603 是个相对致密的疏散星团，星团的年龄可能才 100 万年，银河系中很大一部分大质量恒星都在这个星团中。虽然星团周围全是高密度的气体和尘埃云，但是星团中的气体发出的强烈辐射，吹出的猛烈恒星风，扫清了星体周围的杂质，使得我们能在这片空旷的天空欣赏到星团美丽的轮廓。

子弹星系团
1E-0657-558

在船底座西部一个空旷的角落，通过高倍望远镜能观测到一个遥远的星团，这个星团与地球相距 370 万光年。大约 1.5 亿年前，两个星系团发生碰撞，子弹星系团由此诞生。这张图片展示的是相撞星系团的质量分布情况（蓝色）和发出 X 射线的气体分布情况（粉红色）。从图片中可以看出，星系团的气体先迎头相撞，占据星系团大部分质量的星系和神秘的"暗物质"只是经过彼此，几乎没受到什么影响。

赤经 10 时 45 分，赤纬 -59° 41'
星等 c.4.6（变）
距离 7500 光年

赤经 11 时 15 分，赤纬 -61° 16'
星等 9.1
距离 20000 光年

赤经 06 时 59 分，赤纬 -55° 57'
星等 14.2（弱）
距离 37 亿光年

船底座　船底座星云　NGC 3372

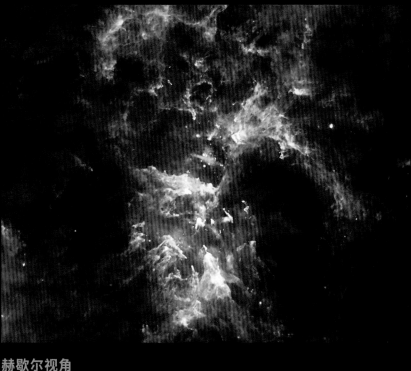

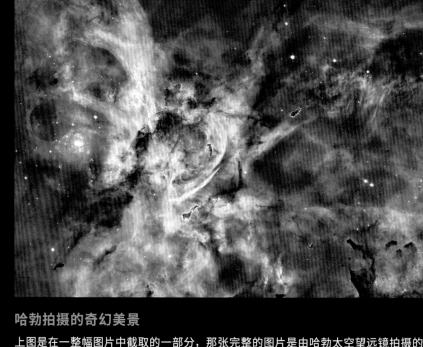

赫歇尔视角

这张船底座星云的清晰图像是根据欧洲宇航局的赫歇尔太空天文台收集的数据制作的。赫歇尔太空天文台是用来收集远红外数据、研究宇宙中最冰冷天体的轨道天文台。星云中的可见部分被汹涌的看不见的气体包裹着，气体储量多到难以想象，导致整个星云的质量相当于 650000~900000 个太阳。虽然用其他设备观测不到，但是这些气体对星云其他部分的外观产生了巨大的影响。星云中有很多呈柱状或气泡状结构的恒星形成区，是周围的气体受炙热恒星的影响将之塑造成现在的形态的。

哈勃拍摄的奇幻美景

上图是在一整幅图片中截取的一部分，那张完整的图片是由哈勃太空望远镜拍摄的 48 张船底座星云的图片合成的，当时拍摄的是船底座星云十几光年宽的一块区域，整个船底座星云实际跨越了 200 多光年。图片左侧是不透明的尘埃气体通道，是钥匙孔星云的上半部分，通过业余望远镜观测，这个暗星云可以说是天空中难以理解的著名天空特征之一。图片中间有几个单独的"博克球状体"。这些"博克球状体"实际上是一团团致密的气体和尘埃，从"创造之柱"中飘荡到现在的位置，每个"博克球状体"中都可能存在正处于形成阶段的恒星或恒星系统。

赤经 10 时 45 分，赤纬 -59° 52′
星等 1.0
距离 7500 光年

▶ 红外图景

这张美丽的船底座星云近红外图像是欧洲南方天文台甚大望远镜的 HAWK-I 镜头拍摄的。图片中展示了船底座 η 附近的气弧（左下）、昏暗的恒星形成区、新发现的冰冷星体（黄色），还有中间那个壮观的星团"川普勒 14"。星团中有很多于大约 50 万年前在星云中发展成形的新生恒星——在约 6 光年的范围内，一共有 2000 颗恒星。

南十字座

南天十字

南十字座是天空中最小的星座，同时也是最有特点的星座之一，位于半人马座下方，其中有四颗亮星。

这个著名的星座是谁在什么时期创建的已无从考证。可以考据的是，16 世纪早期，南十字座就已经存在。古代天文学家将南十字座视作半人马座的一部分。

南十字座中最重要的三颗星体（α、β、δ）都是蓝白巨星，与地球之间的距离在 320 光年–350 光年之间。就像这片天空中的其他亮星一样，它们也属于天蝎座—半人马座 OB 星协，星体年龄大概在 1000–2000 万年之间。在南十字座 α（十字架二）中有一对双星，星等分别为 1.3 和 1.7，通过最小型的天文望远镜，我们就能很容易地观测、分辨出这两个单独的星体。

南十字座的第四颗星——南十字座 γ，是一颗星等为 1.6 的红巨星，与地球相距 88 光年。明亮的银河系星场充当了南十字座的大部分背景，星座中有一个著名的暗星云，名为煤袋星云，位于星座东南部。

珠宝盒 疏散星团 NGC 4755 是南天中的重要特征，亮度为 4.2，我们用肉眼能看到它模糊的星光。星团位于南十字座 β 以东，其中最亮的单独星体是南十字座 κ，星等为 5.9。通过低放大率的双筒望远镜观测，我们能看到一团壮观的闪烁着数十点星光的星云，其中大部分是蓝白星，有一颗星等为 7.6 的红巨星十分显眼。疏散星团 NGC 4755 被誉为天空中的"珠宝盒"，与地球相距 7600 光年，与南十字座的几颗亮星相隔较远。天文学家认为"珠宝盒"形成于 700 万年前，是一个年轻的星团。

	赤经	赤纬	类型	星等	距离
南十字座α	12时27分	-63°06'	聚星	1.3/1.7	320光年
南十字座β	12时48分	-59°41'	变星	1.3	350光年
NGC 4755	12时54分	-60°20'	疏散星团	4.2	7600光年
煤袋星云	12时52分	-63°18'	暗星云	N/A	2000光年

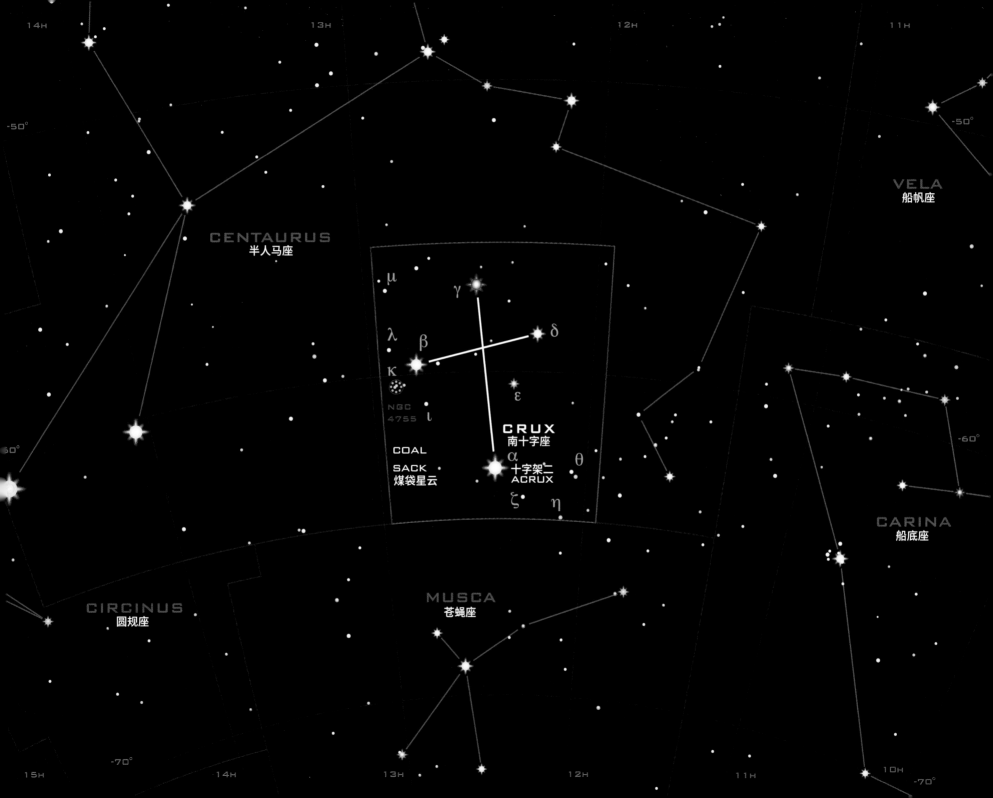

苍蝇座

苍蝇

这个小型星座还算明亮，但是组成的图形看起来有些杂乱。由于苍蝇座坐落在银河系之上、南十字座以南，因此比较容易辨认。这个位置的星座，其中当然会有很多值得研究的天体。

苍蝇座是荷兰天文学家彼得勒斯·普朗修斯根据荷兰航海家的报告于 16 世纪晚期创建的。普朗修斯一开始将它想象成蜜蜂，1752 年，尼古拉·路易·德·拉卡伊将其想象成一只苍蝇，因为蜜蜂座西名 Apis，天燕座西名 Apus，拉卡伊重新为星座命名，为的是和天燕座区分开（参见第 226 页）。

苍蝇座 α 是一颗巨大的蓝白星，星等为 2.7，距离地球约 315 光年。稍远一点的苍蝇座 β 是双星，星等为 3.0，把小型天文望远镜调至高放大率就能分辨出两颗星体。苍蝇座 θ 也是双星，两个星体的星等分别为 5.7 和 7.3。两颗星体都是炙热的大质量蓝星，其中相对暗淡的一颗是罕见的沃尔夫·拉叶星，沃尔夫·拉叶星会以恒星风的形式，持续地吹送大量外层物质，把更加炙热的内层暴露出来。

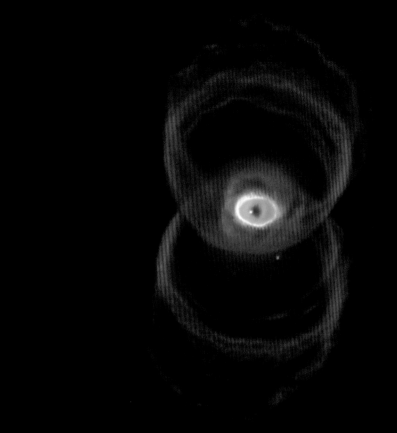

沙漏星云　又称 MyCn18，是位于苍蝇座西北角的行星状星云，距离地球约 8000 光年。由于星云的星等只有 13.0，因此大部分业余观测设备都观测不到它。直到 1996 年，哈勃太空望远镜拍摄到了这张照片，人们才能了解到星云的真实结构。

	赤经	赤纬	类型	星等	距离
苍蝇座β	12时46分	-68°06'	双星	3.5/4.0	340 光年
苍蝇座θ	13时08分	-65°18'	双星	5.7/7.3	c.10000 光年
NGC 4833	13时00分	-70°53'	球状星团	7.8	21500 光年

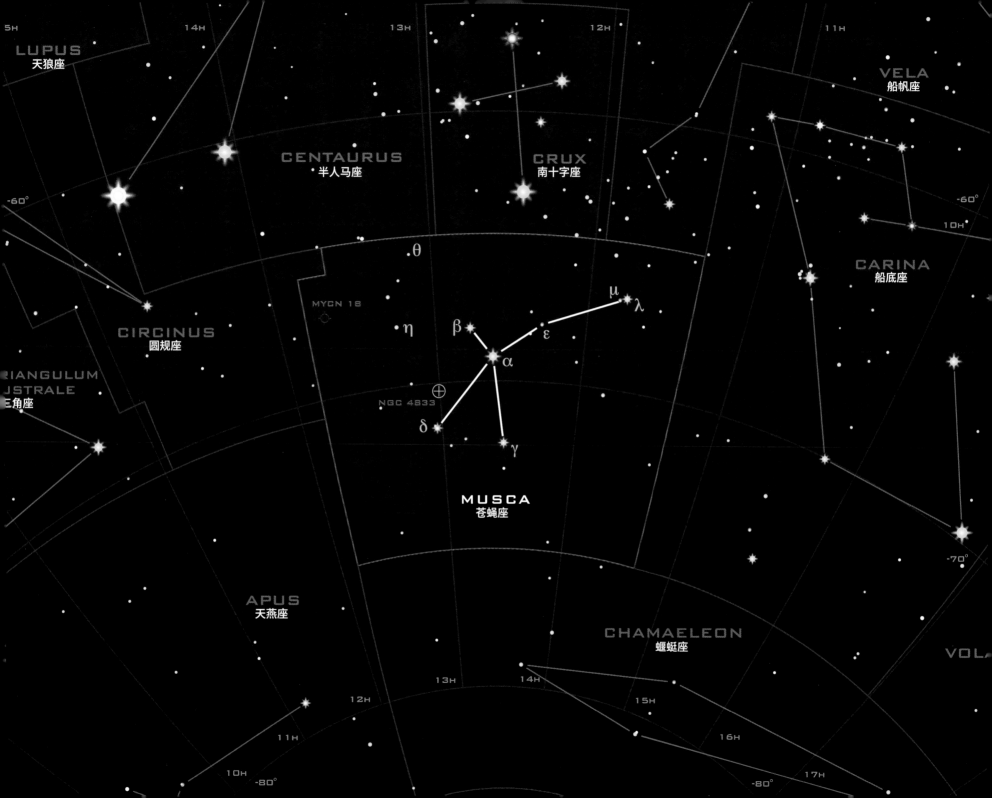

这两个星座都是三角形，一个细长，一个较宽，接近等边三角形。两个星座位于半人马座 α 和 β 以东，位置接近南天极。

较宽的南三角座的历史比圆规座久一些，最早的文字记录出自约翰·拜耳于 1603 年创作的 Uranometria 星图，很可能是荷兰航海家皮特·狄克松·凯泽在此之前发现的。到了 18 世纪 50 年代，尼古拉·路易·德·拉卡伊才将那个狭窄的圆规形定义为星座。

南三角座 α 是一颗星等为 1.9 的橙巨星，距离地球 415 光年。圆规座 α 是一颗星等为 3.2 的白星，属于"盾牌座 δ 型"变星，亮度会发生超短周期的、小变幅的变化。圆规座 γ 是双星，其中有一颗星等为 5.1 的蓝白星，还有一颗星等为 5.5 的伴星。对比之下，伴星有时会呈现微微发黄的颜色，而实际上，它其实是一颗纯粹的白星。NGC 6025 是南三角座的一个疏散星团，星等为 5.1，我们可以通过双筒望远镜观测到它。

圆规星系　圆规星系与地球相距 1300 万光年，距离不算太远，但是由于圆规座的背景是繁星密布的银河恒星云，因此直到 20 世纪 70 年代才有人发现这个奇妙的星系。圆规座星系的天体目录编号是 ESO97-G13，性质非常接近活动星系，明亮的星系核从中心的超大质量黑洞向外倾倒大量辐射。

	赤经	赤纬	类型	星等	距离
圆规座α	14时43分	-64°59′	双星	3.2	53光年
圆规座γ	15时23分	-59°19′	双星	5.1/5.5	510光年
圆规座θ	14时57分	-62°47′	变星	4.8-5.7	830光年
NGC 6025	16时04分	-60°30′	球状星团	5.1	2700光年

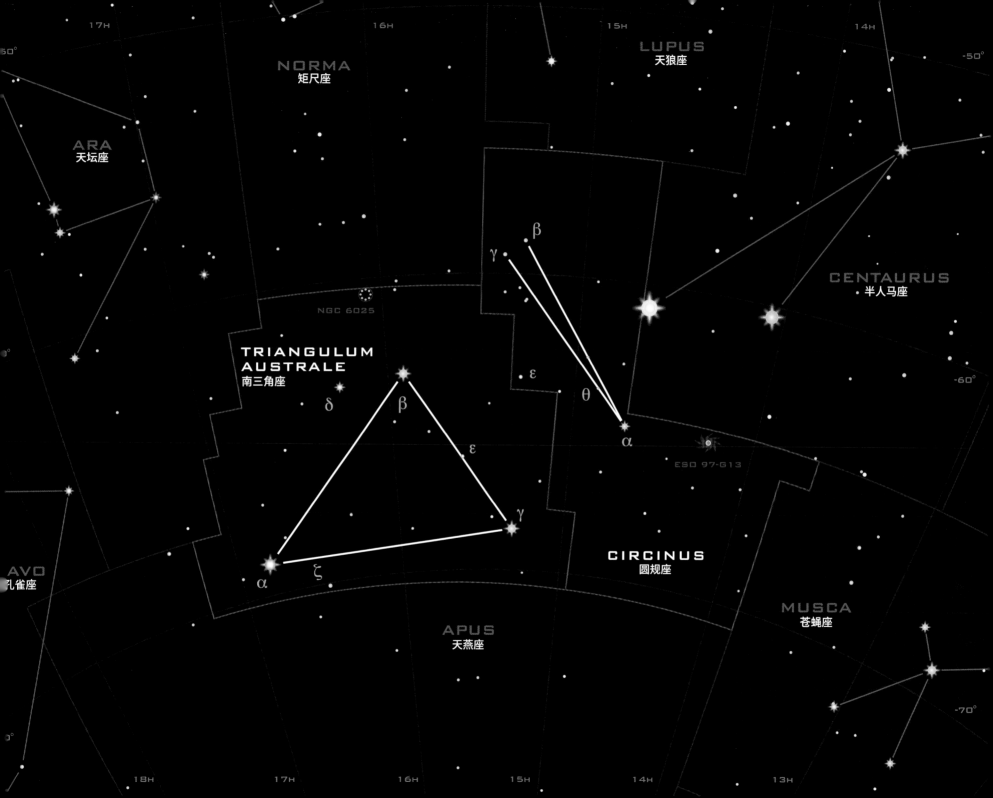

矩尺座和天坛座

水平仪和祭坛

这两个星座位于银河之上，天蝎座以南。其中的星体实在很难给人留下印象，但是有很多值得研究的深空天体，比如各种星团。

天坛座虽然星光暗淡，却是最古老的星座之一，被古美索不达米亚占星师视作供奉生祭的祭坛。过了一千年之后，希腊人将其视作祭拜奥林匹斯众神的神坛。矩尺座是尼古拉·路易·德·拉卡伊于 18 世纪 50 年代创建的。

矩尺座 γ 属于目视双星，其中包括一颗星等为 5.0、距离地球 1450 光年的黄超巨星，还有一颗星等为 4.0 距离地球 127 光年的黄巨星，用肉眼能分辨两颗星体。矩尺座 S 位于疏散星团 NGC 6087 的中心，也是一颗黄超巨星，同时也是和仙王座 δ 类似的变星（参见第 34 页），星等会在 6.1 至 6.8 之间变化，变化周期为 9.8 天。NGC 6397 位于天坛座，距离地球 7200 光年，是离地球最近的球状星团之一，我们通过双筒望远镜就能观测到它。

巨引源　矩尺座中有一个藏在银河后面的致密星系团，天体目录编号为埃布尔 3627，常被人称作矩尺座星系团。这个星系团与地球相距 2.2 亿光年，相对而言还是比较近的。借助 X 射线（图中即是）成像技术，可以看到星团内部情况。星团所在的位置有一个神秘的天体，被称为巨引源，是一个致密的重力中心，把本星系群内的一切朝它所在的方向拉扯。

	赤经	赤纬	类型	星等	距离
矩尺座γ	16时20分	-50°09′	目视双星	5.0,4.0	1450光年,127光年
天坛座μ	17时44分	-51°50′	行星系统	5.2	50光年
NGC 6087	16时18分	-57°56′	疏散星团	5.6	2700光年
NGC 6193	16时41分	-48°44′	疏散星团	5.2	4300光年
NGC 6397	17时41分	-53°40′	球状星团	6.7	7200光年

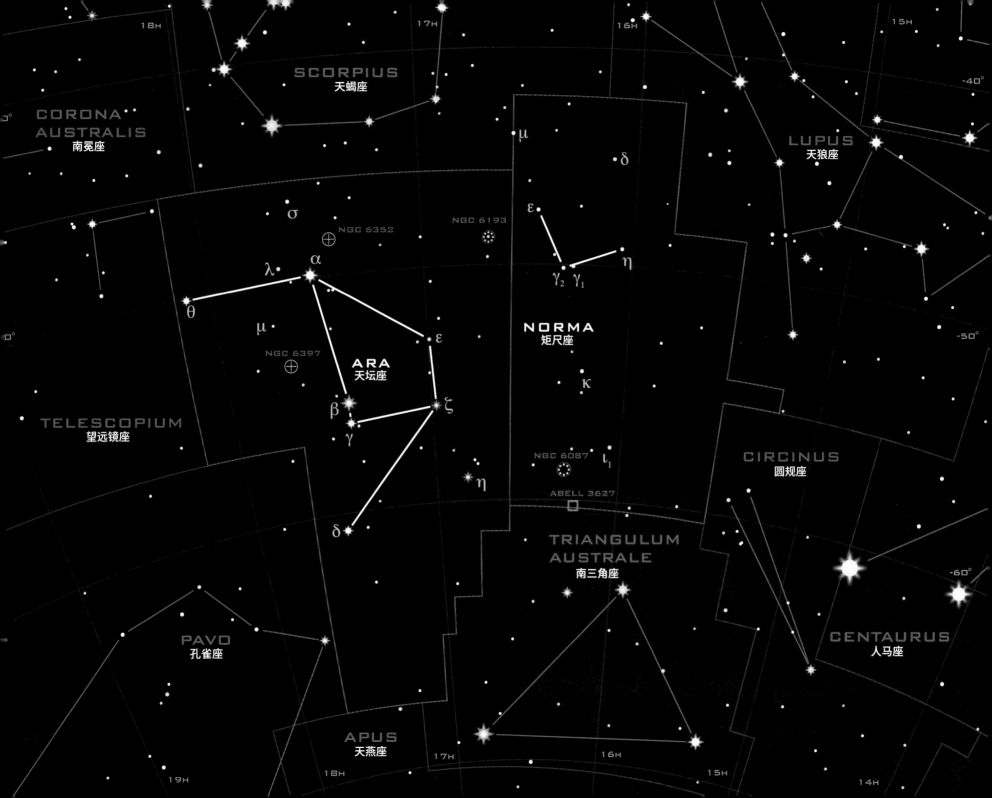

南冕座和望远镜座

南天皇冠和望远镜

　　南冕座位于人马座正南方，星座中的几颗星组成皇冠的形状，和位于北天的北冕座正好凑成一对儿，很容易辨认。南冕座以南有一个非常昏暗的星座，是望远镜座。

　　南冕座是一个历史悠久的星座，从希腊所在的纬度地区能观测到。人们常将南冕座与酒神巴克斯联系在一起，有些人也觉得它和旁边的人马座有关。望远镜座是尼古拉·路易·德·拉卡伊于18世纪创建的一系列星座之一，很可能是天空中最昏暗的星座。

　　南冕座 γ 是双星，通过小型天文望远镜能分辨出两颗相隔不远的黄星，两颗星体的星等分别为 4.8 和 5.1。南冕座 η 和 κ 属于目视双星，通过双筒望远镜就能分辨。业余天文爱好者还可以关注一下南冕座深空一个致密且明亮的球状星团——NGC 6541，这个星团距离地球 23000 光年，星等为 6.3。

南冕座 R　年轻的无规律变星南冕座 R 与地球相距 420 光年，南冕座 R 所在的区域有一个反射、辐射情况都比较复杂的暗星云，这片星云是距离地球最近的恒星形成区之一，给我们提供了一个难得的机会，去窥探和太阳类似的小质量恒星诞生的环境。这类恒星不会释放能照亮恒星形成区的高能辐射，因此这个星云的色彩显得格外低调内敛。

	赤经	赤纬	类型	星等	距离
南冕座γ	19时06分	-37°04'	双星	4.8/5.1	58光年
望远镜座δ	18时32分	-45°55'	目视双星	4.9,5.1	800光年,1080光年

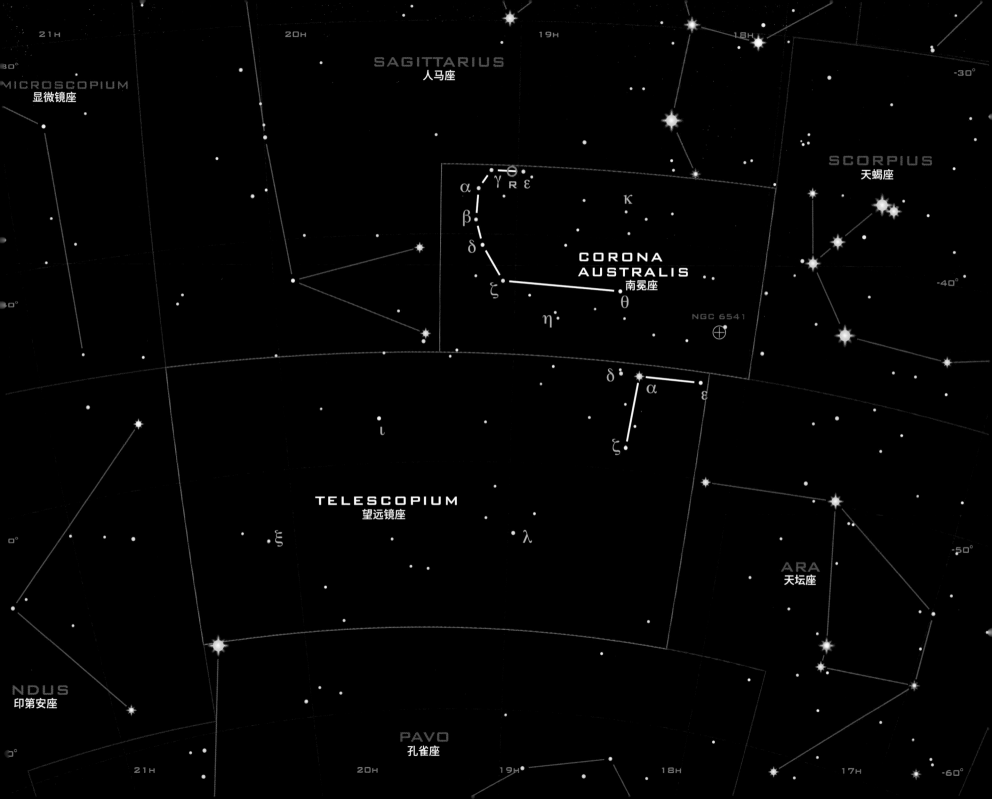

孔雀座

孔雀

南冕座和昏暗的望远镜座以南是孔雀座。我们可以通过寻找星座中的亮星孔雀星,找到孔雀座。

1597 年,彼得勒斯·普朗修斯根据荷兰航海家的报告,在南天加进了几个以鸟类命名的星座,孔雀座就是其中之一。

很多星体的西名都能从古希腊、拉丁、阿拉伯文化中找到出处,孔雀座 α 却是个现代的名字。20 世纪 30 年代,英国皇家空军飞行员将孔雀座 α 作为导航星时,这个星体才被命名。

孔雀星是一颗星等为 1.9 的明亮蓝星,属于分光双星——只能通过对光谱进行分析才能证实是双星,从视觉上无法分辨。孔雀座 κ 是造父变星——一颗距离地球 490 光年的黄超巨星,星等会在 3.9 到 4.8 之间变化,周期为 9.1 天。孔雀座 δ 距离地球 20 光年,星等为 3.6,质量和太阳差不多大,但是比太阳更年老,已经进入发展成红巨星的阶段。

明亮的星团 NGC 6752 位于孔雀座北部,是整个天空中亮度排第三的球状星团,星等为 5.4,通过双筒望远镜观测到的星团直径和一个满月的直径相当。星团距离地球 13000 光年,跨度约 100 光年,其中有超过 100000 颗恒星。哈勃太空望远镜拍摄的这张图片覆盖了中央区十光年的范围,其中有无数星体,越往星团核心地带,星体越密集。

	赤经	赤纬	类型	星等	距离
孔雀座α	20时26分	-56°44'	聚星	1.9	183光年
孔雀座K	18时57分	-67°14'	变星	3.9-4.8	490光年
NGC 6752	19时11分	-59°59'	球状星团	5.4	13000光年
NGC 6744	19时10分	-63°51'	旋涡星系	9.1	2500万光年

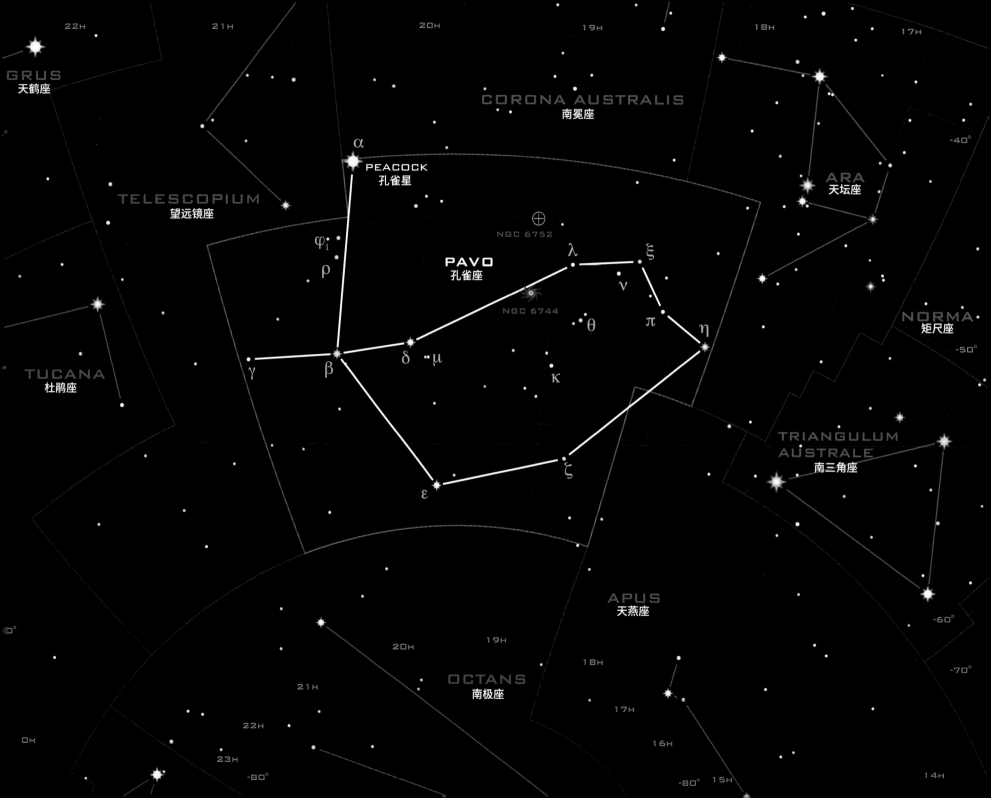

天鹤座和凤凰座

鹤和凤凰

　　鹤和凤凰都属于鸟类，只是一个是真实存在的，一个是神话中的。天鹤座和凤凰座位于南天的两颗亮星北落师门（南鱼座 α）和水委一（波江座 α）的连线之间。这两个星座都很容易辨认，凤凰座有伸展的翅膀，天鹤座有长长的鹤颈。

　　这些"南天的飞鸟"最早于 1603 年被约翰·拜耳收录入《星图大典》，但实际上，它们被发现是在 16 世纪 90 年代。航海家皮特·狄克松·凯泽和弗德里克·德·豪特曼前往东印度时发现了这两个星座，并详细地记录了它们在天空中的各个特征。

　　凤凰座ζ是三重星系统：其中包含一对食双星，平时亮度为 3.9，每隔 1.67 天两颗星连成一条线，星等会瞬间跌落 0.5 等，食双星旁边还有一颗星等为 6.9 的伴星。天鹤座 β 是一颗脉冲红巨星，星等会在 2.0 和 2.3 之间变化。可惜的是，这两个星座中没有通过小型天文望远镜观测到的特色深空天体。

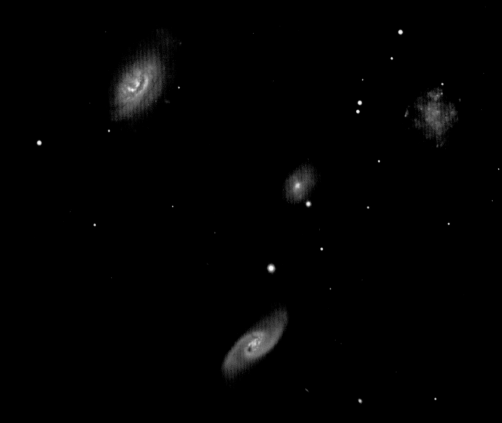

罗伯特四重奏星系　这四个星系的星等只有 14.0，大多数业余设备都观测不到它们。尽管如此，位于凤凰座的这个四重奏星系依然是天空中最著名的星系群之一。星系群在天体目录中的编号是 AM 0018-485，距离地球 1.6 亿光年，在天空中占据的区域相当于月亮直径的十分之一，实际跨越了约 75000 光年。

	赤经	赤纬	类型	星等	距离
凤凰座α	00时26分	-42°18'	双星	2.4	77光年
凤凰座ζ	01时08分	-55°14'	聚星	3.9-4.4/6.9	280光年
天鹤座β	22时43分	-46°53'	变星	2.0-2.3	170光年
天鹤座π	22时22分	-45°57'	目视双星	6.1,5.6	500光年,130光年

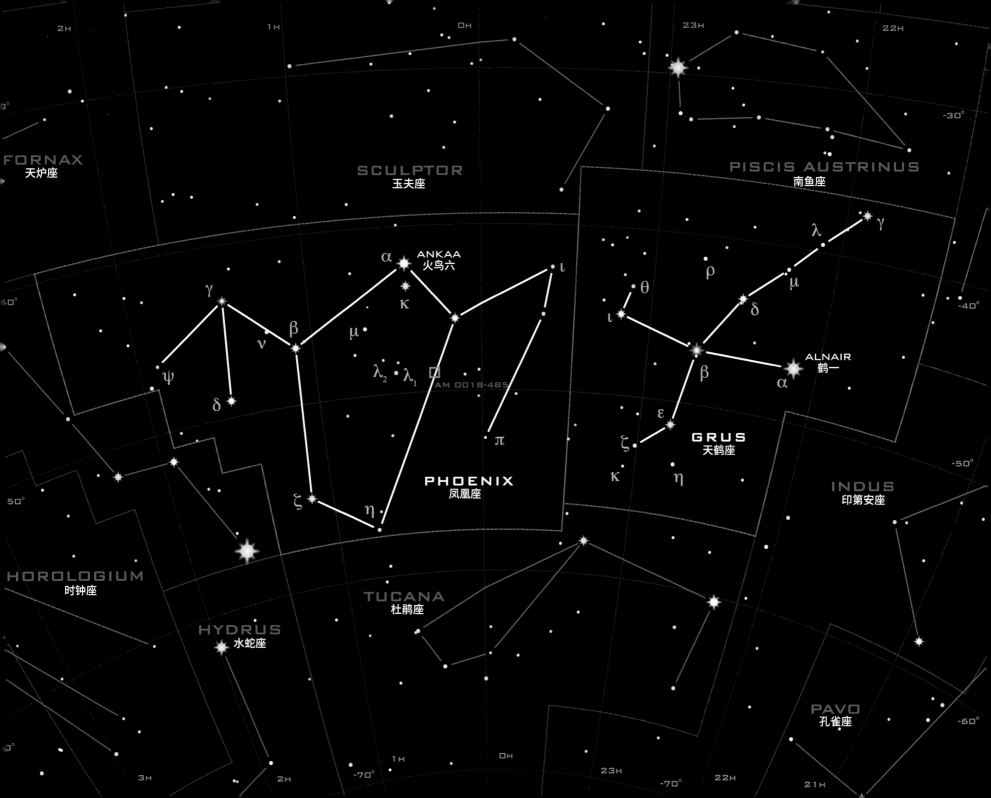

杜鹃座和印第安座

大嘴鸟和印第安人

这两个星座都比较昏暗，杜鹃座中有很多令人震惊的深空天体，其中包括小麦哲伦星系。在夜空中找到波江座的亮星水委一，再往西南方向看，就能看到杜鹃座。印第安座在杜鹃座西侧。（注：杜鹃座西名 TUCANA，和杜鹃属鸟类或杜鹃花没有任何关系，只是西名发音类似杜鹃。）

这两个星座是欧洲天文学家根据荷兰航海家皮特·狄克松·凯泽和弗德里克·德·豪特曼的报告创建的。有证据表明，欧洲天文学家们并非完全原创，东印度群岛周边地区的人们早就对天空中的星星有自己的认识，欧洲天文学家们应该是在此基础之上创建的这些星座。

印第安座 α 是一颗星等为 3.1 的橙巨星，距离地球 100 光年。通过中型望远镜，我们能观测到另外两颗星等分别为 11.9 和 12.5 的红矮星。印第安座 ε 是一颗离地球很近的星体，与地球相隔仅 11.8 光年，星等为 4.7。它的质量比太阳小一些，亮度也低一些，2003 年的时候，天文学家发现它也有两颗昏暗的伴星，这两颗伴星是没能最终形成恒星的失败恒星，又被称为"棕矮星"。

被忽视的球状星团　杜鹃座中有两个著名的天空奇观，一个是小麦哲伦星系，另一个是明亮的球状星团杜鹃座 47（NGC 104）。如此一来，位于杜鹃座边界附近的另一个球状星团 NGC 362 就被大家忽视了。NGC 362 距离地球 30000 光年，比杜鹃座 47 远得多，星等为 6.4，通过双筒望远镜或小型天文望远镜就能很容易地观测到它。如果用大型设备观测，还能分辨出星团中的个体。

	赤经	赤纬	类型	星等	距离
印第安座α	20时38分	-47°17′	聚星	3.1/11.9/12.5	100光年
印第安座ε	22时03分	-56°47′	聚星	4.7	11.8光年
杜鹃座α	22时19分	-60°16′	双星	2.9	199光年
杜鹃座β	00时32分	-62°57′	目视双星	4.3,5.1	144光年，151光年
杜鹃座κ	01时15分	-68°53′	聚星	4.3	67光年
NGC 104	00时24分	-72°05′	球状星团	4.9	16700光年
SMC	00时53分	-72°50′	不规则星系	2.3	210000光年
NGC 362	01时03分	-70°51′	球状星团	6.4	30000光年

杜鹃座 47　杜鹃座 NGC 104

天空中的光球

球状星团杜鹃座 47 的星等为 4.9，用肉眼就能观测到，看起来像一颗位于小麦哲伦星系边缘、有些模糊的恒星。法国天文学家尼古拉·路易·德·拉卡伊于 1751年首次注意到这个星团，就像"半人马座 Ω"一样，由于一开始将其视作恒星，取名字的时候按照"拜耳字母"命名法，用希腊字母命名，杜鹃座 47 一开始也被误以为是恒星，按照"巴德数字"命名法取了个恒星的名字。通过双筒望远镜观测，我们看到的是一个满月大小的光球。由于这个星团中的星体相对密集，因此必须借助中型天文望远镜才能分辨其中的个体。

中心区

欧洲南方天文台的甚大望远镜聚焦杜鹃座 47 中心区域，拍下了这张图片，大家可以借此看到星团核的细节。这个星团与地球相距 16700 光年，是离地球相对较近的球状星团之一，星团的整体质量相当于100 万个太阳，跨越了 120 光年。星团中心的恒星，彼此相隔非常近，距离单位不能用"光年"，要换成"光日"。

行星搜索

这张杜鹃座 47 的图片是哈勃太空望远镜拍摄的，其中有 35000 颗恒星。1999 年，天文学家想在这个拥挤的星团中找找看有没有行星，于是将哈勃望远镜连续八天对着这个星团。因为行星公转会影响恒星亮度（行星转到恒星正面，会遮住恒星发出的部分光芒），所以天文学家们希望能从这方面找到蛛丝马迹。此前，天文学家们确实通过这个方法成功找到过行星。根据统计结果，天文学家预计在这次观测期间能探测到 17 次"遮挡"，可事实上一次也没探测到，这说明杜鹃座 47 中也许根本没有行星。也许行星形成后受某种力量的作用，彻底脱离了它的母星。

▶ 星体的运动

这张杜鹃座 47 核心区的特写图像是哈勃太空望远镜拍摄的一系列图片之一。之所以要拍摄这一系列图片，是因为天文学家们要借助这些图片追踪星团中超过 15000颗星体的活动情况。天文学家们将这些星体的速度和质量（根据星体亮度和发展阶段进行推算）进行对比，首次绘制出了星团内部复杂的动力学结构。杜鹃座 47 中的星体频繁地近距离接触，进行动量交换，最终导致质量相对较大的星体运行速度变慢，"下沉"到星系核，质量较轻的星体不断加速，朝星团外围推进。

赤经 00 时 24 分，赤纬 -72° 05′
星等 4.9
距离 16700 光年

杜鹃座　小麦哲伦星系

卫星星系

人们凭肉眼能在杜鹃座东南角清楚地看到小麦哲伦星系。小麦哲伦星系独立于银河之外，跨越的范围相当于满月直径的 7 倍。通过双筒望远镜或小型天文望远镜，我们能观测到杜鹃座中包括星团、星云在内的很多细节，如果有更大型的设备，星座中有无数目标可供你尽情观测。跟它的"大哥"大麦哲伦星系相比，小麦哲伦星系不光面积小（跨度约 10000 光年），离地球也更远（与地球相距 210000 光年）。这两个星系以葡萄牙探险家斐迪南·麦哲伦的名字命名，麦哲伦于 1519—1521 年完成了环球航行，这位欧洲人是有记录的、完成环球航行的第一人。

赤经 00 时 53 分，赤纬 -72° 50′
星等 2.3
距离 210000 光年

恒星形成区N66和NGC 346

大麦哲伦星系和小麦哲伦星系都属于不规则星系，其中蕴藏着丰富的气体和尘埃，这些气体和尘埃正是恒星持续形成发展的原料。N66 是小麦哲伦星系中的众多恒星形成区之一，被里面的一个星团发出的密集辐射照亮，这个星团才形成不久，编号为 NGC 346。星团的亮度为 10.3，我们通过小型天文望远镜能观测到它，如果借助长曝光摄影则能看到周围的星云状物质。小麦哲伦星系中的大部分大质量恒星都位于 NGC 346 中。这张图片来自哈勃太空望远镜，在图片的左上角，我们能清楚地看到在强力恒星风作用下形成的激波。

赤经 00 时 59 分，赤纬 -72° 10′
星等 10.3
距离 210000 光年

▶ 隐藏的宝藏

N90和NGC 602

这张令人惊叹的图片同样来自哈勃太空望
远镜，拍摄的是 N90。小麦哲伦星系中有
很多美丽的恒星形成区，N90 就是其中之
一。这片星云看起来像被掏空的山洞，实
际上是 NGC 602 中的恒星吹出的恒星风和
恒星辐射作用的结果。NGC 602 是位于这
片星云中心的一个新形成的星团。和老鹰星
云中形似石笋、钟乳石的"创造之柱"（参
见第 114 页）一样，这片星云之所以变成
现在的样子，也是久经侵蚀的结果。图片偏
下方模糊的气体中，有一个遥远的星系团，
这个星系团比 N90 还要远数百万光年。

赤经 01 时 29 分，赤纬 -73° 34'
星等 13.1
距离 210000 光年

时钟座和网罟座

时钟和网格

这两个星光暗淡、轮廓模糊的星座位于天河，也就是波江座以南。时钟座（组成的图形像钟摆）很难辨认。网罟座是一个紧凑的菱形，相较之下，辨认起来容易些。

这两个星座的最大价值，就在于证明它们的创造者——法国天文学家尼古拉·路易·德·拉卡伊是个想象力丰富、决断力极强的人。在 18 世纪的时候，这位天文学家极力想要填补南天的每一处空缺。

时钟座 α 是一颗星等为 3.9 的橙巨星，与地球相距 117 光年，代表的是时钟的摆轴。网罟座 α 是一对双星，其中有一颗星等为 3.4 的黄巨星，通过中型天文望远镜，我们还能看到一颗星等为 12.0 的红矮星。网罟座 ζ 是这两个星座中最著名的星体，网罟座 ζ 也是双星，两颗星和太阳类似，星等分别为5.5 和 5.2，与地球相距 39 光年，通过双筒望远镜能分辨两颗星体。UFO 迷对网罟座 ζ 肯定很熟悉，因为据说广为人知的外星"小灰人"来自泽塔星，而这个泽塔星指的就是网罟座 ζ。

NGC 1559 这个棒旋星系位于网罟座，可惜大部分业余设备都观测不到，只有借助哈勃这类专业的设备进行观测，你才会发现它是一个既美丽又活跃的星系。星系中间有亮核，分布着恒星形成区的旋臂，结构清晰，很容易辨认。

	赤经	赤纬	类型	星等	距离
网罟座α	04时14分	-62°28'	双星	3.4	165光年
网罟座ζ	03时18分	-62°31'	双星	5.2/5.5	39光年
时钟座H	02时54分	-49°53'	变星	4.0-14.0	1000光年
NGC 1261	03时12分	-55°13'	球状星团	8.4	54000光年
NGC 1512	04时04分	-43°21'	旋涡星系	11.1	3000万光年

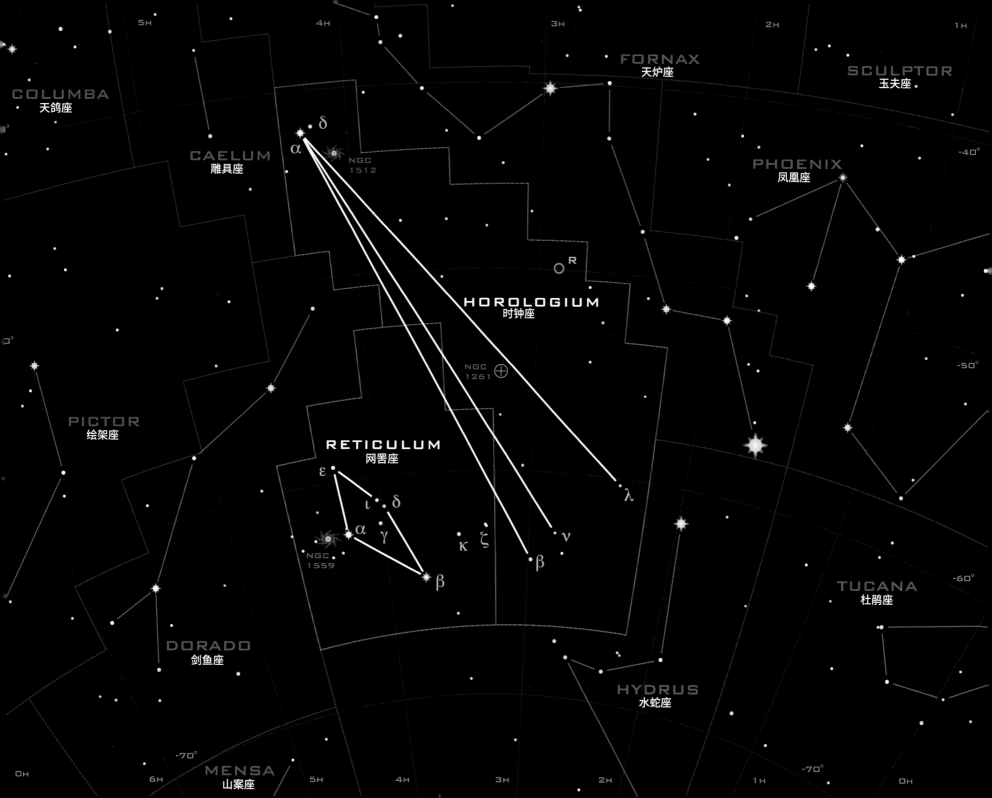

绘架座和剑鱼座

画家的画架和剑鱼

将船底座的老人星和波江座的水委一连成一条线，在这条线的南侧有两个星光暗淡、轮廓不清的星座，即绘架座和剑鱼座。大麦哲伦星系位于剑鱼座，绘架座中几乎没有能给人留下印象的天空特征。

剑鱼座是荷兰航海家凯泽和德·豪特曼于 17 世纪左右添加到星空图中的星座。这里的剑鱼指的应该是夏威夷的海豚。绘架座是拉卡伊于 18 世纪 50 年代创建的一系列星座之一。

剑鱼座 β 是天空中最亮的变星——一颗闪动的黄超巨星，星等在 3.5 到 4.1 之间变化，周期为 9.9 天。这颗造父变星与地球相距 1040 光年，以附近的恒星作参考，很容易追踪到它的亮度变化。绘架座 δ 是一对食双星，星等分别为 4.7 和 4.9，每隔 40 小时，其中那颗炙热的蓝白星就会挡住另一颗星体。人们用肉眼就能观测到它的亮度变化。

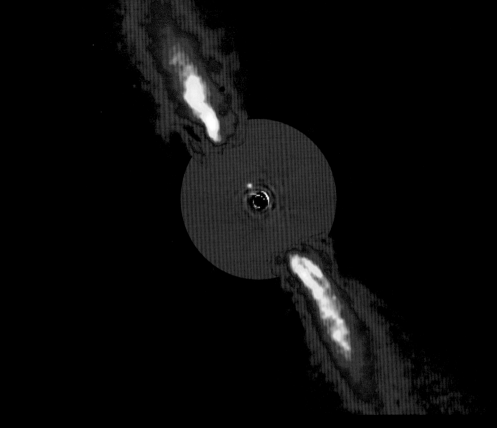

绘架座 β　绘架座最著名的天体，是一颗星等为 3.9、距离地球 63 光年的白星。它之所以这么有名，是因为有一个宽度是海王星轨道 40 倍的气体、尘埃盘围绕它绘架座 β 运行。人类首次发现这么宽的"原行星盘"。（如上图所示，绘架座 β 之所以被发现，是因为它释放出了大量红外辐射。）

	赤经	赤纬	类型	星等	距离
绘架座β	05时47分	-51°04'	行星系	3.9	63光年
绘架座δ	06时10分	-54°58'	双星	4.7-4.9（变）	1650光年
剑鱼座β	05时34分	-62°29'	变星	3.5-4.1	1040光年
LMC	05时24分	-69°45'	不规则星系	0.1	179000光年
NGC 2070	05时39分	-69°06'	弥漫星云	8.0	180000光年

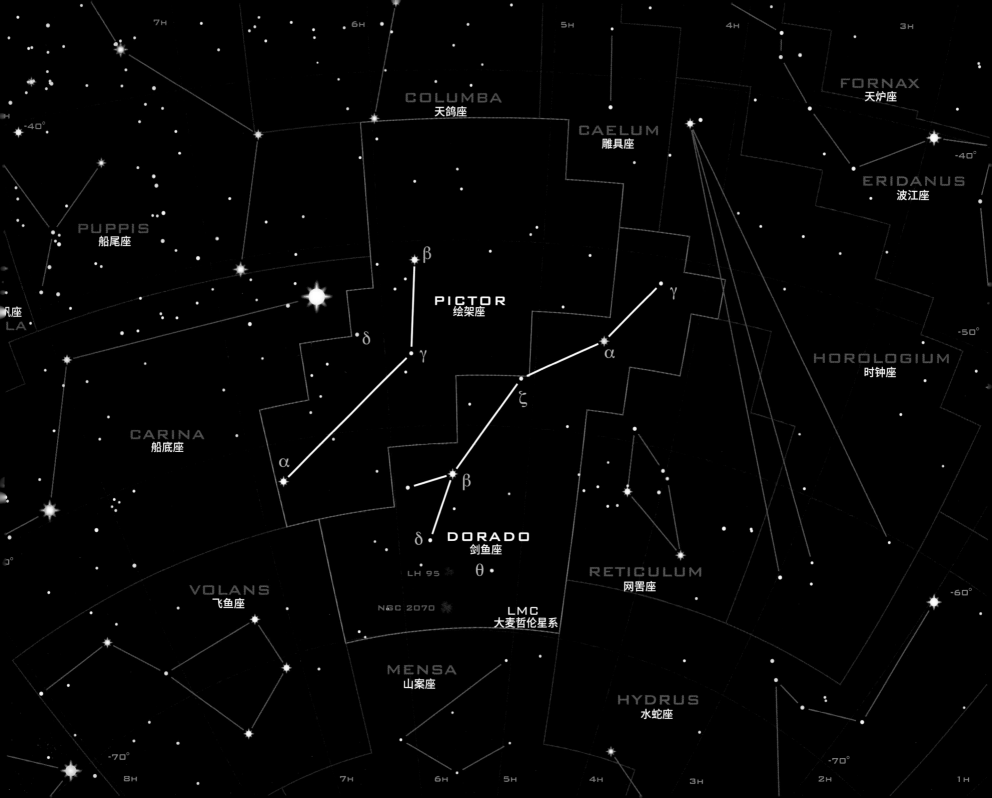

剑鱼座　大麦哲伦星系

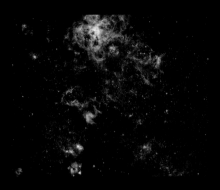

不规则的卫星星系

大麦哲伦星系是银河系卫星星系中最大的，和小麦哲伦星系在同一轨道上运行，轨道周期为 15 亿年。大麦哲伦星系的直径是 20000 光年，在天空中是独立于银河之外的一块相当于 20 个满月宽度的光团，位于剑鱼座和山案座交界处。我们凭肉眼能很容易地观测到大麦哲伦星系；如果通过双筒望远镜观测，则能看到其中的星体组成了粗棒状。但是大麦哲伦星系实际上属于不规则星系，由于其呈现出的各种特征，有时也被称为"单臂旋涡星系"。如果你想要探索其中的星云或星团，选择任何型号的望远镜都可以。

繁星
LH95

跟附近的狼蛛星云相比，这片位于大麦哲伦星系的恒星形成区显得特别不起眼，但是它给我们提供了很多信息，让我们得以了解恒星是怎样在蕴藏着丰富气体和尘埃的星系中形成的。在此之前，大家只知道星云中有炙热的蓝白星，这颗蓝白星的质量是太阳的 3 倍。直到 2006 年，天文学家借助哈勃太空望远镜进行研究，才发现其中至少有 2500 颗微弱恒星，这些星体尚未进入"主序期"（上图中黄色和橙色的星体），其中还有质量相当于三分之一个太阳的红矮星。

蜘蛛星云
NGC 2070

蜘蛛星云是本星系群中最大的恒星形成区之一。通过双筒望远镜或小型天文望远镜观测，我们能看到星云中像蜘蛛腿一样细长的气态结构。蜘蛛星云跨越了 1000 光年，如果把它移到猎户座 M42 所在的位置，它将在天空中覆盖 30 度，亮到能使其他物体产生影子的程度。蜘蛛星云的大小和活跃程度与它所处的位置有关，由于它位于大麦哲伦星系的前端，星系在轨道上移动产生的作用力会对蜘蛛星云产生很大影响。

▶ 超星团
R136

通过小型望远镜，我们能观测到这个位于蜘蛛星云中心的星团，但是无法感受它的规模。这个密集的球状空间内，聚集着很多才诞生了一两百万年的大质量蓝星，这些恒星释放出了大量紫外辐射，使得蜘蛛星云内的气体变得活跃起来。星团中心的 R136a，是目前已知的质量最大的恒星。这颗恒星的质量相当于太阳的 265 倍，亮度是太阳的 1000 万倍，它本身是一颗单独的巨大恒星，并不是可以进一步分割的双星或聚星。

赤经 05 时 24 分，赤纬 -69° 45'
星等 0.1
距离 179000 光年

赤经 05 时 37 分，赤纬 -66° 22'
星等 11.1
距离 180000 光年

赤经 05 时 39 分，赤纬 -69° 06'
星等 8.0
距离 180000 光年

赤经 05 时 39 分，赤纬 -69° 06'
星等 9.5
距离 180000 光年

山案座和飞鱼座

桌山和飞鱼

　　这两个星座的位置已经接近南天极，其中既没有亮星，外形也不够引人注目，但是由于飞鱼座位于船底座正南，因此辨认起来倒不难。山案座位于大麦哲伦星系和南天极之间，也比较容易辨认。

　　飞鱼座是荷兰航海家凯泽和德·豪特曼于 16 世纪 50 年代新创建的几个南天星座之一。山案座是尼古拉·路易·德·拉卡伊于 18 世纪 50 年代创建的，当时他在南非，每天都能看到山顶隐藏在云层之中的桌山，受此启发将其命名为山案座。

　　山案座 α 是一颗不显眼的黄矮星，亮度只有太阳的 80%，星等为 5.1。它与地球之间的距离只有 33 光年，仅凭肉眼就可以观测到。飞鱼座中有两对双星，通过小型天文望远镜观测，我们能分辨其中的个体。飞鱼座 ε 中有一颗星等为 4.4 的蓝白星，还有一颗星等为 8.1 的黄色伴星。飞鱼座 γ 中有一颗星等为 3.8 的橙巨星，还有一颗星等为 5.7 的白星。

肉钩星系　由于星等只有 11.2，因此必须通过大型业余望远镜才能观测到这个不寻常的旋涡星系。即便如此，它依然是南天中的重要标志。肉钩星系在天体目录中的编号是 NGC 2442，呈 S 形，由两个不对称的旋臂组成，一个像是受到过挤压，另一个比较舒展，很可能是和附近的星系近距离遭遇的结果。肉钩星系距离地球 500 万光年。

	赤经	赤纬	类型	星等	距离
飞鱼座γ	07时09分	-70°30'	双星	3.8/5.7	147光年

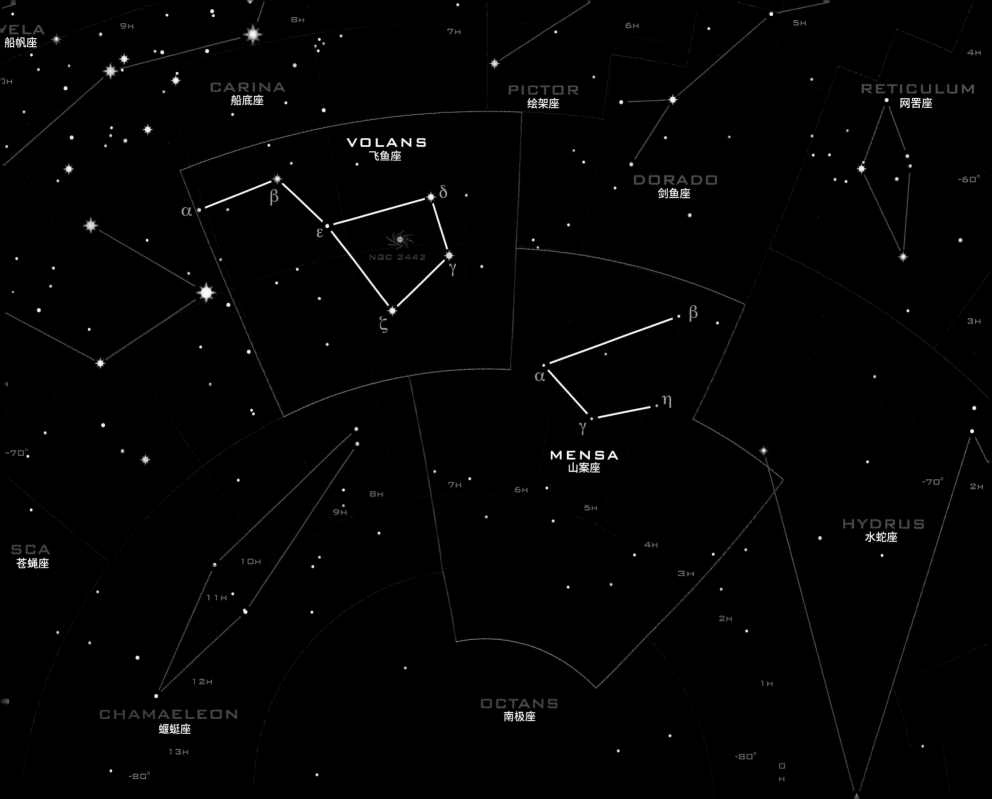

蝘蜓座和天燕座

蜥蜴和天堂鸟

　　这两个位于南天的星座依然星光暗淡、轮廓不清，由于它们位于南天极和船底座、苍蝇座、南三角座的亮星之间，所以辨认起来比较容易。

　　这两个星座都是荷兰航海家凯泽和德·豪特曼创建的，他们创建星座的时候参考了在东印度群岛见到过的动物。彼得勒斯·普朗修斯将这两个星座引入了他于 1598 年制作的天球仪中。

　　这两个星座所在的天空中有很多适合业余天文爱好者探寻的深空天体，也有不少双星。蝘蜓座 δ 是目视双星，两颗星的星等分别为 4.4 和 5.5，与地球之间的距离分别是 355 光年和 365 光年。天燕座 δ 中的两颗星分别是红巨星和橙巨星，星等分别为 4.7 和 5.3，与地球之间的距离都是 700 光年，它们两个很可能是真的双星。蝘蜓座 ε 是一对星等分别为 5.4 和 6.0 的白星，借助中型天文望远镜才能将这两颗白星区分开来。

蝘蜓座恒星诞生区　靠近南天极的天空看起来似乎缺乏形成恒星的星云，实则不然，蝘蜓座中就有很多孕育恒星的暗星云。上图的恒星形成区距离地球 500 光年，之所以不够显眼，是因为其中诞生的都是和太阳差不多大的轻质量恒星，不足以使周围的星云发出过于耀眼的光芒。

	赤经	赤纬	类型	星等	距离
蝘蜓座δ	10时45分	-80°30′	目视双星	4.4,5.5	355光年,365光年
蝘蜓座ε	12时00分	-78°13′	双星	5.4/6.0	365光年
天燕座δ	16时20分	-78°41′	目视双星	4.7,5.3	700光年
天燕座θ	14时05分	-76°48′	变星	4.8-6.1	330光年

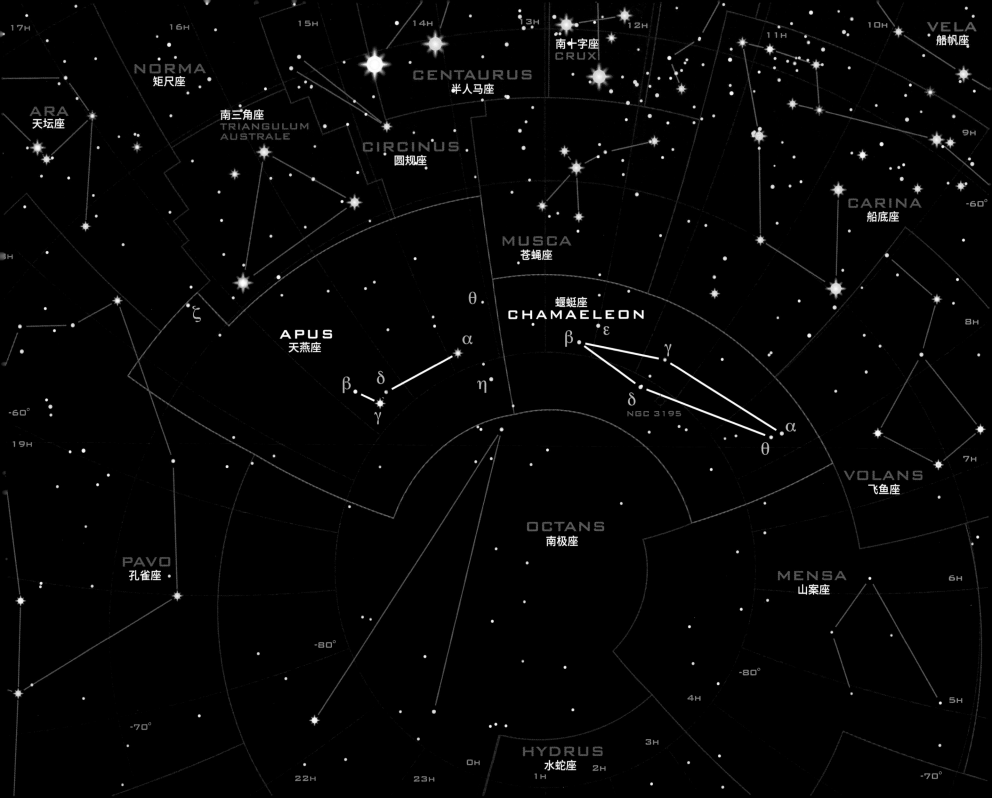

水蛇座和南极座

小水蛇和八分仪

　　南天极周围的天空中缺乏亮星，南天极的星座即南极座。若说有意思的天体，南极座旁边的水蛇座多少还有一点。

　　水蛇座是南天中一个昏暗的锯齿形星座，位于波江座的亮星水委一以南。这个星座是荷兰航海家凯泽和德·豪特曼于 17 世纪创建的。南极座是拉卡伊于 18 世纪创建的多个星座之一，它的西名是 Octans，得名于一个已经废弃的航海仪器八分仪。

　　水蛇座 β 是相邻星系中最亮的恒星之一，与地球相距 24 光年。它的质量比太阳重 10%，形成时间比太阳久。星体中的主要燃料已经耗尽，开始膨胀，正在努力维持发光发亮，在这之后，它会变成一颗红巨星。南极座 λ 是一对双星，其中有一颗黄星、一颗白星，星等分别为 5.4 和 7.7，与地球相距 435 光年，如果通过小型天文望远镜观测，我们能很容易区分这两颗星体。

天极星 　这张令人惊叹的长曝光图片是在澳大利亚海岸拍摄的，图中是南半球海面上的南天极，地平线的位置是美丽的南极光。很可惜，南天轴没有和北天轴一样的亮星，离南天轴最近的裸眼可见的星体是南极座 σ，星等只有 5.4，必须在特别黑的夜晚才能被人看见。

	赤经	赤纬	类型	星等	距离
水蛇座π	02时14分	-68°20′	目视双星	5.6,5.7	740光年,470光年
南极座α	21时05分	-77°01′	变星	5.1（变）	148光年
南极座λ	21时51分	-82°43′	双星	5.4/7.7	435光年

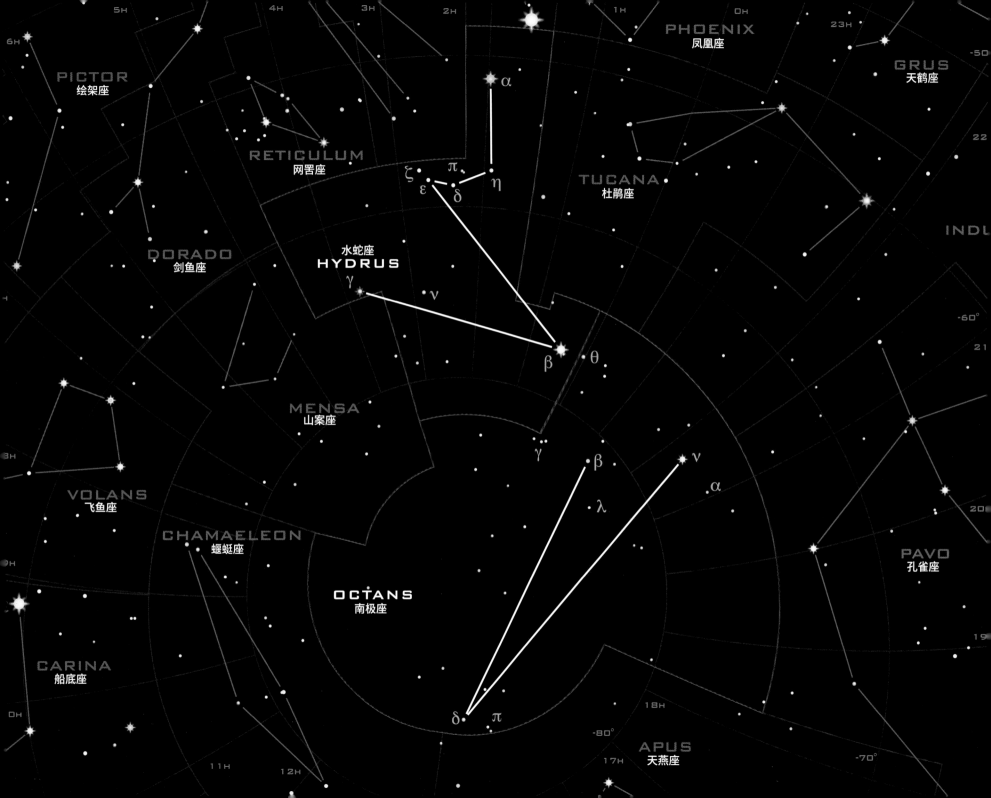

移动的行星

我们生活的太阳系是独一无二的。固定星座中的遥远星光，在天空中的位置很长时间都不会改变。但是太阳系的天体则不然，它们的位置会在相对较短的时间内发生明显的变化。这一章将会带领大家细细观察太阳系中的这些天体，从我们的月亮、八大行星，到小行星和彗星。给大家提供一些建议，以便在观测的过程中抓住重点，其中加入了部分插图，帮大家定位关键天体。

太阳系

太阳的领地

　　围绕太阳运行的有八大行星，地球排在第三位。除了这八大行星之外，太阳系中还有其他成员，比如卫星、小行星和彗星。这些天体大多在一个平面上运行，它们的身影常出现在黄道十二宫中。

　　太阳无疑是天空中最重要的天体，同时也是离地球最近的恒星，与地球相距约 149600000 千米（9300 万英里）。阳光洒在大气层之上，使得天空呈现蓝色，同时遮住了其他天体的微弱星光。能否观测到其他行星，取决于它们与太阳之间的角距离。地球轨道内的行星（水星和金星，又称地内行星）和地球轨道外的行星（其他五大行星，又称地外行星），在天空中的轨迹存在很大差别。地内行星，只会从太阳的一侧转向另一侧。地球轨道外的行星运行的范围则会跨越整个天空——太阳落山之后，从黄道十二宫中位于东侧的星座往西移动，直到太阳重新升起来。

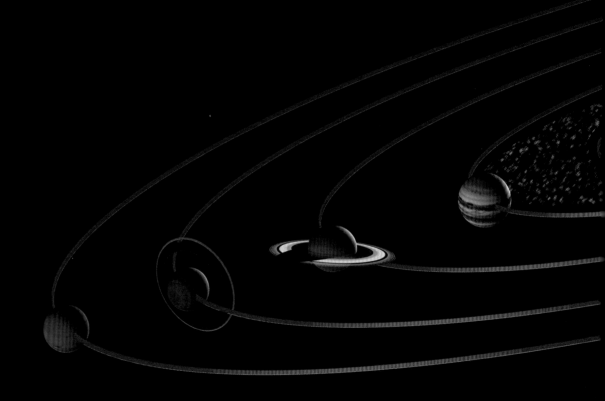

太阳系示意图

行星可以分成两组，一组是位于太阳系内层的小型岩石结构行星，一组是位于太阳系外层的大型行星。所有的行星都在椭圆形轨道上运行，而且所有的轨道都在黄道面上，所谓的"黄道"是指地球围绕太阳运行的轨道。因此，在地球上看，它们常常离得很近，发生所谓的"行星连珠"现象。接下来，按照这些行星与太阳之间的距离，将它们一一介绍给大家。

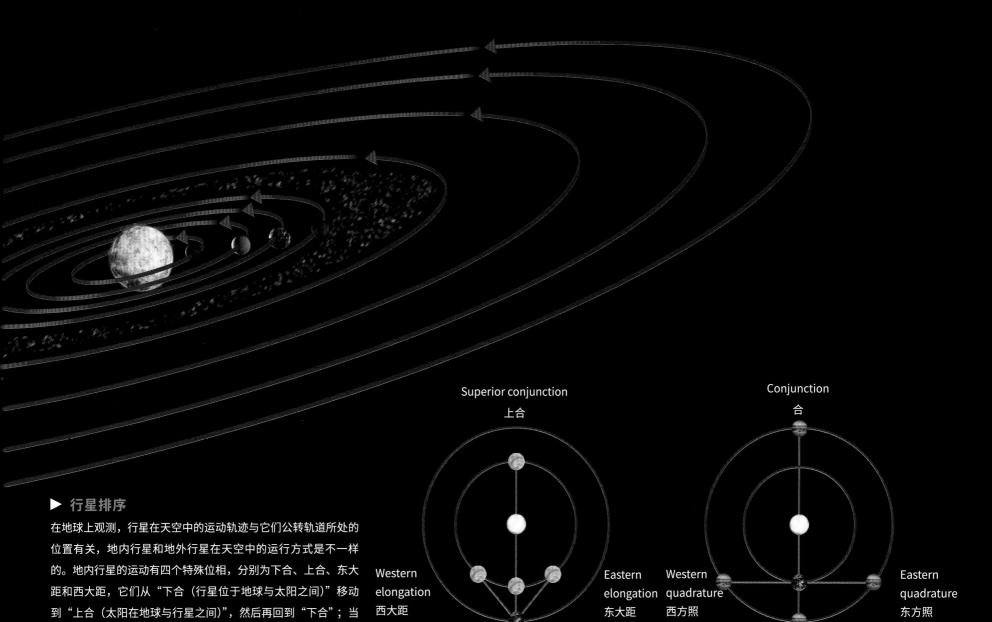

▶ 行星排序

在地球上观测，行星在天空中的运动轨迹与它们公转轨道所处的位置有关，地内行星和地外行星在天空中的运行方式是不一样的。地内行星的运动有四个特殊位相，分别为下合、上合、东大距和西大距，它们从"下合（行星位于地球与太阳之间）"移动到"上合（太阳在地球与行星之间）"，然后再回到"下合"；当地内行星向太阳东侧或西侧运行时，会经过东大距或西大距。地外行星的运动也有四个特殊位相，分别为合、衡、东方照和西方照。当太阳位于行星与地球之间时，行星所处的位置叫"合"，当地球位于太阳和行星之间时，行星所处的位置叫"衡"。

Superior conjunction
上合

Conjunction
合

Western elongation
西大距

Eastern elongation
东大距

Western quadrature
西方照

Eastern quadrature
东方照

Inferior conjunction
下合

Opposition
衡

月球

地球的卫星

在地球上看，太阳当然是最重要的天体，太阳落山之后，月亮就变成了天空的主宰。月有规律地阴晴圆缺，而且会在天空中缓缓移动，对于业余天文爱好者而言，月球是最有趣的观测对象。

月球的直径是 3474 千米（2158 英里），作为地球的卫星，月球是整个太阳系中第五大卫星，而且是与其对应的母星体积相差最小的。月球的平均轨道距离是 384000 千米（239000 英里），在天空中的角直径约为半度。因此，无论是用双筒望远镜还是小型天文望远镜，我们都可以尽情地观测欣赏。月球的引力和太阳的引力相互配合，对地球海洋的潮起潮落产生影响。如果一轮满月出现在天空中，其他所有的亮星都会被它的光辉掩盖。

我们凭肉眼能清楚地观测到月球表面的地形差异。有人认为月球表面的图案是一个男人，也有人认为是女人或者兔子，实际上月球上的阴影是月海，月海不是真正的海，而是火山平原，这些火山平原坐落于看起来比较明亮的、起伏的高地之间。

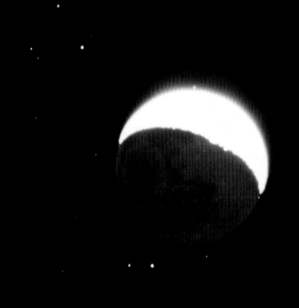

月球运动

地球与月球的潮汐力降低了月球的自转速度，使其按照现在的自转轴自转，同时围绕地球公转。这些作用导致的最终结果是，我们在地球上只能看到月球的一面，另一面永远躲在后面。月球每 29.5 天公转一周，阳光从不同角度照射过来，照亮月球表面的不同区域。通过太空望远镜观测月球表面的日出和日落，能看到很神奇的美景：在阳光的照射下月球表面的高地留下长长的影子。从地球上看，月球的"明暗交界线"正好是月球表面正发生日出或日落的地区。

月球表面

月球面向地球的一面，有看起来比较亮的、坑坑洼洼的高地，也有昏暗的火山平原，这些火山平原相对平滑，远观似海，因此被称为"月海"。从地球上看，月球表面有辐射状的线条，这些明亮的线条存在时间相对较短，是物质喷射留下的痕迹。月球表面没有大气，没有水，也没有地质活动，陨石撞击是形成月球表面特征的唯一原因。

月海：

1. 知海

2. 危海

3. 丰富海

4. 冷海

5. 湿海

6. 雨海

7. 酒海

8. 澄海

9. 静海

10. 云海

11. 东方海

12. 风暴洋

主要陨石坑

13. 阿里斯塔克斯陨石坑

14. 柏拉图陨石坑

15. 哥白尼陨石坑

16. 托勒密陨石坑

17. 第谷陨石坑

月相变化

相位和月食

　　和天上的繁星相比，月球在天空中的移动很难不被人注意到。在 29.5 天一个周期内，新月渐渐变成满月，再逐渐消残，又变回新月。月球在天空中的位置也和太阳一样，每日在天空中升落。但这些只是简单的表面现象。

　　月球的白道面（月球公转轨道面）与地球的黄道面（地球公转轨道面）之间存在 5.1 度夹角，不过这个角度并不是固定不变的。晚夏的夜晚，"获月"（秋分前后的满月）几乎贴着地面线，月球在天球上的精确纬度会受到这 5.1 度夹角的影响。古代天文学家总结发现，每隔 18.6 年，月亮的赤纬角会达到极值，然后周而复始。每隔 18 年零 11 天，地球、月亮和太阳会回到原来的位置，这个周期被称为"沙罗周期"。经过一个沙罗周期，太阳、月亮会重新回到原来的位置，因此沙罗周期对于预测日、月食至关重要。

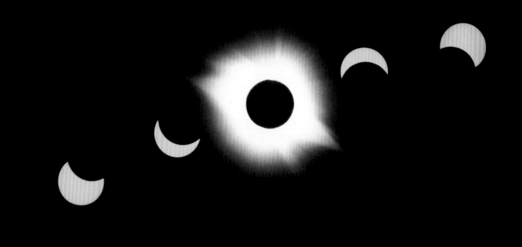

日食

日食是最壮观的自然现象，出现日食的时候，月亮看起来和太阳一样大。从地球上看，月亮偶尔会从太阳表面经过（一年顶多出现一两次）。如果月亮将太阳整个遮住，就会在地球表面投下一个小小的深影（本影），这个影子会快速扫过地球。太阳被完全遮住的现象会持续几分钟，在这几分钟之内，地球上处于月球阴影部分的人们只能看到太阳稀薄的大气层或日冕。在地球的其他位置，观测者观测到的是日偏食。当三者之间的位置发生改变，月亮运行到地球的阴影时，就会出现月食现象，此时太阳光被地球挡住，从地球上看，月球会变成红色或红铜色。

相位

如果以天空中的恒星作为参照，月亮围绕地球一周回到原来的位置，需要 27.3 天（恒星月）。月球处于不同阶段时，我们在地球上看到月球表面的光照面积也不同。月球绕地球公转相对于太阳的平均周期为 29.5 天，又称"朔望月"。

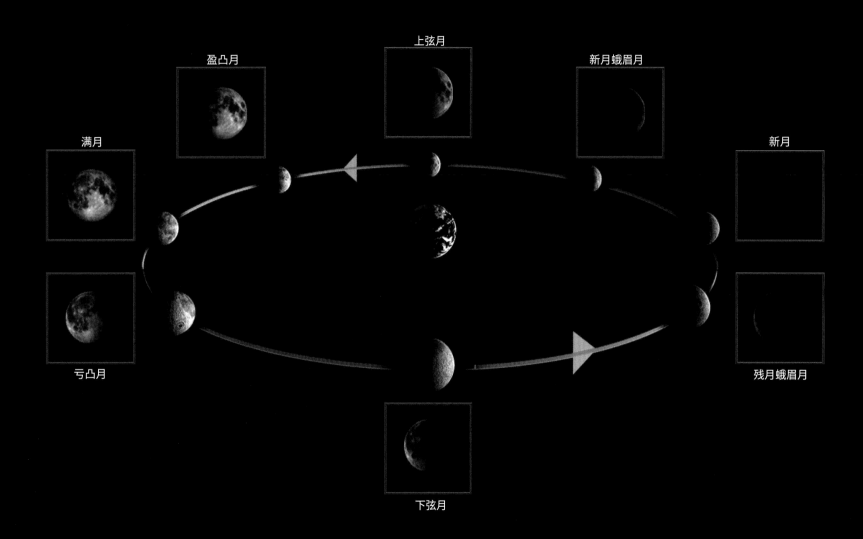

上弦月

盈凸月

新月蛾眉月

满月

新月

亏凸月

残月蛾眉月

下弦月

水星

高速星球

水星是距离太阳最近的行星，也是运行速度最快的行星，它围绕太阳公转一周只需要 88 天。水星在天空中的位置从来不会离太阳太远，它常会在黎明或黄昏的时候出现，虽然看起来比较亮，但是有些模糊。

在八大行星中，水星的椭圆形轨道偏心率最大，通俗地说，就是轨道的椭圆是最"扁"的。它与太阳之间的距离最近时是 4600 万千米（2850 万英里），最远时是 7000 万千米（4350 万英里），因此，东西两个"大距"的距角不同。对于水星，即便是勤勉的观测者，每年也顶多能观测到一两次。当天空比较黑，水星的星等达到约 –2.7 等的时候，才能观测到它。

和月球一样，从不同角度观测，看到的水星表面光照情况是不一样的，因此水星也有相位变化。但是由于体积太小，因此只有通过望远镜才能观测到它表面的变化。另外，大部分地基天文望远镜都能清楚地观测到水星表面的地貌特征。

最小的行星

水星是八大行星中体积最小的，它的直径只比月球大 50%。太空望远镜提供的图片显示，水星表面几乎没有空气，但是有很多陨石坑。水星表面火山喷发留下的痕迹，以及陡峭的悬崖，说明水星的过往绝不平淡。水星上广阔的卡路里冲击盆地，直径为 1550 千米（950 英里），是整个太阳系中最大的陨石坑。水星自转三周所需的时间和围绕太阳公转两次的时间相同，水星的大部分地区每两个水星年才能经历一次日落，导致处于白天的一面无比炙热，处于夜晚的一面无比寒冷。

水星位置

下面这张图表标示的是水星接下来的十年在黄道十二宫中的移动轨迹，从图中还能看到它的角距。字幕 E 表示位处东侧（夜间），W 表示位处西（早晨）大距。

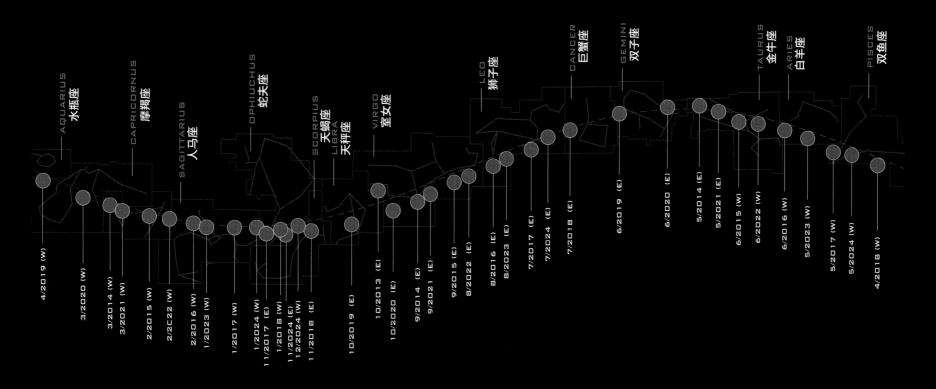

AQUARIUS 水瓶座
CAPRICORNUS 摩羯座
SAGITTARIUS 人马座
OPHIUCHUS 蛇夫座
SCORPIUS 天蝎座
LIBRA 天秤座
VIRGO 室女座
LEO 狮子座
CANCER 巨蟹座
GEMINI 双子座
TAURUS 金牛座
ARIES 白羊座
PISCES 双鱼座

4/2019 (W)
3/2020 (W)
3/2014 (W)
3/2021 (W)
2/2015 (W)
2/2C22 (W)
2/2016 (W)
1/2023 (W)
1/2017 (W)
1/2024 (W)
11/2017 (E)
1/2018 (W)
1/2024 (E)
12/2024 (W)
11/2018 (E)
10/2019 (E)
10/2013 (E)
10/2020 (E)
9/2014 (E)
9/2021 (E)
9/2015 (E)
8/2022 (E)
8/2016 (E)
8/2023 (E)
7/2017 (E)
7/2024 (E)
7/2018 (E)
6/2019 (E)
6/2020 (E)
5/2014 (E)
5/2021 (E)
6/2015 (W)
6/2022 (W)
6/2016 (W)
5/2023 (W)
5/2017 (W)
5/2024 (W)
4/2018 (W)

相位

从地球上观测，和月亮一样，水星也存在相位变化，每 115.88 天运行到太阳与地球之间一次。处于东、西大距时，水星表面 50% 被照亮，处于和"凸月"和"蛾眉月"对应的阶段时，由于离太阳太近，很难观测到它。

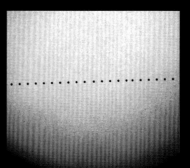

行星凌日

从地球上，偶尔会看到行星从太阳表面飘过的情形，人们称这种现象为"凌日"。行星从太阳表面穿过时，看起来就像一个小圆点，慢慢地从东往西移动。安全起见，最好透过屏幕观看，千万不能不借助任何光学设备直接盯着太阳看。

金星

启明星和长庚星

从地球上看,金星是除太阳和月亮外最亮、最大的天体,也是距离地球最近的行星。金星表面炙热的有毒大气反射了照向金星的大部分阳光,因此在日落之后、日出之前仰望天空时,大家会在天空中看到一颗耀眼的明星。

金星绕日公转周期为 224.7 天,平均轨道距离为 1.08 亿千米(6700 万英里)。也就是说,它处于下合时,与地球之间的距离为 4200 千米(2600 万英里),处于上合时,与地球之间的距离是 2.58 亿千米(1.6 亿英里)。

金星和地球在各自的公转轨道上运行,我们看到的金星实际上也只是它受到光照的部分,因此金星也存在相位变化,星等也在 -4.9 和 -3.0 之间变化。虽然金星属于地内行星,但是它与太阳之间的角距能达到 48 度,在日出之前、日落之后,都能在夜幕中找到金星的身影。由于金星是最亮、距离地球最近的行星,因此当它处于与"蛾眉月"对应的阶段时,我们通过双筒望远镜观测就能看得很清楚;但是当金星运行到远离地球的一侧时,虽然处于"凸月"对应的时期,但还是要通过小型天文望远镜才能看到它。

邪恶的同胞兄弟

金星的直径是 12104 千米(7518 英里),只比地球小 5%,但是它们的相似之处仅止于此。金星被包裹在有毒的大气层中,它表面的气压是地球气压的 100 倍。金星表面的大气层以二氧化碳为主,由此产生的温室效应使得金星平均表面温度高达 460 摄氏度(860 华氏度)。大约 6 亿年前,金星经历过一波火山爆发,重新塑造了地表,直到今天,火山活动仍在继续,因此金星表面火山林立、熔岩遍地。金星还有一个奇怪的特点——自转速度极慢,它自转一周要 243 天(比一个金星年还长),而且金星的自转方向跟其他行星相反。

金星位置

下面这张图表标示的是金星在接下来的十年中每隔三个月在黄道十二宫中的移动轨迹。由于金星有时候离太阳太近，观测不到，因此记录有间断。字幕 E 表示位处东（夜间）大距，W 表示位处西（早晨）大距。

长庚星

古代天文学家早就意识到，东大距和西大距的金星是同一颗星体，即便如此，还是给它取了两个名字——晓星和黄昏星（晓星和黄昏星西名分别为 Lucifer 路西法、Hesper 赫斯珀，这两个都是堕落天使，也就是魔鬼的名字，晓星西名"Lucifer"的意思是送光者），也就是启明星和长庚星。由于金星看起来太过耀眼，近年来常被人误以为是不明飞行物。

金星揭秘

进入太空时代后，天文学家已经通过雷达信号掌握了金星高密度大气层内部的情况，并绘制了金星地图。天文学家通过金星不同地区向轨道飞行器反射无线电信号的速度差异，可以判断金星地表的高度差；通过返回信号的强度差异，可以揭示其他地质特性。

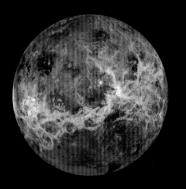

火星

红色的行星

由于火星颜色特殊，因此不会被认错。火星是太阳系中最像地球的行星，多次成功的空间探测任务为火星与地球的相似性提供了关键证据。

火星属于地外行星，在地球上仰望夜空，跟其他行星相比，火星在天上的移动轨迹显得尤其复杂。这颗红星每隔 687 天围绕太阳公转一周，椭圆形轨道与太阳的距离在 2.07 亿千米到 2.49 亿千米之间（1.29 亿英里到 1.55 亿英里）。因此，即便位于"衡"位（与地球最近），火星与地球之间的距离也在 5500 万千米到 1 亿千米（3400 万英里到 6100 万英里）。当地球在"衡"位赶上火星之后，火星在天空中看起来像是在倒退。

火星最亮的时候，星等是 −3.0，最暗的时候是 +1.6，变化非常大。由于与地球相隔不远，通过双筒望远镜观测火星时，它看起来像一个小光盘。如果通过小型天文望远镜观测，则能看到火星表面的明暗对比，明暗分别代表的是冰质的极地冰盖和满是沙尘的平原。

冰冷的沙漠

火星的直径是 6792 千米（4219 英里），比地球的一半稍微大一点。火星干燥的大气中，主要成分是二氧化碳，地表的气压是地球的上千倍，导致火星时至今日依然是一颗冰冷、干燥的星球。而火星之所以呈红色，是因为泥土中蕴含着丰富的氧化铁。在火星上，北半球低洼的沙漠和南方坑坑洼洼的高原形成了鲜明对比。火星表面最重要的地理标志是高耸的火山，其中包括太阳系第一高峰奥林匹斯山，奥林匹斯山高达 27 千米（19 英里）。地球上同等级别的地质奇观是深 10 千米（6 英里）、长达 4000 多千米（2500 英里）的马里亚纳海沟。

火星位置

下面这张图表标示的是火星在接下来的十年中每隔三个月在黄道十二宫中的移动轨迹。

由于火星有时候离太阳太近，观测不到，因此记录有间断。

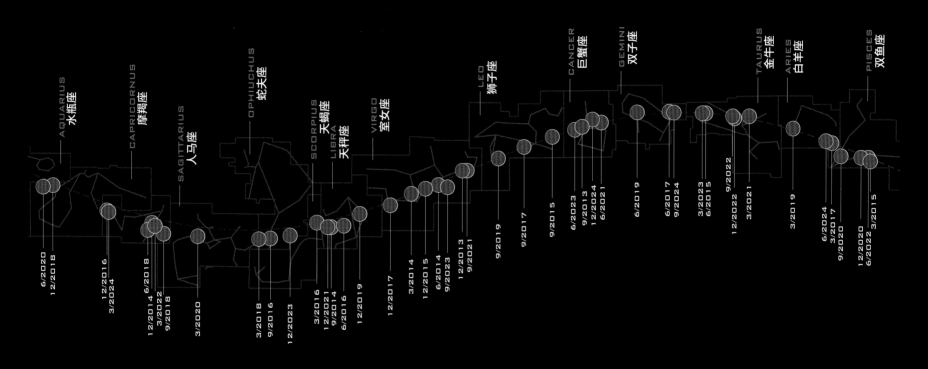

火星地标

当火星运行到"衡"位时，通过小型天文望远镜观测，能看到这颗红色星球表面最重要的地理特征——明亮的极地冰盖。火星的极地冰盖由水冰和干冰（二氧化碳）组成。如果想查看相对昏暗的地表，最好是借助彩色滤镜观测。火星的天气月复一月地发生变化，进而对表面的沙尘产生影响。

倒退运动

相对于其他星体而言，火星是向东运行的。但是由于地球公转速度比火星快，因此地球会赶上火星（大约平均 26 个月，处于"衡"位之时）。受观测视角的影响，火星看起来会向前运动得越来越慢，最终变成倒退，到那时我们就会看到火星在天空中变成了向西运动。所有的地外行星都会"后退"，但火星是最显著的。

小行星

太阳系的碎石

在火星与木星之间，散布着数以百万计岩石结构的天体，这些碎石都是太阳系形成时期遗留下来的。这些天体大多太过暗淡，业余天文望远镜无法观测到它们，但是也有极少数天体能被人们凭肉眼直接观测到。

1801年，意大利天文学家朱塞普·皮亚齐在火星和木星之间寻找可能存在的行星时，发现了第一颗小行星谷神星。没过多久，天文学家又发现了智神星、婚神星、灶神星。可惜这个势头没能延续下去，此后停滞了数十年，才再次发现更多小行星。小行星带主体部分也位于黄道面，因此常在黄道十二宫或邻近星座发现小行星的身影。

谷神星和灶神星是最适合业余天文爱好者观测的小行星。谷神星的星等在6.6到9.3之间，通过双筒望远镜可以看到它。灶神星个体较小，但是轨道离太阳更近，因此看起来更亮，星等在5.1（肉眼可见）到8.5之间。

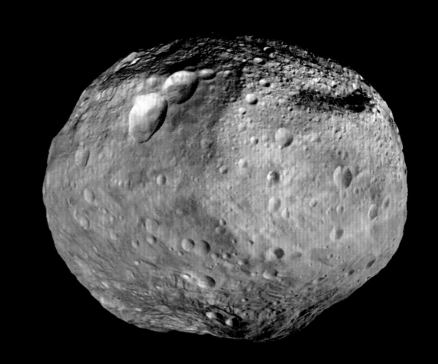

灶神星

通过美国宇航局的黎明号太空探测任务，我们了解到灶神星的长直径只有572千米（355英里），即便如此，它在小行星中也算是大个子了。灶神星在众多小行星中显得有些与众不同，其明亮的表面覆盖着一层矿物，说明上面曾经发生过火山活动（相对较小的小行星通常都是冰冷的、不活跃的，很多都是未经过任何改变的太阳系原始物质）。雷亚希尔维亚盆地是灶神星南半球一个巨大的陨石坑，直径达505千米（314英里）。这个陨石坑是在一次猛烈的撞击中形成的，这正好给科学家们提供了一个深入研究灶神星内部结构的机会。

谷神星和灶神星的位置

下面这张图表标示的是谷神星和灶神星在接下来的十年中每隔六个月在黄道十二宫中的移动轨迹。由于它们有时候离太阳太近，观测不到，因此记录有间断。

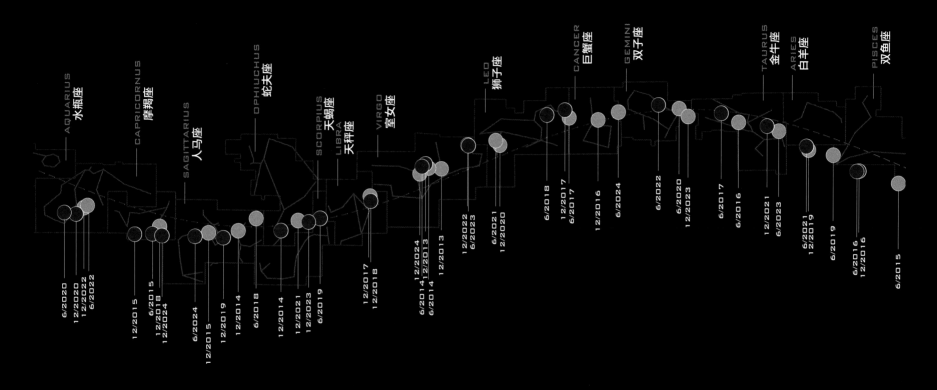

AQUARIUS 水瓶座
CAPRICORNUS 摩羯座
SAGITTARIUS 人马座
OPHIUCHUS 蛇夫座
SCORPIUS 天蝎座
LIBRA 天秤座
VIRGO 室女座
LEO 狮子座
CANCER 巨蟹座
GEMINI 双子座
TAURUS 金牛座
ARIES 白羊座
PISCES 双鱼座

6/2020　12/2020　12/2022　6/2022
12/2015　6/2015　12/2018　12/2024
6/2024　12/2015　12/2019　12/2014　6/2018　12/2014　12/2021　12/2023　6/2019
12/2017　12/2018
6/2014　12/2024　12/2013　12/2013
12/2022　6/2023
12/2021　12/2020
6/2018　12/2017　12/2017　12/2016　6/2024　6/2022　12/2020　12/2023　6/2017　12/2016　12/2021　6/2023
6/2021　12/2019　6/2019
6/2016　12/2016
6/2015

谷神星

谷神星是小行星中最大的，由于其外形是球形，严格来说可以被归类为"矮行星"。谷神星的直径是 950 千米（590 英里），质量占整个小行星带的三分之一。从哈勃太空望远镜拍摄的这些图片可以看出，谷神星表面结构复杂。诸多证据显示，谷神星有大气层，且地表有冰。

近地天体

并非所有小行星都位于小行星带，很多小行星在离太阳较近的椭圆形轨道上运行，有的在火星轨道内，甚至还有一部分在地球轨道之内。跟其他小行星相比，像爱神星（编号 433）这类的"近地天体"研究起来更方便，当它们位于近地点时，人们用肉眼或双筒望远镜就能看见。

木星

行星之王

木星是太阳系中距离太阳最近，同时也是最大的巨行星。虽然与地球相隔 6 亿千米（3.8 亿英里），它却是除去太阳、月亮、金星之外，天空中最亮的天体。

这颗巨大的行星围绕太阳公转一周需要 12 年，以其他遥远的星体作为参照物，它在天空中的移动速度算是比较慢的，要用一年左右才能走完黄道十二宫。木星在天空中移动时也会逆行，但是跟火星相比，幅度相对较小，移动轨迹也没那么复杂。

通过双筒望远镜观测木星，看到的是一个小巧但是轮廓分明的光盘，在它周围还能看到四个亮点，这四个亮点是木星最大的四颗卫星，又称"伽利略卫星"。通过小型天文望远镜观测，能看到木星表面存在差异明显的云带，还能看到著名的大红斑，由于大红斑一直在变化，因此每年看到的都不一样。如果用稍大型的观测设备观测，则能看到云带上的更多细节。可以说，木星是天空中最值得研究的天体之一。

气态巨行星

木星的结构和太阳系内层的岩质行星完全不同，它是一颗气态行星。顾名思义，所谓的气态行星，就是主要由气体组成。木星的外层全是轻质量的气态（以氢气为主），在沉重的大气压之下，形成了覆盖整个星球的海洋，海洋下面是一个和地球差不多大的固体内核。木星的赤道直径是地球的 11.2 倍，自转一周只需 10 小时，导致赤道半径比极半径长不少。上层大气的气象活动，使得木星外层形成了与赤道平行的、红色和乳白色相间的区带。

木星位置

下面这张图表标示的是木星在接下来的十年中每隔三个月在黄道十二宫中的移动轨迹。

由于木星有时候离太阳太近，观测不到，因此记录有间断。

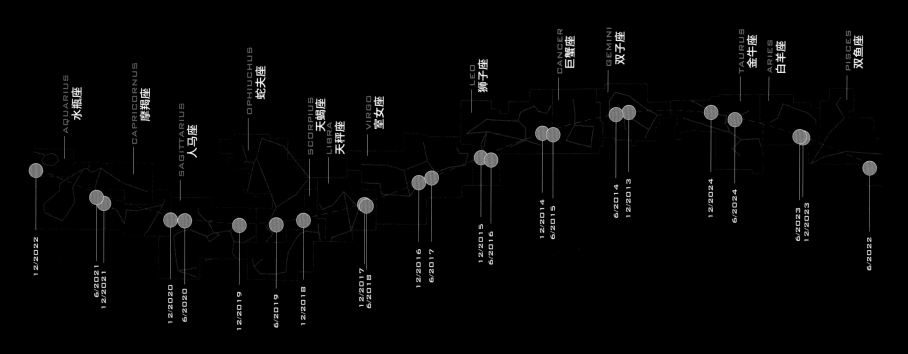

AQUARIUS 水瓶座
CAPRICORNUS 摩羯座
SAGITTARIUS 人马座
OPHIUCHUS 蛇夫座
SCORPIUS 天蝎座
LIBRA 天秤座
VIRGO 室女座
LEO 狮子座
CANCER 巨蟹座
GEMINI 双子座
TAURUS 金牛座
ARIES 白羊座
PISCES 双鱼座

12/2022
6/2021
12/2021
12/2020
6/2020
12/2019
6/2019
12/2018
12/2017
6/2018
12/2016
6/2017
12/2015
6/2016
12/2014
6/2015
6/2014
12/2013
12/2024
6/2024
6/2023
12/2023
6/2022

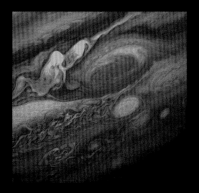

大红斑

木星最著名的标志是大红斑，是一个位于南半球的巨大的反气旋风暴，这个风暴大到可以盛下整个地球。大红斑的颜色是受到木星云层之下的化学物质影响，并且颜色时常发生变化，有时甚至会融入周围环境，只留下一个"空洞"。

卫星家族

木星一共有 67 颗卫星，其中有四颗比较突出，分别是木卫一、木卫二、木卫三、木卫四，它们又被称为"伽利略卫星"。这四颗"伽利略卫星"交错运行，公转周期从 1.8 天到 16.7 天不等。通过小型天文望远镜观测，我们能看到各种现象，例如：卫星在木星前、后运行的情况，以及在木星云层上投下的阴影。

土星

美丽的星环

土星是古代占星师们能观测到的离太阳最远的行星。土星走完黄道十二宫，需要 29.5 年。对于业余天文爱好者而言，复杂又美丽的星环系统是土星最吸引人的地方。

土星的平均轨道距离为 14 亿千米（8700 万英里），星等在 –0.24 到 +1.5 之间，明暗程度与它和地球之间的距离有关。土星迷人的星环系统位于其赤道的正上方，但是由于土星的自转轴与公转轨道之间有 27 度夹角，因此当土星运行到不同位置时，我们会看到不同角度的星环。

通过双筒望远镜观测土星，通常看到的都不是星球本身。如果换成天文望远镜观测，倍数越高的望远镜，看到的星环细节越多。从地球上看土星，星环面最广阔的时候看起来像土星的一对手柄，其他时候看起来则像一个和赤道对齐的、薄薄的椭圆形。每年，土星环会有两次侧向地球的时候，到这时，即便是最高倍数的望远镜也观测不到土星环。如果用大型设备观测，就能发现土星大气中的气候变化。

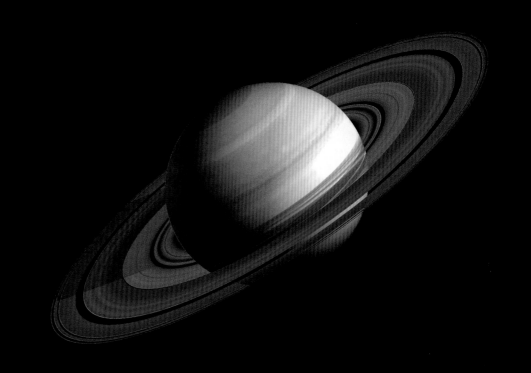

神奇的星环

土星和木星一样，也是气态巨星，但是二者之间存在明显差异。土星是太阳系中密度最低的行星（平均密度比水还低），而且赤道区的突出程度比木星还严重。氨晶体在冰冷的上层大气中形成了一层奶白色的雾，因此观测不到大气之下进行的大部分气候活动，但是偶尔能从地球上观测到罕见的"白斑"风暴。土星环中有数不清的颗粒，大到房子大小的巨石，小到尘埃颗粒，其中最主要的是高反射率的水冰。这些颗粒不断发生碰撞，再加上受土星诸多卫星的引力影响，分成数不清的细环，细环与细环之间一段段相对空旷的区域被称为环缝，其中包括著名的卡西尼环缝。

土星位置

下面这张图表标示的是土星在接下来的十年中每隔六个月在黄道十二宫中的移动轨迹。

由于土星有时候离太阳太近，观测不到，因此记录有间断。

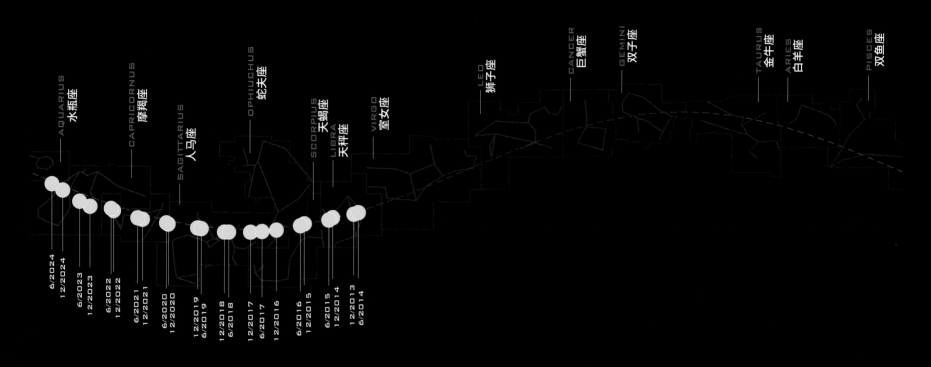

AQUARIUS 水瓶座
CAPRICORNUS 摩羯座
SAGITTARIUS 人马座
OPHIUCHUS 蛇夫座
SCORPIUS 天蝎座
LIBRA 天秤座
VIRGO 室女座
LEO 狮子座
CANCER 巨蟹座
GEMINI 双子座
TAURUS 金牛座
ARIES 白羊座
PISCES 双鱼座

6/2024
12/2024
6/2023
12/2023
6/2022
12/2022
6/2021
12/2021
6/2020
12/2020
12/2019
6/2019
12/2018
6/2018
12/2017
6/2017
12/2016
6/2016
12/2015
6/2015
12/2014
12/2014
6/2014

星环变化

哈勃太空望远镜拍摄的这一系列图片展示了从不同角度观测到的土星环，从 1996 年年底开始，土星环几乎完全侧向地球，到 2000 年年底正向地球。在这段时间，土星的南半球接受的光照越来越多，从春季进入夏季，与此同时，北半球从秋季转入冬季。

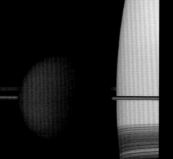

土卫六（泰坦星）

土星至少有 62 颗卫星，其中最大的卫星是土卫六，又被称为"泰坦星"。土卫六也是太阳系第二大卫星，直径为 5152 千米（33200 英里），它的外层包裹着蕴含丰富甲烷的稀薄大气层。土卫六的星等在 8.2 到 9.0 之间，通过双筒望远镜或小型天文望远镜观测时，总是能在土星附近看到土卫六的身影。

天王星

单面星球

进入望远镜时代之后，英国天文学家威廉·赫歇尔于 1781 年借助望远镜发现了天王星。实际上，如果你知道天王星在天空中的位置，用肉眼也能勉强看见它。

天王星公转速度很慢，每 84 年才能围绕太阳公转一周，平均轨道距离为 29 亿千米（18 亿英里）。天王星的星等在 5.9 到 5.32 之间，如果天特别黑，参考右侧的位置图，在地球上凭肉眼是可以观测到的。如果通过双筒望远镜观测，它看起来像一颗天蓝色的恒星。

天王星只有土星的一半大，与太阳的距离是土星的两倍，因此通过大部分业余天文望远镜观测，只能看到一个小光盘，看不到星球表面的任何细节。借助大型设备观测，我们能看到天王星最亮的卫星——天卫三和天卫四，这两颗卫星的星等约为 14.0。如果跟踪天王星卫星的运行情况，你会发现天王星有一个十分不寻常的特征，那就是天王星和这个行星系统中的所有天体一直在同一面活动，不会运行到背面。之所以出现这样的现象，是因为天王星的自转轴几乎平贴着黄道面。

冰巨星

天文学家常称呼天王星和海王星为"冰巨星"。冰巨星比气态巨星体积小，密度大，这类行星的内部是混合的"冰沙状"物质，主要成分是水和氨，是一种熔点很低的混合物。冰巨星外层大气主要是轻质量的氢气和氦气，还有少量甲烷，甲烷可以吸收红光，使得这两个冰巨星呈现的颜色比较特殊。天王星的自转轴之所以倾斜到这种程度，很可能是历史上发生的一系列巨大冲击造成的，也可能在历史上有行星屡屡与其擦身而过，受对方引力影响造成的。

TAURUS
金牛座

ε

δ

β

γ₂

χ

ARIES
鲸鱼座

η

12/2024

12/2023

12/2022

12/2021

o

PISCES
双鱼座

δ

CETUS
白羊座

12/2020

12/2019

ν

μ

ε

α

ξ

12/2018

12/2017

12/2016

12/2015

12/2014

天王星位置

上面这张图表标示的是天王星在接下来的十年中每隔三个月
在双鱼座和白羊座中的移动轨迹。由于天王星有时候离太阳
太近，观测不到，因此记录有间断。

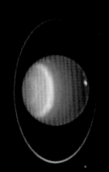

季节变化

天王星的倾斜程度比较特殊，这个星球大部分地
区只有冬夏两季，每个季节持续数十年，进入冬
季之后暗无天日，而进入夏天后则完全没有黑
夜。两个半球温差极大，因此星球表面复杂的气
候活动极少，只在阳光分布较为平均的昼夜平分
点有一些风暴和云带。

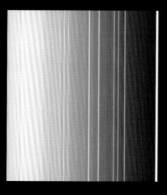

天王星星环

天王星的星环系统和土星大为不同。天王星的星
环围绕在赤道周围，由 13 个狭窄的小环组成，
这些小环中全是不反光的物质，甲烷冰含量极其
丰富。1977 年，天王星星环从一颗遥远的恒星
前面经过，导致恒星的亮度发生变化，人们才
发现天王星有星环。要想从地球上观测天王星星
环，必须借助最强大的专业天文望远镜才行。

海王星

最外层巨星

遥远的海王星是位于太阳系最外层的行星（冥王星比它还远，可惜已经被降级为"矮行星"，现在只能说它是太阳系外层最亮的矮行星）。海王星的发现者是法国数学家奥本·勒维耶，他根据天王星受到的引力影响，推测出了海王星的位置。

海王星围绕太阳公转一周需要 164.8 年，平均轨道距离是 45 亿千米（28 亿千米），它的星等差异很小，在 7.8 到 8.2 之间，想借助双筒望远镜找到它不算太难，如果用小型天文望远镜就更轻松了。尽管如此，即便是用最大型的业余观测设备观测海王星，看到的也只是一个小光盘。海王星比天王星还蓝，除此之外几乎看不出它和天王星还有什么差别。

虽然相隔遥远，但是海王星最重要的卫星海卫一，实际上比天王星的大卫星更容易观测，因为海卫一体积巨大，因此反射的太阳光更多。话虽如此，海卫一的星等毕竟只有 13.5，因此必须借助中型观测设备才能观测到。

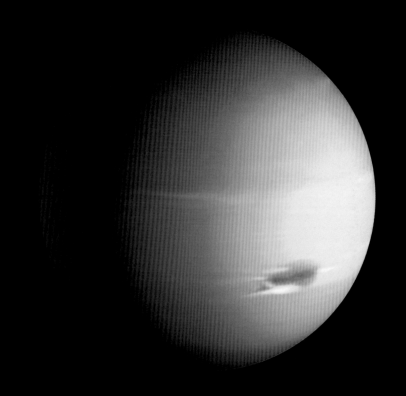

风暴星球

海王星比天王星稍微小一点，但是它大气层中的甲烷量却比天王星高出 50%，这就意味着海王星大气能吸收更多红光，因此看起来更蓝。海王星的自转轴和地球类似，自转一周需 16 个小时。海王星的天气活动出奇的复杂，而且很猛烈。乍看之下，海王星的风暴和木星的大红斑类似，实际上海王星风暴持续的时间很短。海王星周围有三层细细的星环，跟土星和天王星的星环实在没法比。

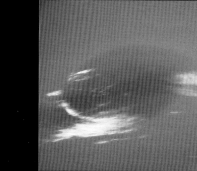

黑斑和滑板车

尽管与太阳有距离，但是海王星还是从内向外散发出大量热量，由此形成了太阳系内最强烈的风。低空风暴连通海王星深层大气，形成"黑斑"，高空风暴生成高速移动的白色云斑，俗称"滑板车"。

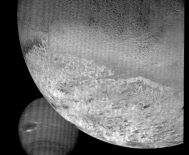

海卫一

目前已知海王星有 13 颗卫星，其中最重要的卫星是体积最大的海卫一。海卫一的直径是 2707 千米（1681 英里），这颗冰冻星球被认为是一颗"冰质矮行星"（和冥王星类似），巨大的海王星将其拉入轨道围绕自己运行。捕获海卫一的过程中产生了巨大的潮汐力，使得其内部温度升高，地表的喷发活动变得活跃起来。

彗星

冰冻的访客

　　彗星是太阳系中的流浪者，小小的彗星主要由岩石和冰构成。它们闯入太阳系内部时，太阳的高温使彗星表面的化学结构变得不稳定，物质挥发到太空中，每到这时候，这些不起眼的小天体才会引起人们的注意。

　　彗星的椭圆形轨道又细又长，这样才能保证它们大部分时间处于冰冷的太阳系外层，同时以极高的速度经过地球，绕过太阳。彗星全都来自奥尔特星云，奥尔特星云是一个包裹着太阳系的巨大云团，其中有数万亿颗形成于太阳系早期的冰冻彗星"核"。星云偶尔骚动，弹出彗星，这些彗星进入轨道，朝着太阳运行，它们的轨道周期长达数千年。有时，彗星会和木星这类的巨型行星不期而遇，把它们的轨道向内拉，导致轨道周期缩短至数十年（甚至更短）。由于奥尔特星云相当于一个包裹着太阳系的外壳，因此彗星可以从任何方向出现，也就无法确认它们在黄道十二宫中的位置。

彗星观测

彗星天生具有不可预测性，它们在天空中的亮度和行动轨迹取决于它们与太阳和地球的距离，以及自身的物理性质。即便我们从太阳系外层发现一个巨大的彗星核，它围绕太阳运行时，也不一定会产生很大的动静，反而很可能一点也不引人注目。如果有彗星接近太阳，在日落之后或者天明之前看到的彗星最亮，特征最明显。彗星经过地球时，每晚的位置都不同。如果刚好满足所有条件，我们就能看到上图中的奇观，上图是 2007 年在智利观测到的麦克诺特彗星。

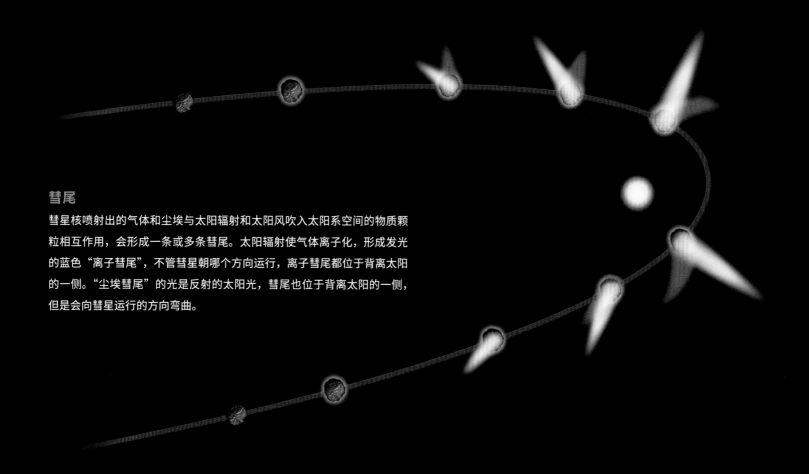

彗尾

彗星核喷射出的气体和尘埃与太阳辐射和太阳风吹入太阳系空间的物质颗粒相互作用，会形成一条或多条彗尾。太阳辐射使气体离子化，形成发光的蓝色"离子彗尾"，不管彗星朝哪个方向运行，离子彗尾都位于背离太阳的一侧。"尘埃彗尾"的光是反射的太阳光，彗尾也位于背离太阳的一侧，但是会向彗星运行的方向弯曲。

中心结构

彗星核接近太阳时，表面气体不断挥发，从内部向外逃逸，发展成大面积稀薄的大气，这些气体依然受彗星核微弱的引力约束。彗星广阔的气层，又称彗发，能蔓延到比太阳还大。图中壮观的彗发是 2007 年观测到的霍尔姆斯彗星周围的大气。

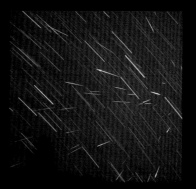

流星雨

彗星绕过太阳时会喷出冰尘碎屑，如果正赶上地球此时也绕过太阳，地球就会从这些碎屑云中穿过。而此时，我们在地球上就会看到流星雨，这些流星都在同一时间来自天空中的同一个地方（流星雨群辐射点）。（参见第 311 页大规模流星雨列表。）

月度星图

我们看到的天空，时时刻刻在发生变化。总的来说，每年的同一时间看到的星空应该是相同的。这章中的插图给大家展示了南、北半球各个月份的星空变化。每个月份两张星图，展示从南地平线到北地平线的全纬度星空。

一月

这两张图展示的是一月份的北半球星空，当地时间
1月1日晚上11点（如果是夏令时，相当于
晚上12点），当地时间1月15日晚上
10点和当地时间1月30日晚上
9点，皆可参考此图观测。

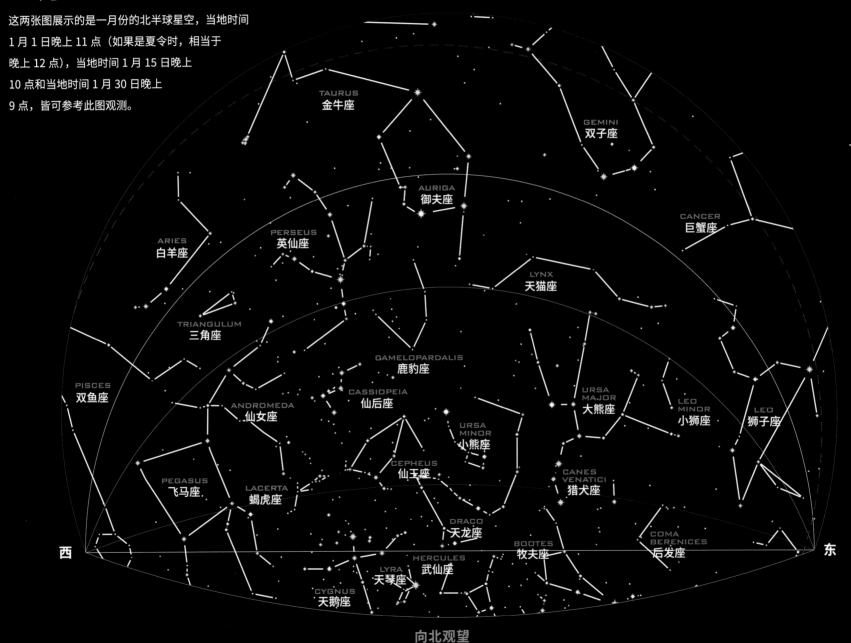

TAURUS 金牛座

GEMINI 双子座

AURIGA 御夫座

CANCER 巨蟹座

ARIES 白羊座

PERSEUS 英仙座

LYNX 天猫座

TRIANGULUM 三角座

GAMELOPARDALIS 鹿豹座

PISCES 双鱼座

CASSIOPEIA 仙后座

URSA MAJOR 大熊座

LEO MINOR 小狮座

LEO 狮子座

ANDROMEDA 仙女座

URSA MINOR 小熊座

PEGASUS 飞马座

LACERTA 蝎虎座

CEPHEUS 仙王座

CANES VENATICI 猎犬座

DRACO 天龙座

BOOTES 牧夫座

COMA BERENICES 后发座

西

LYRA 天琴座

HERCULES 武仙座

东

CYGNUS 天鹅座

向北观望

一月份的晚上向南看，猎户座和周边的几个星光闪耀的星座是天空中最主要的星座（右图）。银河从北到南贯穿天空，大熊座和仙后座位于北天极两侧（左图）。

LYNX
天猫座

AURIGA
御夫座

PERSEUS
英仙座

三角座
TRIANGULUM

GEMINI
双子座

ORION
猎户座

ARIES
白羊座

CANCER
巨蟹座

CANIS MINOR
小犬座

TAURUS
金牛座

PISCES
双鱼座

LEO
狮子座

HYDRA
长蛇座

MONOCEROS
麒麟座

ERIDANUS
波江座

CETUS
鲸鱼座

SEXTANS
六分仪座

CANIS MAJOR
大犬座

LEPUS
天兔座

PYXIS
罗盘座

COLUMBA
天鸽座

CAELUM
雕具座

FORNAX
天炉座

东

PUPPIS
船尾座

HOROLOGIUM
时钟座

西

CRATER
巨爵座

PICTOR
绘架座

SCULPTOR
玉夫座

ANTLIA
唧筒座

PHOENIX
凤凰座

VELA
船帆座

DORADO
剑鱼座

向南观望

259

二月

这两张图展示的是二月份的北半球星空，当地时间
2 月 1 日晚上 11 点（如果是夏令时，相当于
晚上 12 点），当地时间 2 月 14 日晚上
10 点和当地时间 2 月 28 日晚上
9 点，皆可参考此图观测。

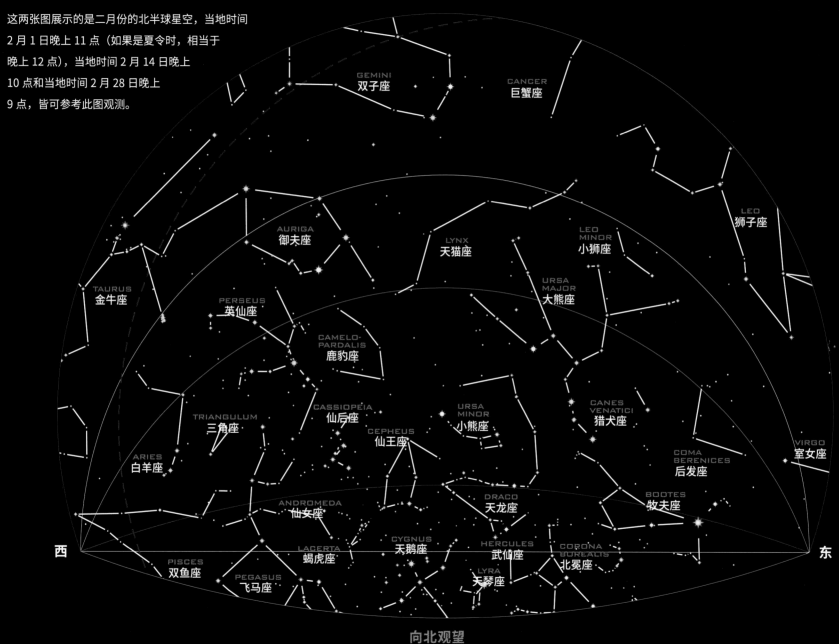

猎户座西移，参宿四（猎户座 α）、南河三（小犬座 α）和天狼星（大犬座 α）组成的
"冬季大三角"（右图）和它东侧的长蛇座，以及周围几个
星光微弱的星座，变成了天空中最主要的标志。
头顶上是黄道十二宫中明亮的双子座和
狮子座，中间夹着相对暗淡的巨蟹座。

北半球

20°N 40°N 60°N

向南观望

三月

这两张图展示的是三月份的北半球星空，当地时间
3月1日晚上11点（如果是夏令时，相当于
晚上12点），当地时间3月15日晚上
10点和当地时间3月31日晚上
9点，皆可参考此图观测。

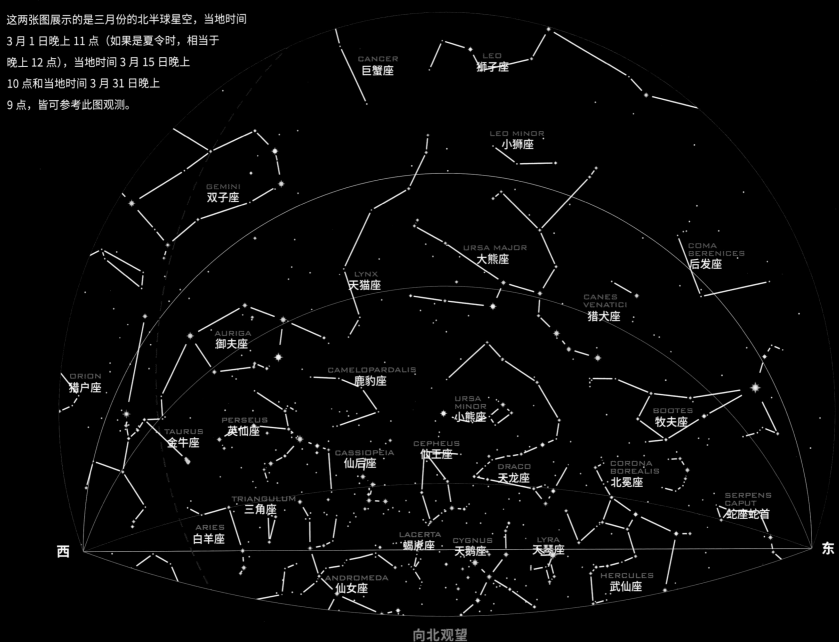

CANCER
巨蟹座

LEO
狮子座

LEO MINOR
小狮座

GEMINI
双子座

URSA MAJOR
大熊座

COMA
BERENICES
后发座

LYNX
天猫座

CANES
VENATICI
猎犬座

AURIGA
御夫座

CAMELOPARDALIS
鹿豹座

URSA
MINOR
小熊座

BOOTES
牧夫座

ORION
猎户座

PERSEUS
英仙座

CEPHEUS
仙王座

CORONA
BOREALIS
北冕座

TAURUS
金牛座

CASSIOPEIA
仙后座

DRACO
天龙座

SERPENS
CAPUT
蛇座蛇首

TRIANGULUM
三角座

ARIES
白羊座

LACERTA
蝎虎座

CYGNUS
天鹅座

LYRA
天琴座

ANDROMEDA
仙女座

HERCULES
武仙座

西

东

向北观望

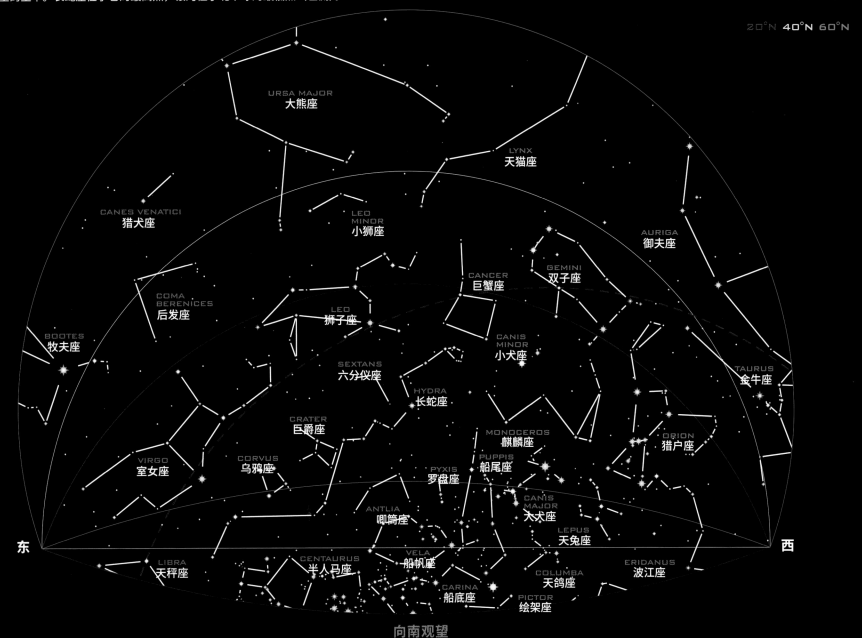

进入春天，向南看，猎户座渐渐淡出视角，狮子座（右侧）和头顶的大熊座成了北半球天空的主宰。长蛇座位于它的最高点，银河位于北半球的最低点（左侧）。

北半球

20°N **40°N** 60°N

URSA MAJOR
大熊座

LYNX
天猫座

CANES VENATICI
猎犬座

LEO MINOR
小狮座

AURIGA
御夫座

GEMINI
双子座

CANCER
巨蟹座

COMA BERENICES
后发座

LEO
狮子座

CANIS MINOR
小犬座

BOOTES
牧夫座

SEXTANS
六分仪座

TAURUS
金牛座

HYDRA
长蛇座

CRATER
巨爵座

MONOCEROS
麒麟座

ORION
猎户座

VIRGO
室女座

CORVUS
乌鸦座

PUPPIS
船尾座

PYXIS
罗盘座

ANTLIA
唧筒座

CANIS MAJOR
大犬座

LEPUS
天兔座

东

LIBRA
天秤座

CENTAURUS
半人马座

VELA
船帆座

ERIDANUS
波江座

西

CARINA
船底座

COLUMBA
天鸽座

PICTOR
绘架座

向南观望

四月

这两张图展示的是四月份的北半球星空，当地时间4月1日晚上11点（如果是夏令时，相当于晚上12点），当地时间4月15日晚上10点和当地时间4月30日晚上9点，皆可参考此图观测。

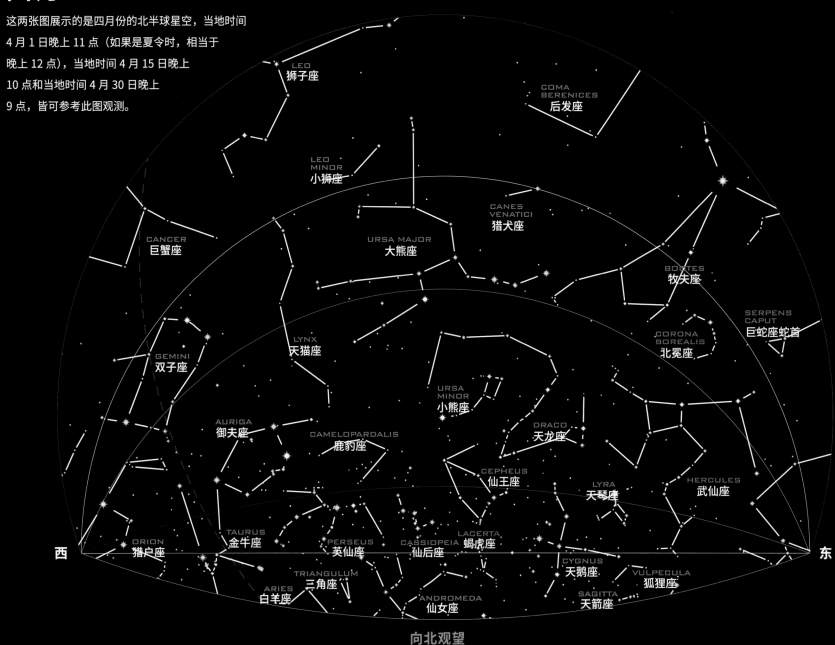

LEO
狮子座

COMA BERENICES
后发座

LEO MINOR
小狮座

CANES VENATICI
猎犬座

URSA MAJOR
大熊座

BOÖTES
牧夫座

CANCER
巨蟹座

SERPENS CAPUT
巨蛇座蛇首

GEMINI
双子座

LYNX
天猫座

CORONA BOREALIS
北冕座

URSA MINOR
小熊座

DRACO
天龙座

AURIGA
御夫座

CAMELOPARDALIS
鹿豹座

CEPHEUS
仙王座

LYRA
天琴座

HERCULES
武仙座

ORION
猎户座

TAURUS
金牛座

PERSEUS
英仙座

CASSIOPEIA
仙后座

LACERTA
蝎虎座

西

东

CYGNUS
天鹅座

VULPECULA
狐狸座

TRIANGULUM
三角座

ARIES
白羊座

ANDROMEDA
仙女座

SAGITTA
天箭座

向北观望

明亮的角宿一（室女座 α）和大角星（牧夫座 α），以及从东边升起的蛇夫座，变成了
南部天空最重要的标志（右图）。往北看，仙后座（左图左侧）位于它的最低点，双子
座的北河二（双子座 α）和北河三（双子座 β）位于西地平线。

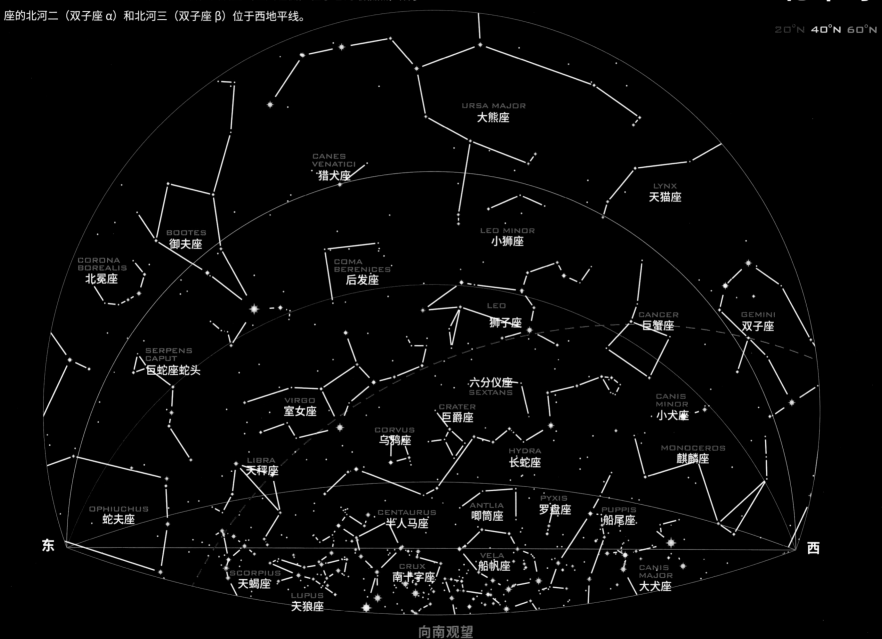

URSA MAJOR
大熊座

CANES
VENATICI
猎犬座

LYNX
天猫座

BOOTES
御夫座

LEO MINOR
小狮座

CORONA
BOREALIS
北冕座

COMA
BERENICES
后发座

LEO
狮子座

CANCER
巨蟹座

GEMINI
双子座

SERPENS
CAPUT
巨蛇座蛇头

六分仪座
SEXTANS

CANIS
MINOR
小犬座

VIRGO
室女座

CRATER
巨爵座

CORVUS
乌鸦座

HYDRA
长蛇座

MONOCEROS
麒麟座

LIBRA
天秤座

OPHIUCHUS
蛇夫座

ANTLIA
唧筒座

PYXIS
罗盘座

PUPPIS
船尾座

CENTAURUS
半人马座

VELA
船帆座

东

西

SCORPIUS
天蝎座

CRUX
南十字座

CANIS
MAJOR
大犬座

LUPUS
天狼座

向南观望

五月

这两张图展示的是五月份的北半球星空，当地时间
5月1日晚上11点（如果是夏令时，相当于
晚上12点），当地时间5月15日
晚上10点和当地时间5月31日
晚上9点，皆可参考此图观测。

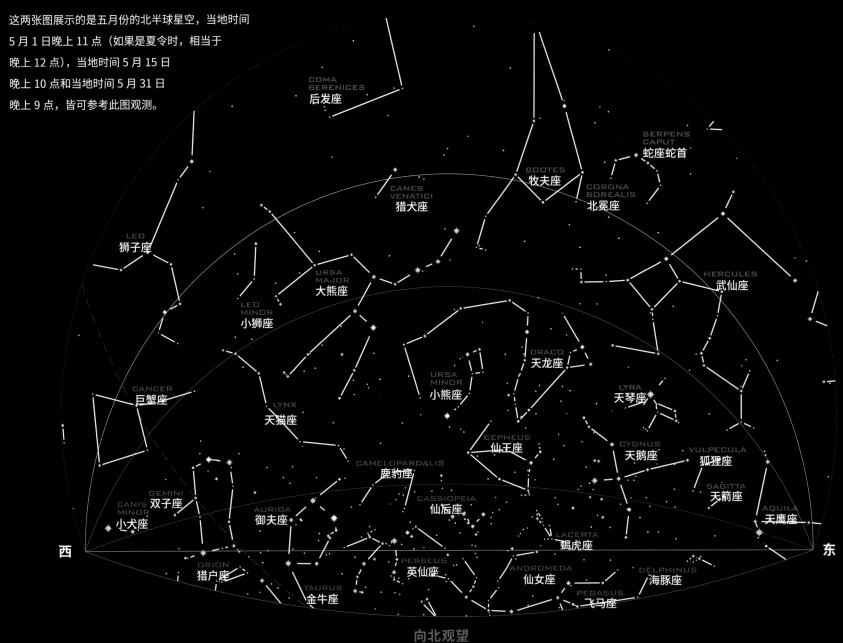

COMA
BERENICES
后发座

SERPENS
CAPUT
蛇座蛇首

CANES
VENATICI
猎犬座

BOOTES
牧夫座

CORONA
BOREALIS
北冕座

LEO
狮子座

HERCULES
武仙座

URSA
MAJOR
大熊座

LEO
MINOR
小狮座

DRACO
天龙座

LYRA
天琴座

CANCER
巨蟹座

LYNX
天猫座

URSA
MINOR
小熊座

CEPHEUS
仙王座

CYGNUS
天鹅座

VULPECULA
狐狸座

CAMELOPARDALIS
鹿豹座

SAGITTA
天箭座

GEMINI
双子座

CANIS
MINOR
小犬座

AURIGA
御夫座

CASSIOPEIA
仙后座

LACERTA
蝎虎座

AQUILA
天鹰座

ORION
猎户座

PERSEUS
英仙座

ANDROMEDA
仙女座

DELPHINUS
海豚座

TAURUS
金牛座

PEGASUS
飞马座

西

东

向北观望

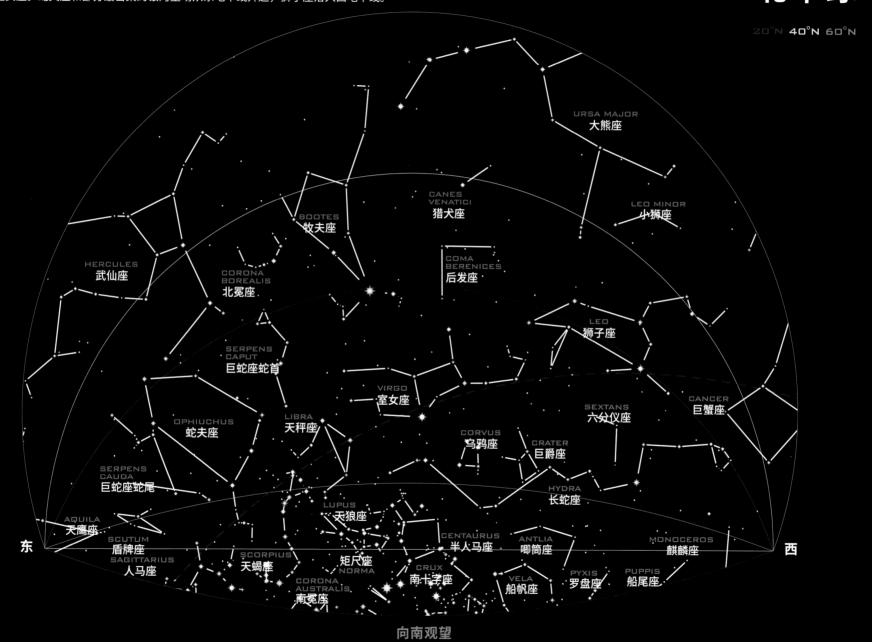

早夏的夜晚，牧夫座和武仙座高悬在南部天空（右图），附近是坐拥很多星系的后发座和室女座。蛇夫座和部分最密集的银河星场从东地平线升起，狮子座落入西地平线。

20°N **40°N** 60°N

URSA MAJOR
大熊座

CANES
VENATICI
猎犬座

LEO MINOR
小狮座

BOOTES
牧夫座

COMA
BERENICES
后发座

HERCULES
武仙座

CORONA
BOREALIS
北冕座

LEO
狮子座

SERPENS
CAPUT
巨蛇座蛇首

VIRGO
室女座

CANCER
巨蟹座

SEXTANS
六分仪座

OPHIUCHUS
蛇夫座

LIBRA
天秤座

CORVUS
乌鸦座

CRATER
巨爵座

SERPENS
CAUDA
巨蛇座蛇尾

HYDRA
长蛇座

AQUILA
天鹰座

LUPUS
天狼座

CENTAURUS
半人马座

ANTLIA
唧筒座

MONOCEROS
麒麟座

东

SCUTUM
盾牌座

SAGITTARIUS
人马座

SCORPIUS
天蝎座

NORMA
矩尺座

CRUX
南十字座

VELA
船帆座

PYXIS
罗盘座

PUPPIS
船尾座

西

CORONA
AUSTRALIS
南冕座

向南观望

267

六月

这两张图展示的是六月份的北半球星空，当地时间
6 月 1 日晚上 11 点（如果是夏令时，相当于
晚上 12 点），当地时间 6 月 15 日晚上
10 点和当地时间 6 月 30 日晚上 9 点，
皆可参考此图观测。

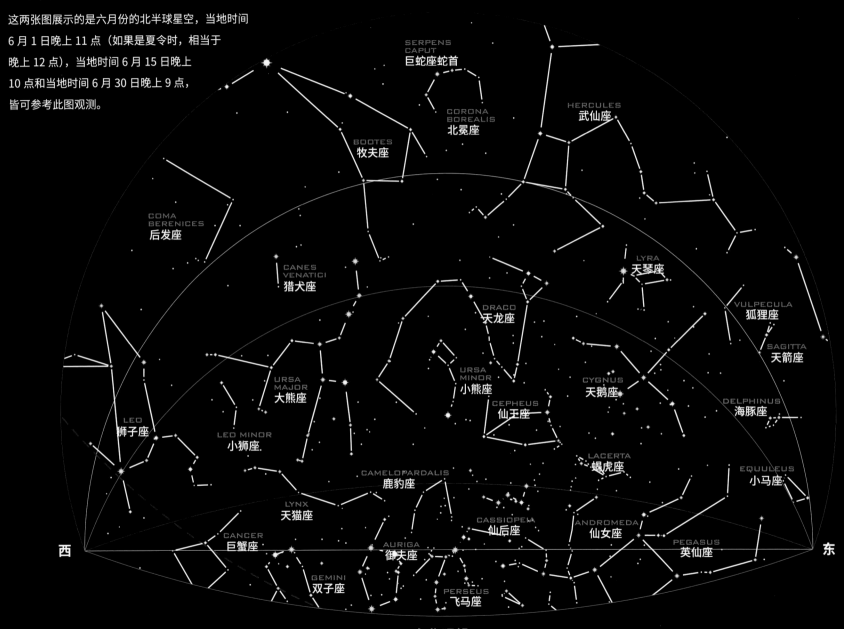

向北观望

北半球仲夏，天蝎座和人马座升到南地平线以上，到达最高点（右图），它们附近是星光最密集的部分银河。它们的东北方是由牵牛星（天鹰座 α）、织女星（天琴座 α）、天津四（天鹅座 α）组成的北半球"夏季大三角"。

DRACO
天龙座

CANES VENATICI
猎犬座

LYRA
天琴座

CORONA BOREALIS
北冕座

BOOTES
牧夫座

COMA BERENICES
后发座

LEO MINOR
小狮座

CYGNUS
天鹅座

VULPECULA
狐狸座

HERCULES
武仙座

SAGITTA
天箭座

SERPENS CAPUT
巨蛇座蛇首

OPHIUCHUS
蛇夫座

VIRGO
室女座

LEO
狮子座

DELPHINUS
海豚座

AQUILA
天鹰座

SCUTUM
盾牌座

SERPENS CAUDA
巨蛇座蛇尾

LIBRA
天秤座

CORVUS
乌鸦座

SAGITTARIUS
人马座

CAPRICORNUS
摩羯座

SCORPIUS
天蝎座

LUPUS
天狼座

CRATER
巨爵座

SEXTANS
六分仪座

东

CORONA AUSTRALIS
南冕座

NORMA
矩尺座

CENTAURUS
半人马座

HYDRA
长蛇座

西

TELESCOPIUM
望远镜座

ARA
天坛座

向南观望

269

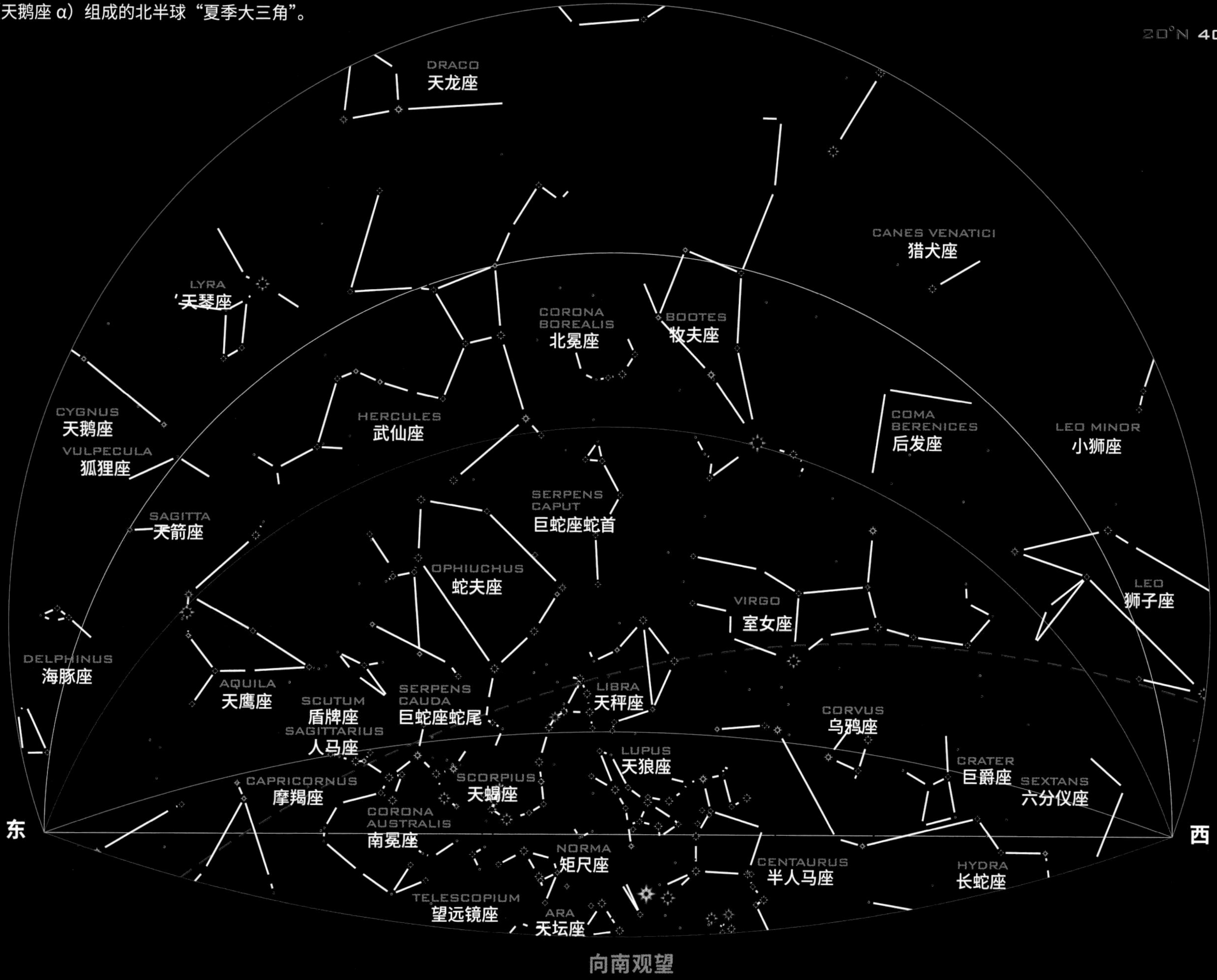

七月

这两张图展示的是七月份的北半球星空，当地时间
7月1日晚上11点（如果是夏令时，相当于
晚上12点），当地时间7月15日晚上
10点和当地时间7月31日晚上
9点，皆可参考此图观测。

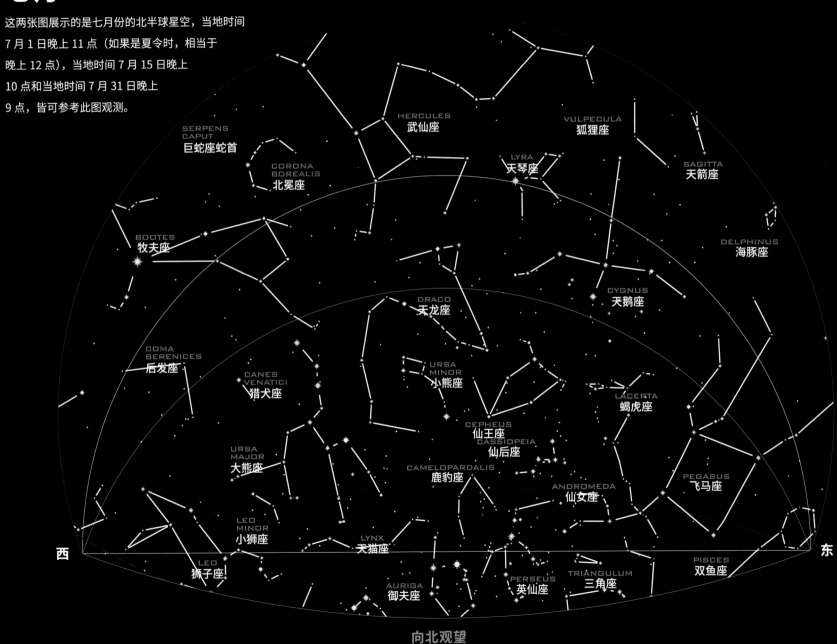

SERPENS CAPUT
巨蛇座蛇首

CORONA BOREALIS
北冕座

HERCULES
武仙座

VULPECULA
狐狸座

LYRA
天琴座

SAGITTA
天箭座

BOOTES
牧夫座

DELPHINUS
海豚座

CYGNUS
天鹅座

DRACO
天龙座

COMA BERENICES
后发座

CANES VENATICI
猎犬座

URSA MINOR
小熊座

LACERTA
蝎虎座

URSA MAJOR
大熊座

CEPHEUS
仙王座

CASSIOPEIA
仙后座

CAMELOPARDALIS
鹿豹座

ANDROMEDA
仙女座

PEGASUS
飞马座

LEO MINOR
小狮座

LYNX
天猫座

LEO
狮子座

AURIGA
御夫座

PERSEUS
英仙座

TRIANGULUM
三角座

PISCES
双鱼座

西

东

向北观望

在北半球七月的夜空中，牵牛星（天鹰座α）、织女星（天琴座α）、天津四（天鹅座α）组成的"夏季大三角"在南部天空位于它们的最高处（右图）。飞马座的四边形从东边升起，大熊座贴着北地平线落到它的最低点（左图），头顶是天龙座的龙头。

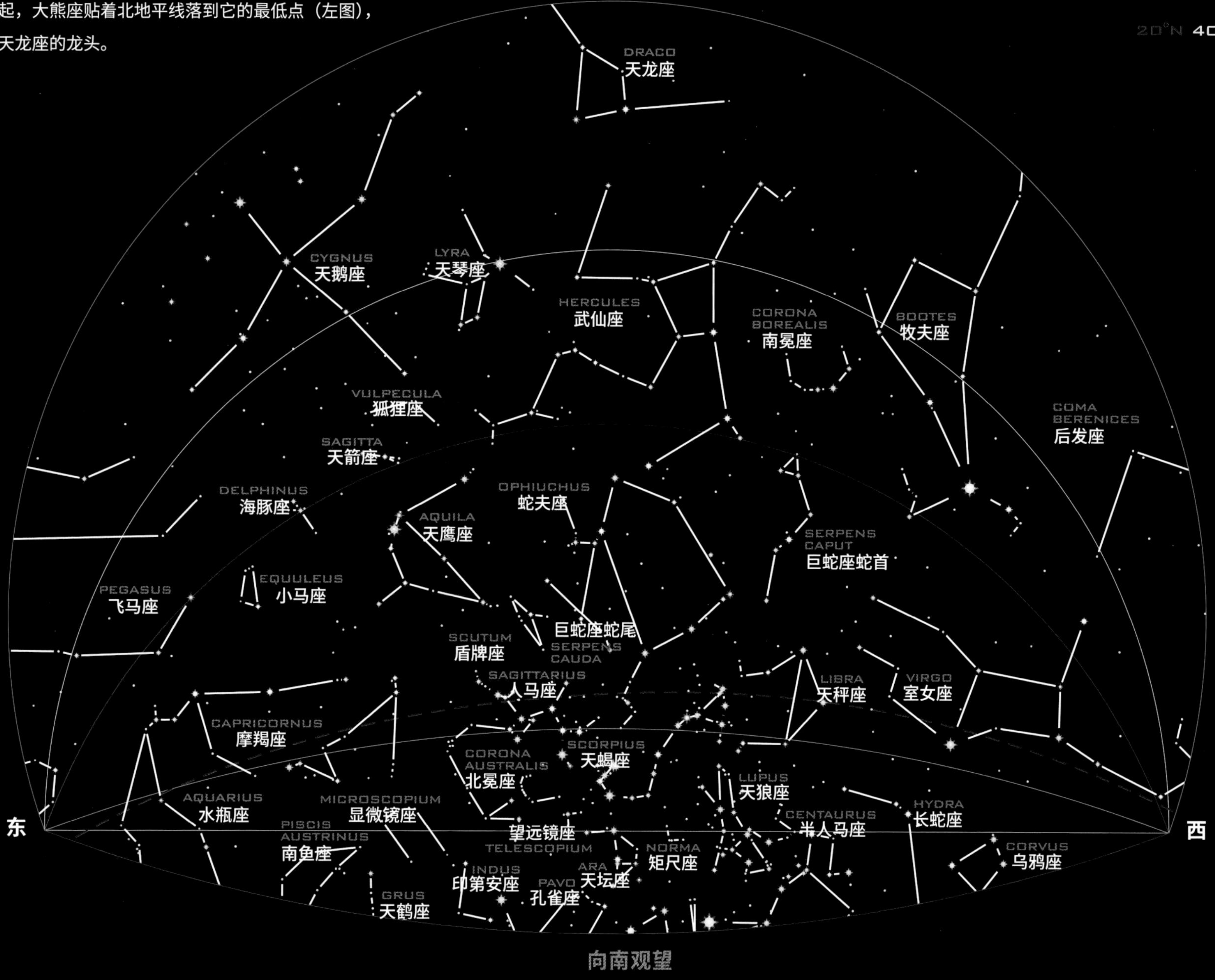

DRACO
天龙座

CYGNUS
天鹅座

LYRA
天琴座

HERCULES
武仙座

CORONA
BOREALIS
南冕座

BOOTES
牧夫座

COMA
BERENICES
后发座

VULPECULA
狐狸座

SAGITTA
天箭座

OPHIUCHUS
蛇夫座

DELPHINUS
海豚座

AQUILA
天鹰座

SERPENS
CAPUT
巨蛇座蛇首

PEGASUS
飞马座

EQUULEUS
小马座

SCUTUM
盾牌座

SERPENS
CAUDA
巨蛇座蛇尾

LIBRA
天秤座

VIRGO
室女座

SAGITTARIUS
人马座

CAPRICORNUS
摩羯座

CORONA
AUSTRALIS
北冕座

SCORPIUS
天蝎座

LUPUS
天狼座

CENTAURUS
半人马座

HYDRA
长蛇座

AQUARIUS
水瓶座

MICROSCOPIUM
显微镜座

PISCIS
AUSTRINUS
南鱼座

TELESCOPIUM
望远镜座

NORMA
矩尺座

CORVUS
乌鸦座

东

西

INDUS
印第安座

ARA
天坛座

PAVO
孔雀座

GRUS
天鹤座

向南观望

271

八月

这两张图展示的是八月份的北半球星空，当地时间
8 月 1 日晚上 11 点（如果是夏令时，相当于
晚上 12 点），当地时间 8 月 15 日晚上
10 点和当地时间 8 月 31 日晚上 9 点，
皆可参考此图观测。

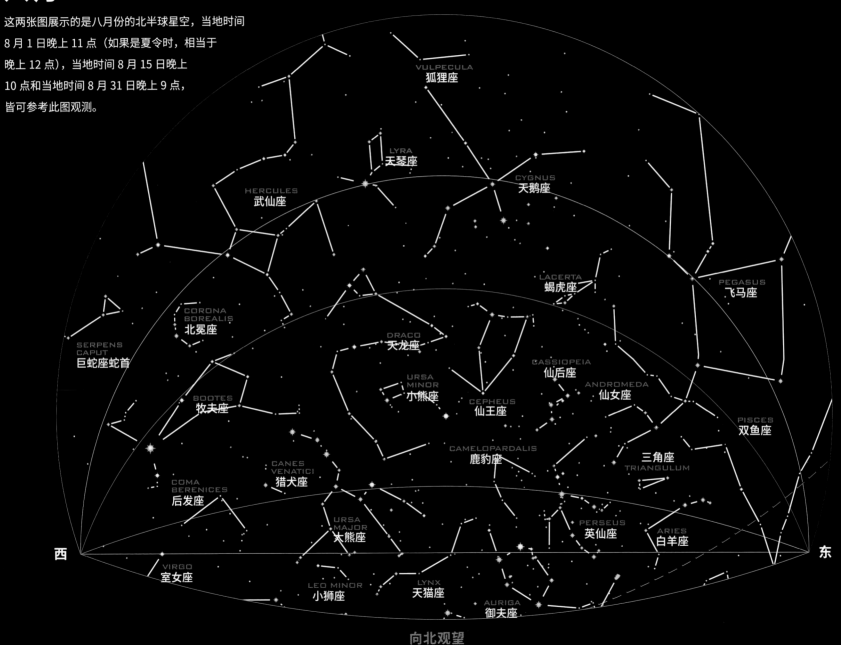

VULPECULA
狐狸座

LYRA
天琴座

CYGNUS
天鹅座

HERCULES
武仙座

LACERTA
蝎虎座

PEGASUS
飞马座

CORONA
BOREALIS
北冕座

DRACO
天龙座

SERPENS
CAPUT
巨蛇座蛇首

CASSIOPEIA
仙后座

ANDROMEDA
仙女座

URSA
MINOR
小熊座

BOOTES
牧夫座

CEPHEUS
仙王座

PISCES
双鱼座

CAMELOPARDALIS
鹿豹座

CANES
VENATICI
猎犬座

三角座
TRIANGULUM

COMA
BERENICES
后发座

URSA
MAJOR
大熊座

PERSEUS
英仙座

ARIES
白羊座

西

东

VIRGO
室女座

LEO MINOR
小狮座

LYNX
天猫座

AURIGA
御夫座

向北观望

八月初，壮观的英仙座流星雨从位于东北地平线的英仙座倾泻而下（左图）。南部天空，宽阔的银河带看起来尤为显眼，除此之外最引人瞩目的是被称为"天鹅座大暗隙"的黑暗尘埃带。

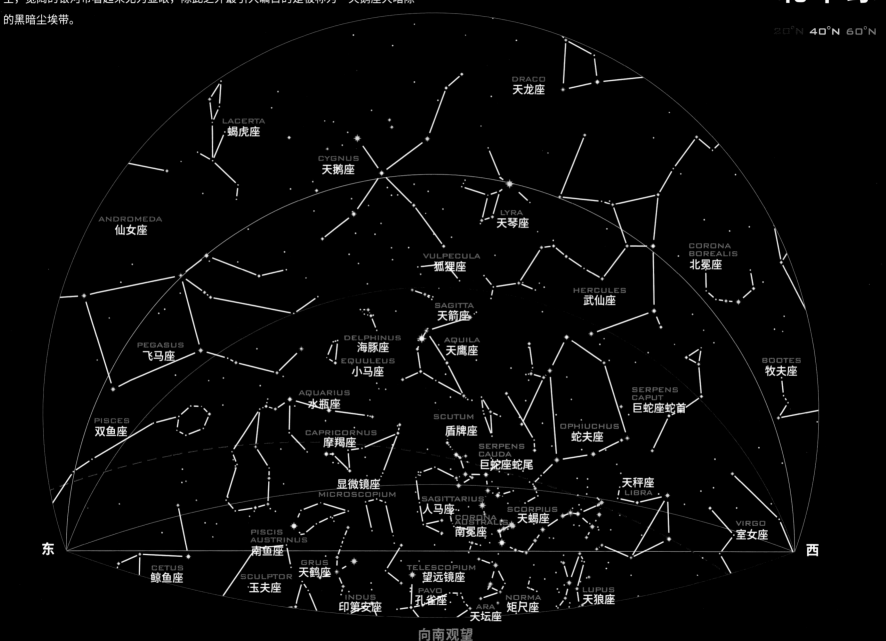

DRACO
天龙座

LACERTA
蝎虎座

CYGNUS
天鹅座

LYRA
天琴座

ANDROMEDA
仙女座

CORONA
BOREALIS
北冕座

VULPECULA
狐狸座

HERCULES
武仙座

SAGITTA
天箭座

DELPHINUS
海豚座

AQUILA
天鹰座

PEGASUS
飞马座

EQUULEUS
小马座

BOOTES
牧夫座

AQUARIUS
水瓶座

SERPENS
CAPUT
巨蛇座蛇首

PISCES
双鱼座

SCUTUM
盾牌座

OPHIUCHUS
蛇夫座

CAPRICORNUS
摩羯座

SERPENS
CAUDA
巨蛇座蛇尾

显微镜座

天秤座
LIBRA

MICROSCOPIUM

SAGITTARIUS
人马座

CORONA
AUSTRALIS
南冕座

SCORPIUS
天蝎座

VIRGO
室女座

PISCIS
AUSTRINUS
南鱼座

东

西

CETUS
鲸鱼座

GRUS
天鹤座

TELESCOPIUM
望远镜座

SCULPTOR
玉夫座

PAVO
孔雀座

NORMA
矩尺座

LUPUS
天狼座

INDUS
印第安座

ARA
天坛座

向南观望

273

九月

这两张图展示的是九月份的北半球星空，当地时间
9 月 1 日晚上 11 点（如果是夏令时，相当于
晚上 12 点），当地时间 9 月 15 日晚上
10 点和当地时间 9 月 30 日晚上
9 点，皆可参考此图观测。

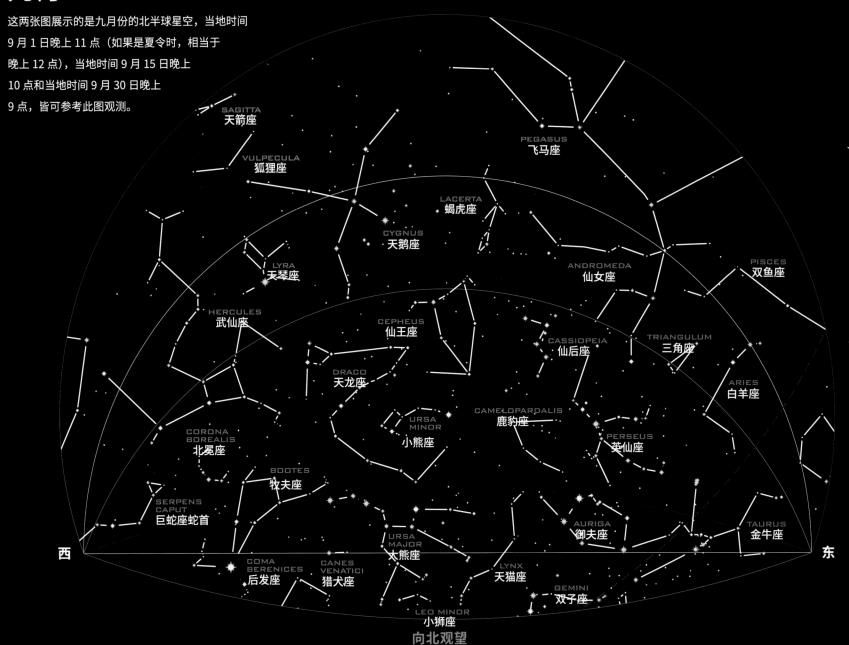

夏日夜空，几个明亮的星座全都在西边。水瓶座和双鱼座，以及周围空旷的天空，占据了
西边夜空很大一片面积（右图）。英仙座位于东北方，头顶是飞马明亮的四边形（左图）。

北半球

LACERTA
蝎虎座

CYGNUS
天鹅座

ANDROMEDA
仙女座

LYRA
天琴座

TRIANGULUM
三角座

VULPECULA
狐狸座

PEGASUS
飞马座

SAGITTA
天箭座

DELPHINUS
海豚座

HERCULES
武仙座

小马座
EQUULEUS

ARIES
白羊座

PISCES
双鱼座

AQUARIUS
水瓶座

SERPENS
CAPUT
巨蛇座蛇首

AQUILA
天鹰座

CAPRICORNUS
摩羯座

SCUTUM
盾牌座

鲸鱼座
CETUS

PISCIS
AUSTRINUS
南鱼座

MICROSCOPIUM
显微镜座

SERPENS
CAUDA
巨蛇座蛇尾

OPHIUCHUS
蛇夫座

东

GRUS
天鹤座

SAGITTARIUS
人马座

SCULPTOR
玉夫座

印第安座
INDUS

西

ERIDANUS
波江座

PHOENIX
凤凰座

TELESC-
OPIUM
望远镜座

SCORPIUS
天蝎座

FORNAX
天炉座

TUCANA
杜鹃座

PAVO
孔雀座

向南观望

275

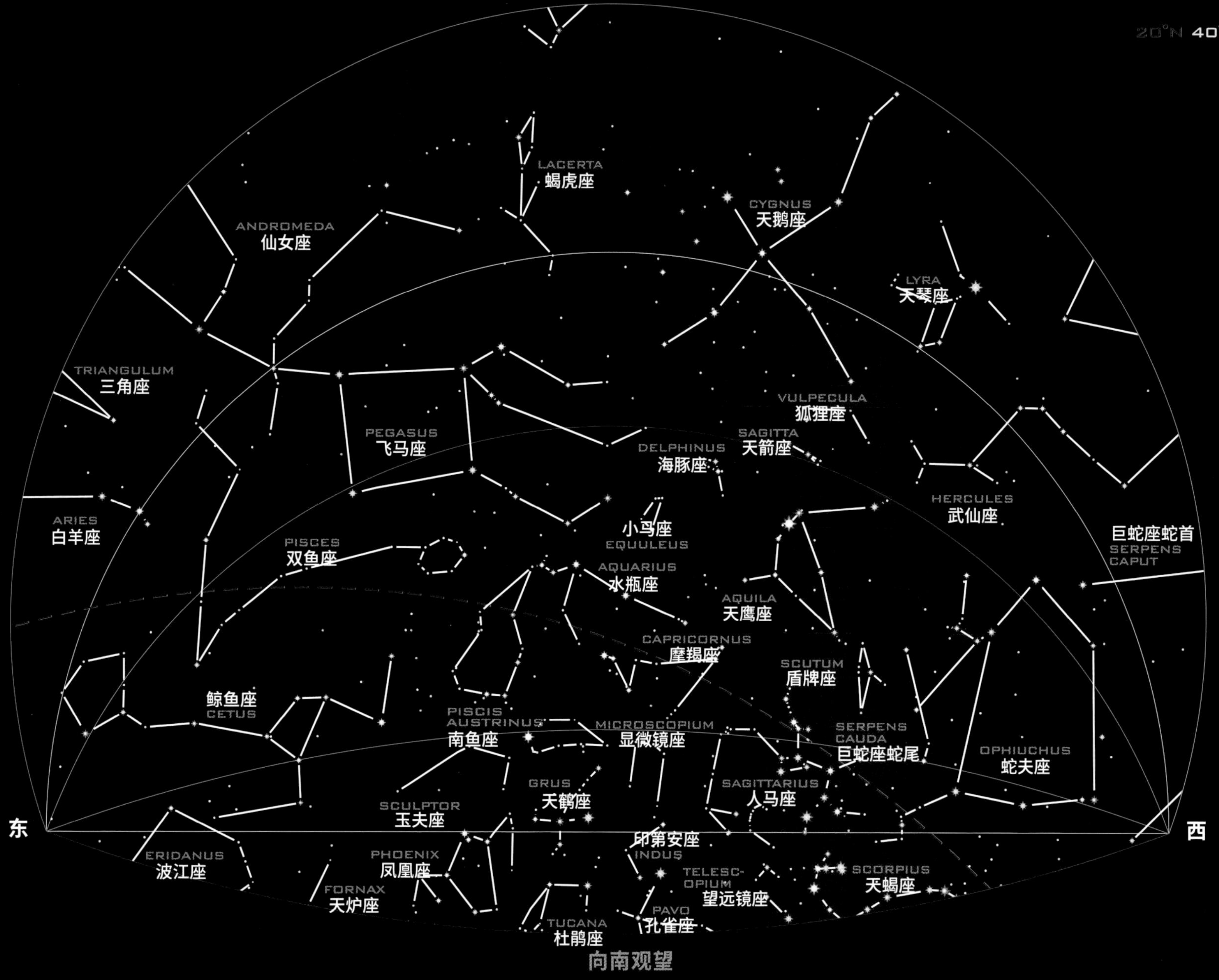

十月

这两张图展示的是十月份的北半球星空，当地时间
10 月 1 日晚上 11 点（如果是夏令时，相当于
晚上 12 点），当地时间 10 月 15 日晚上
10 点和当地时间 10 月 31 日晚上
9 点，皆可参考此图观测。

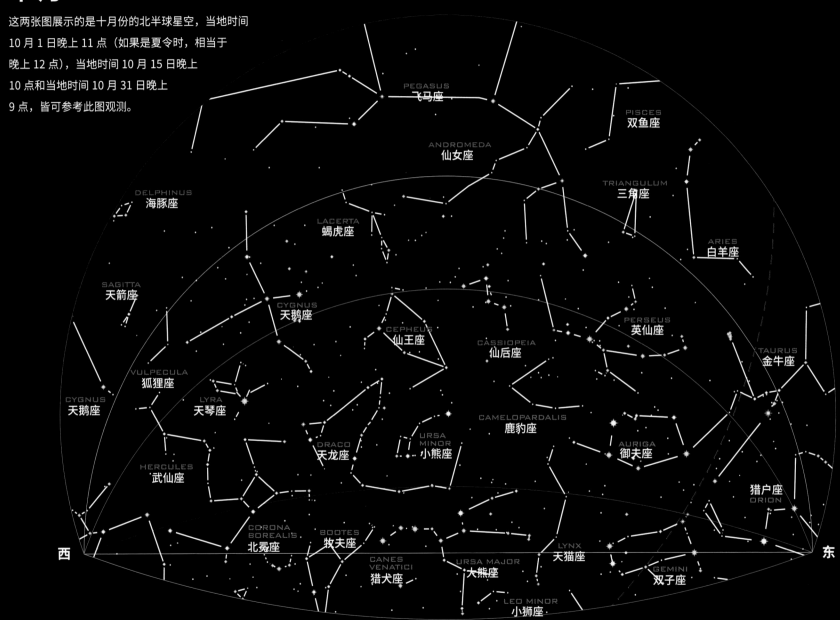

往南看，十月的夜空显得有些乏味（右图），最显眼的是飞马座的四边形和旁边坐拥大批星系的仙女座和北三角座。换个方向，在北地平线之上，能看到壮观的银河，像一座架在天上的拱桥（左图）。

北半球

20°N 40°N 60°N

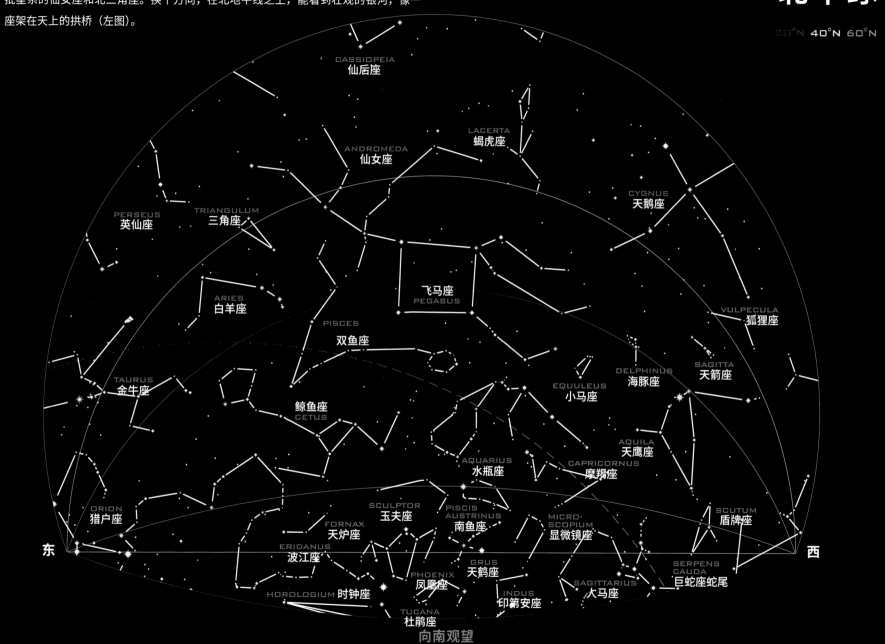

CASSIOPEIA
仙后座

LACERTA
蝎虎座

ANDROMEDA
仙女座

CYGNUS
天鹅座

PERSEUS
英仙座

TRIANGULUM
三角座

ARIES
白羊座

PEGASUS
飞马座

VULPECULA
狐狸座

PISCES
双鱼座

DELPHINUS
海豚座

SAGITTA
天箭座

TAURUS
金牛座

EQUULEUS
小马座

CETUS
鲸鱼座

AQUILA
天鹰座

AQUARIUS
水瓶座

CAPRICORNUS
摩羯座

ORION
猎户座

SCULPTOR
玉夫座

PISCIS
AUSTRINUS
南鱼座

MICRO-
SCOPIUM
显微镜座

SCUTUM
盾牌座

FORNAX
天炉座

ERIDANUS
波江座

PHOENIX
凤凰座

GRUS
天鹤座

INDUS
印第安座

SAGITTARIUS
人马座

SERPENS
CAUDA
巨蛇座蛇尾

HOROLOGIUM
时钟座

TUCANA
杜鹃座

东

西

向南观望

277

十一月

这两张图展示的十一月份的北半球星空，当地时间
11 月 1 日晚上 11 点（如果是夏令时，相当于
晚上 12 点），当地时间 11 月 15 日晚上
10 点和当地时间 11 月 30 日晚上
9 点，皆可参考此图观测。

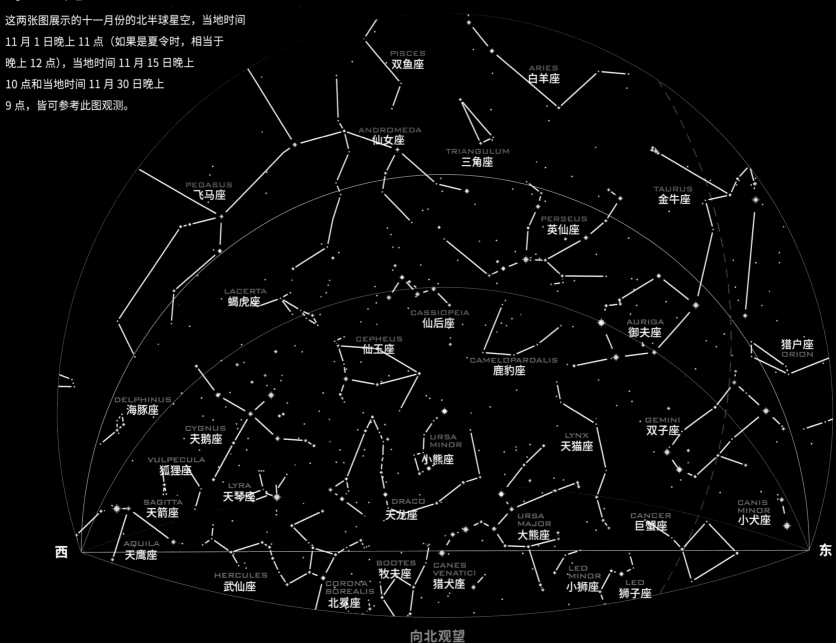

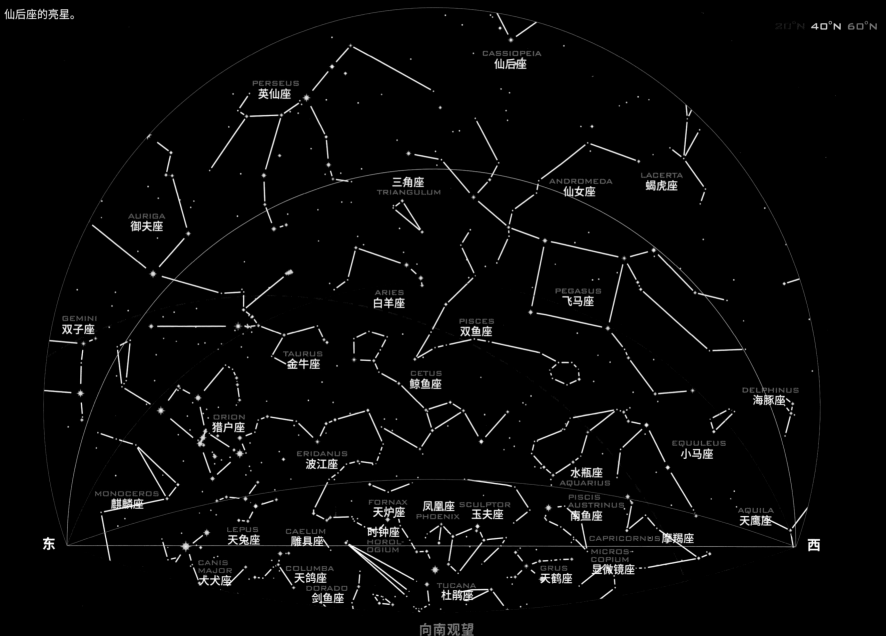

鲸鱼座和鲸鱼座最著名的变星蒭藁增二（鲸鱼座 o 星）是南部天空最显眼的标志（右图），星光闪耀的金牛座和猎户座从东边升起，预示着冬天即将到来。头顶是英仙座和仙后座的亮星。

北半球

20°N **40°N** 60°N

CASSIOPEIA
仙后座

PERSEUS
英仙座

ANDROMEDA
仙女座

LACERTA
蝎虎座

三角座
TRIANGULUM

AURIGA
御夫座

ARIES
白羊座

PEGASUS
飞马座

GEMINI
双子座

PISCES
双鱼座

TAURUS
金牛座

CETUS
鲸鱼座

DELPHINUS
海豚座

ORION
猎户座

EQUULEUS
小马座

ERIDANUS
波江座

AQUARIUS
水瓶座

MONOCEROS
麒麟座

FORNAX
天炉座

PHOENIX
凤凰座

SCULPTOR
玉夫座

PISCIS
AUSTRINUS
南鱼座

AQUILA
天鹰座

LEPUS
天兔座

CAELUM
雕具座

时钟座
HOROLOGIUM

CAPRICORNUS
摩羯座

东

西

CANIS
MAJOR
大犬座

COLUMBA
天鸽座

DORADO
剑鱼座

TUCANA
杜鹃座

GRUS
天鹤座

MICROSCOPIUM
显微镜座

向南观望

十二月

这两张图展示的十二月份的北半球星空，当地时间
12 月 1 日晚上 11 点（如果是夏令时，相当于
晚上 12 点），当地时间 12 月 15 日晚上
10 点和当地时间 12 月 31 日晚上
9 点，皆可参考此图观测。

向北观望

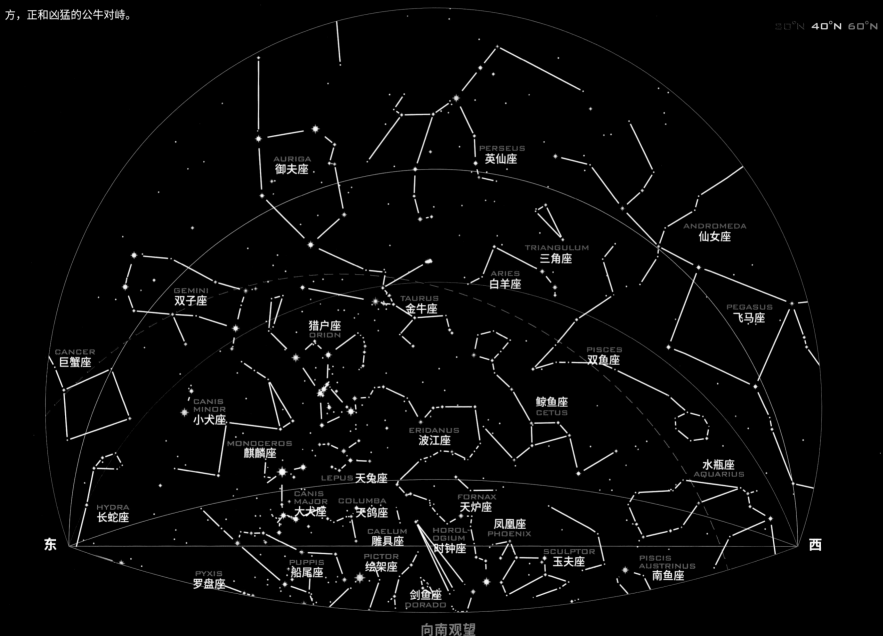

北半球的深冬，往南看，能看到金牛座壮观的星团。再往上看，是御夫座和御夫座的亮星五车二（御夫座 α）（右图）。猎户座和它忠实的猎犬大犬座、小犬座，位于东南方，正和凶猛的公牛对峙。

北半球

20°N 40°N 60°N

PERSEUS 英仙座

AURIGA 御夫座

ANDROMEDA 仙女座

TRIANGULUM 三角座

ARIES 白羊座

GEMINI 双子座

TAURUS 金牛座

PEGASUS 飞马座

猎户座 ORION

CANCER 巨蟹座

PISCES 双鱼座

鲸鱼座 CETUS

CANIS MINOR 小犬座

ERIDANUS 波江座

水瓶座 AQUARIUS

MONOCEROS 麒麟座

LEPUS 天兔座

HYDRA 长蛇座

CANIS MAJOR 大犬座

COLUMBA 天鸽座

FORNAX 天炉座

凤凰座 PHOENIX

CAELUM 雕具座

HOROL-OGIUM 时钟座

东

西

PYXIS 罗盘座

PUPPIS 船尾座

PICTOR 绘架座

SCULPTOR 玉夫座

PISCIS AUSTRINUS 南鱼座

剑鱼座 DORADO

向南观望

281

一月

这两张图展示的是一月份的南半球星空，当地时间
1月1日晚上11点（如果是夏令时，相当于
晚上12点），当地时间1月15日晚上
10点和当地时间1月31日晚上
9点，皆可参考此图观测。

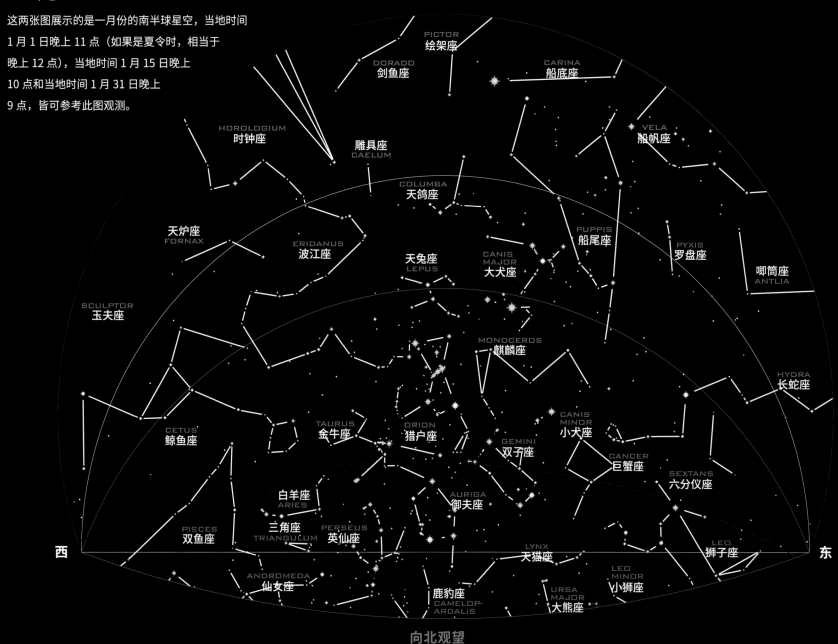

PICTOR
绘架座

DORADO
剑鱼座

CARINA
船底座

HOROLOGIUM
时钟座

雕具座
CAELUM

VELA
船帆座

COLUMBA
天鸽座

天炉座
FORNAX

ERIDANUS
波江座

天兔座
LEPUS

CANIS
MAJOR
大犬座

PUPPIS
船尾座

PYXIS
罗盘座

唧筒座
ANTLIA

SCULPTOR
玉夫座

MONOCEROS
麒麟座

HYDRA
长蛇座

CETUS
鲸鱼座

TAURUS
金牛座

ORION
猎户座

GEMINI
双子座

CANIS
MINOR
小犬座

CANCER
巨蟹座

SEXTANS
六分仪座

AURIGA
御夫座

白羊座
ARIES

PISCES
双鱼座

三角座
TRIANGULUM

PERSEUS
英仙座

LYNX
天猫座

LEO
狮子座

西

东

ANDROMEDA
仙女座

鹿豹座
CAMELOP-
ARDALIS

URSA
MAJOR
大熊座

LEO
MINOR
小狮座

向北观望

在夏日的夜晚，大空中最明亮的恒星大狼星（大犬座 α）和老人星（船底座 α）高高挂在头顶，第三亮的半人马座 α 位于天空的南部（右图）。猎户座勇猛的猎手和两只忠实的猎犬在南地平线之上（左图）。

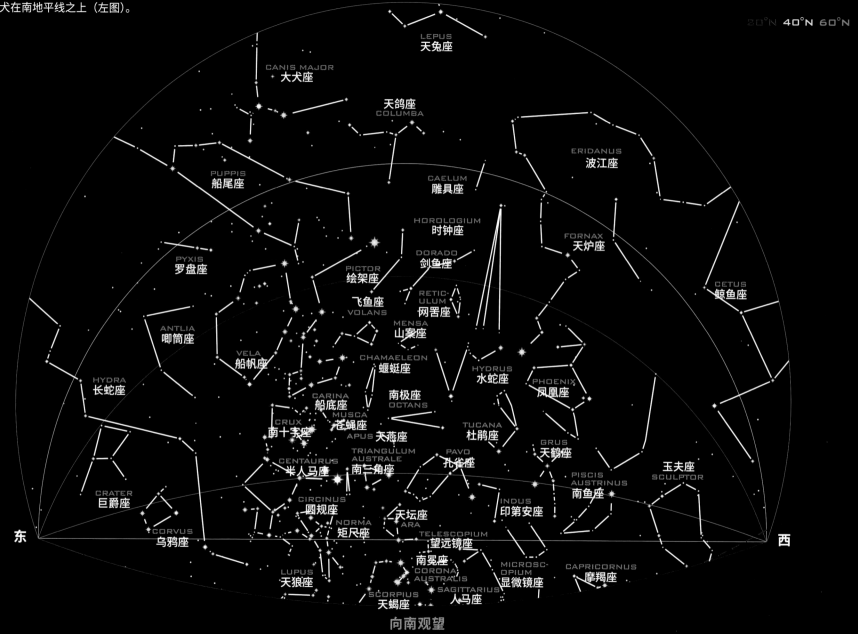

二月

这两张图展示的是二月份的南半球星空，当地时间
2月1日晚上11点（如果是夏令时，相当于
晚上12点），当地时间2月14日晚上
10点和当地时间2月28日晚上
9点，皆可参考此图观测。

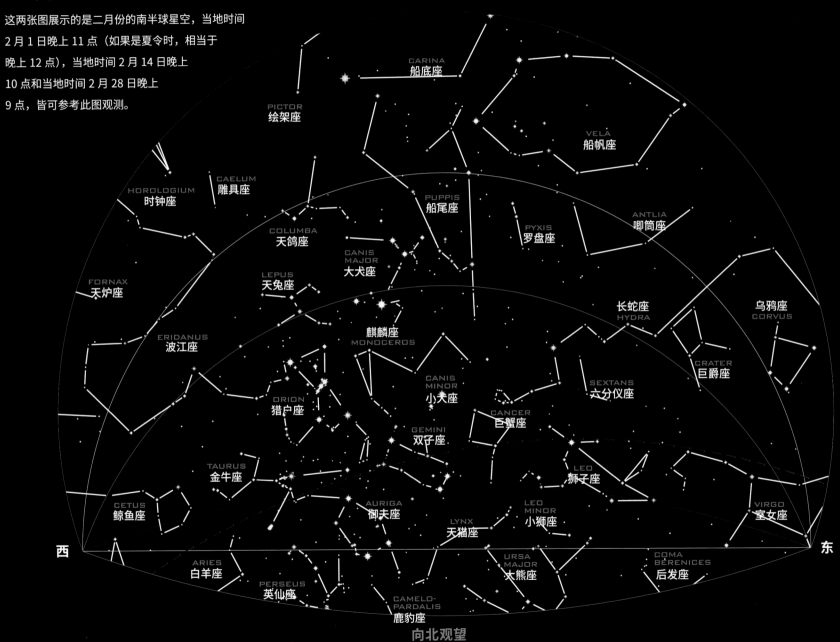

CARINA
船底座

PICTOR
绘架座

VELA
船帆座

CAELUM
雕具座

PUPPIS
船尾座

ANTLIA
唧筒座

HOROLOGIUM
时钟座

COLUMBA
天鸽座

PYXIS
罗盘座

CANIS
MAJOR
大犬座

FORNAX
天炉座

LEPUS
天兔座

长蛇座
HYDRA

乌鸦座
CORVUS

ERIDANUS
波江座

麒麟座
MONOCEROS

CRATER
巨爵座

CANIS
MINOR
小犬座

SEXTANS
六分仪座

ORION
猎户座

CANCER
巨蟹座

GEMINI
双子座

LEO
狮子座

TAURUS
金牛座

AURIGA
御夫座

LEO
MINOR
小狮座

VIRGO
室女座

CETUS
鲸鱼座

LYNX
天猫座

西

ARIES
白羊座

URSA
MAJOR
大熊座

COMA
BERENICES
后发座

PERSEUS
英仙座

CAMELO-
PARDALIS
鹿豹座

东

向北观望

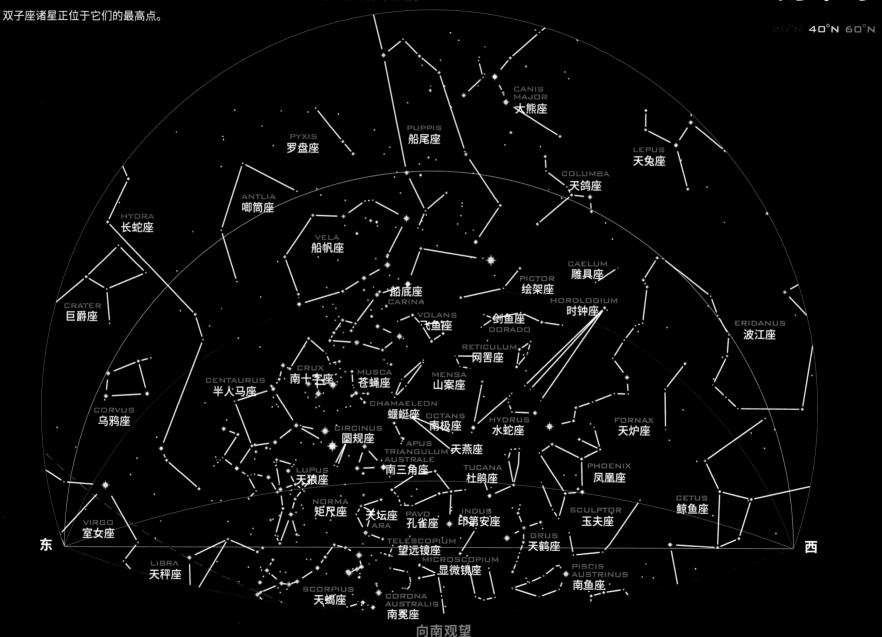

伟大的天空之船阿尔戈号，由船尾、船帆、船尾三部分组成，南部天空宽阔的银河是
阿尔戈号的航路，阿尔戈号的东南方是半人马座和南十字座（右图）。往北看（左图），
双子座诸星正位于它们的最高点。

南半球

20°N **40°N** 60°N

CANIS MAJOR
大熊座

PYXIS
罗盘座

PUPPIS
船尾座

LEPUS
天兔座

ANTLIA
唧筒座

COLUMBA
天鸽座

HYDRA
长蛇座

VELA
船帆座

CAELUM
雕具座

PICTOR
绘架座

HOROLOGIUM
时钟座

船底座
CARINA

DORADO
剑鱼座

ERIDANUS
波江座

CRATER
巨爵座

VOLANS
飞鱼座

RETICULUM
网罟座

CRUX
南十字座

MUSCA
苍蝇座

MENSA
山案座

CENTAURUS
半人马座

CHAMAELEON
蝘蜓座

OCTANS
南极座

HYDRUS
水蛇座

FORNAX
天炉座

CORVUS
乌鸦座

CIRCINUS
圆规座

APUS
天燕座

PHOENIX
凤凰座

LUPUS
天狼座

TRIANGULUM
AUSTRALE
南三角座

TUCANA
杜鹃座

CETUS
鲸鱼座

VIRGO
室女座

NORMA
矩尺座

ARA
天坛座

PAVO
孔雀座

INDUS
印第安座

SCULPTOR
玉夫座

GRUS
天鹤座

东

西

LIBRA
天秤座

TELESCOPIUM
望远镜座

MICROSCOPIUM
显微镜座

PISCIS
AUSTRINUS
南鱼座

SCORPIUS
天蝎座

CORONA
AUSTRALIS
南冕座

向南观望

285

三月

这两张图展示的是三月份的南半球星空，当地时间
3月1日晚上11点（如果是夏令时，相当于
晚上12点），当地时间3月15日晚上
10点和当地时间3月31日晚上
9点，皆可参考此图观测。

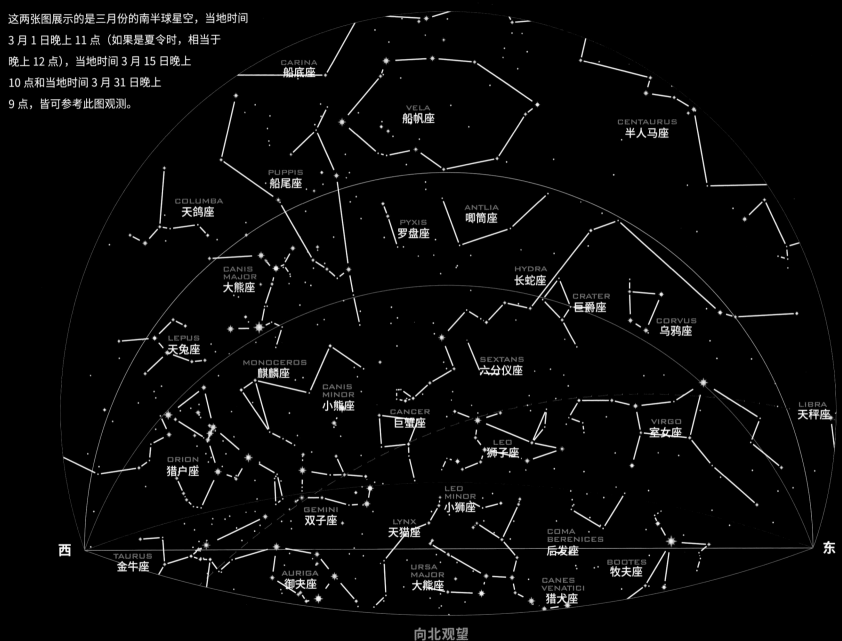

CARINA
船底座

VELA
船帆座

CENTAURUS
半人马座

PUPPIS
船尾座

COLUMBA
天鸽座

PYXIS
罗盘座

ANTLIA
唧筒座

HYDRA
长蛇座

CANIS
MAJOR
大熊座

CRATER
巨爵座

CORVUS
乌鸦座

LEPUS
天兔座

SEXTANS
六分仪座

MONOCEROS
麒麟座

CANIS
MINOR
小熊座

CANCER
巨蟹座

VIRGO
室女座

LIBRA
天秤座

ORION
猎户座

LEO
狮子座

LEO
MINOR
小狮座

TAURUS
金牛座

GEMINI
双子座

LYNX
天猫座

URSA
MAJOR
大熊座

COMA
BERENICES
后发座

BOOTES
牧夫座

AURIGA
御夫座

CANES
VENATICI
猎犬座

西

东

向北观望

南半球进入秋分，著名的狮子座悬挂在北地平线之上，狮子座之上是蜿蜒的长蛇座和几个小星座（左图）。南部天空最重要的星座则是明亮的船尾座、船帆座和船底座（右图）。

南半球

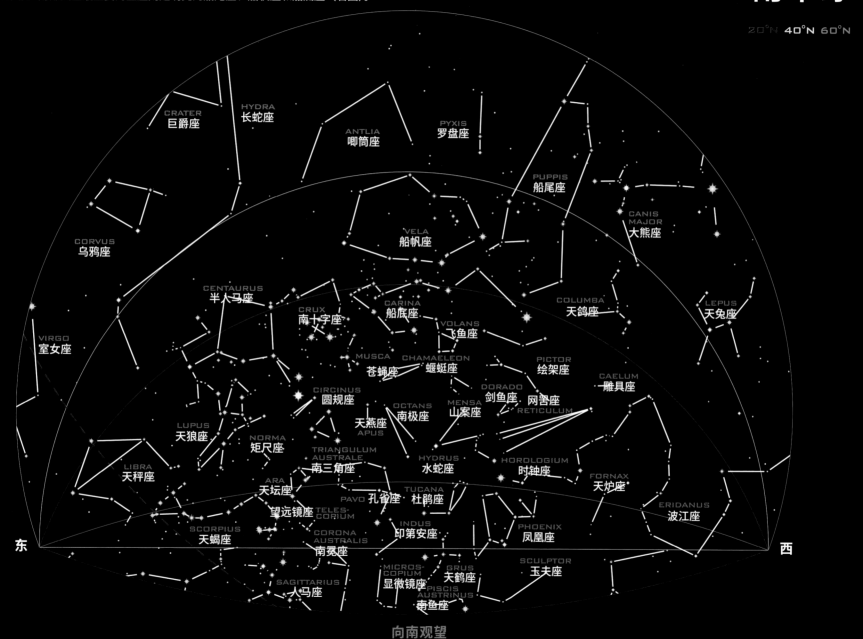

CRATER 巨爵座
HYDRA 长蛇座
ANTLIA 唧筒座
PYXIS 罗盘座
PUPPIS 船尾座
CANIS MAJOR 大熊座
CORVUS 乌鸦座
VELA 船帆座
COLUMBA 天鸽座
LEPUS 天兔座
CENTAURUS 半人马座
CRUX 南十字座
CARINA 船底座
VOLANS 飞鱼座
VIRGO 室女座
MUSCA 苍蝇座
CHAMAELEON 蝘蜓座
PICTOR 绘架座
CAELUM 雕具座
CIRCINUS 圆规座
OCTANS 南极座
MENSA 山案座
DORADO 剑鱼座
RETICULUM 网罟座
LUPUS 天狼座
NORMA 矩尺座
APUS 天燕座
HYDRUS 水蛇座
HOROLOGIUM 时钟座
FORNAX 天炉座
LIBRA 天秤座
TRIANGULUM AUSTRALE 南三角座
ARA 天坛座
PAVO 孔雀座
TUCANA 杜鹃座
ERIDANUS 波江座
TELES-CORIUM 望远镜座
INDUS 印第安座
PHOENIX 凤凰座
SCORPIUS 天蝎座
CORONA AUSTRALIS 南冕座
MICROS-COPIUM 显微镜座
GRUS 天鹤座
SCULPTOR 玉夫座
SAGITTARIUS 人马座
PISCIS AUSTRINUS 南鱼座

东
西
向南观望

四月

这两张图展示的是四月份的南半球星空，当地时间
4月1日晚上11点（如果是夏令时，相当于
晚上12点），当地时间4月15日晚上
10点和当地时间4月30日晚上
9点，皆可参考此图观测。

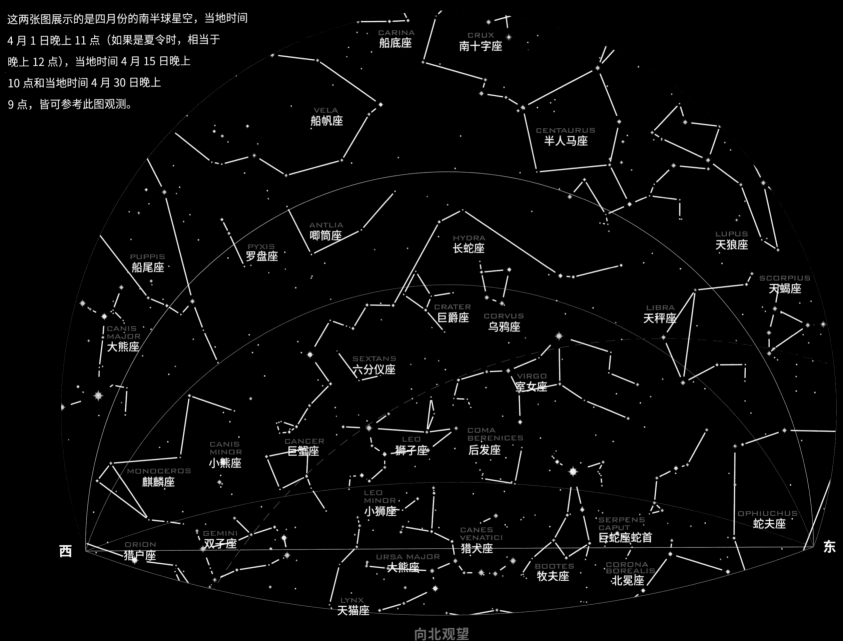

CARINA 船底座
CRUX 南十字座
VELA 船帆座
CENTAURUS 半人马座
ANTLIA 唧筒座
HYDRA 长蛇座
LUPUS 天狼座
PYXIS 罗盘座
PUPPIS 船尾座
SCORPIUS 天蝎座
CRATER 巨爵座
CORVUS 乌鸦座
LIBRA 天秤座
CANIS MAJOR 大熊座
SEXTANS 六分仪座
VIRGO 室女座
CANCER 巨蟹座
LEO 狮子座
COMA BERENICES 后发座
CANIS MINOR 小熊座
MONOCEROS 麒麟座
LEO MINOR 小狮座
SERPENS CAPUT 巨蛇座蛇首
OPHIUCHUS 蛇夫座
GEMINI 双子座
ORION 猎户座
CANES VENATICI 猎犬座
URSA MAJOR 大熊座
BOOTES 牧夫座
CORONA BOREALIS 北冕座
LYNX 天猫座

西   东

向北观望

往北看（左图），耀眼的角宿一（室女座 α）和大角星（牧夫座 α）十分引人注目；室女座和后发座中的大量星团位于地平线附近。往南看（右图），银河在天空中架起了一座连接东、西的拱桥，半人马座和南十字座位于银河之上。

南半球

20°N 40°N 60°N

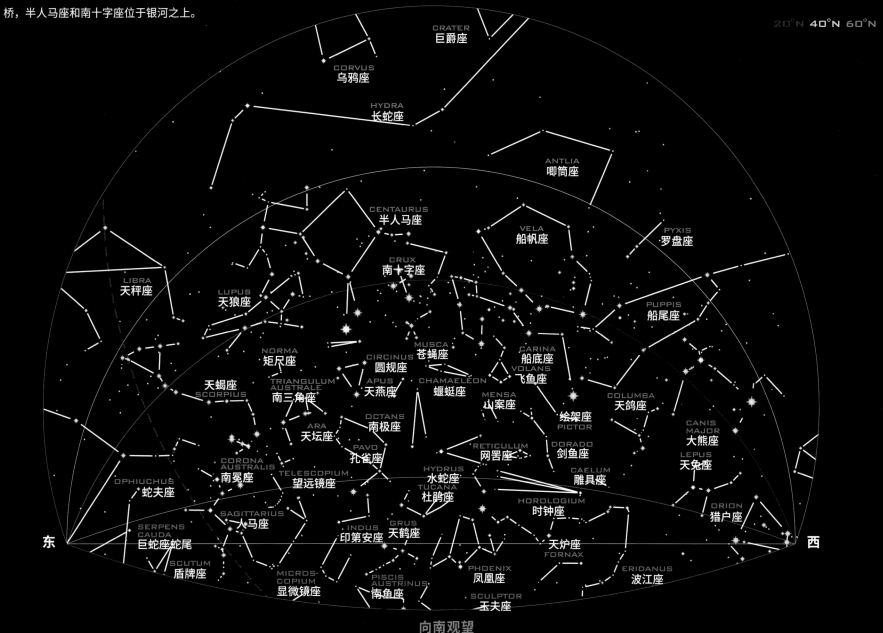

向南观望

五月

这两张图展示的是五月份的南半球星空，当地时间 5 月 1 日晚上 11 点（如果是夏令时，相当于晚上 12 点），当地时间 5 月 15 日晚上 10 点和当地时间 5 月 31 日晚上 9 点，皆可参考此图观测。

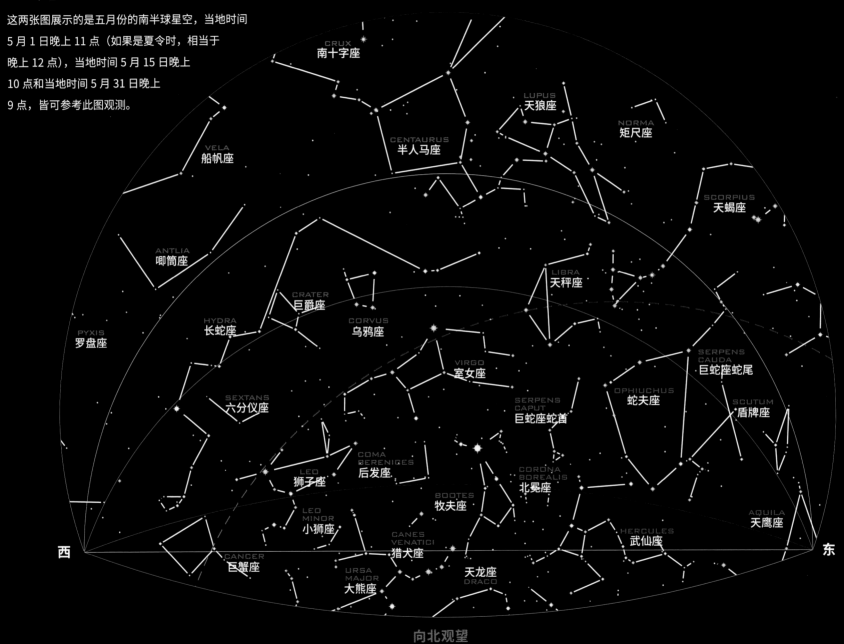

向北观望

天蝎座和人马座从东方升起，银河星光最密集的区域也出现在视线范围内。武仙座和北冕座
贴近北地平线（左图），半人马座和南十字座是南部天空中最显眼的星座（右图）。

南半球

20°N **40°N** 60°N

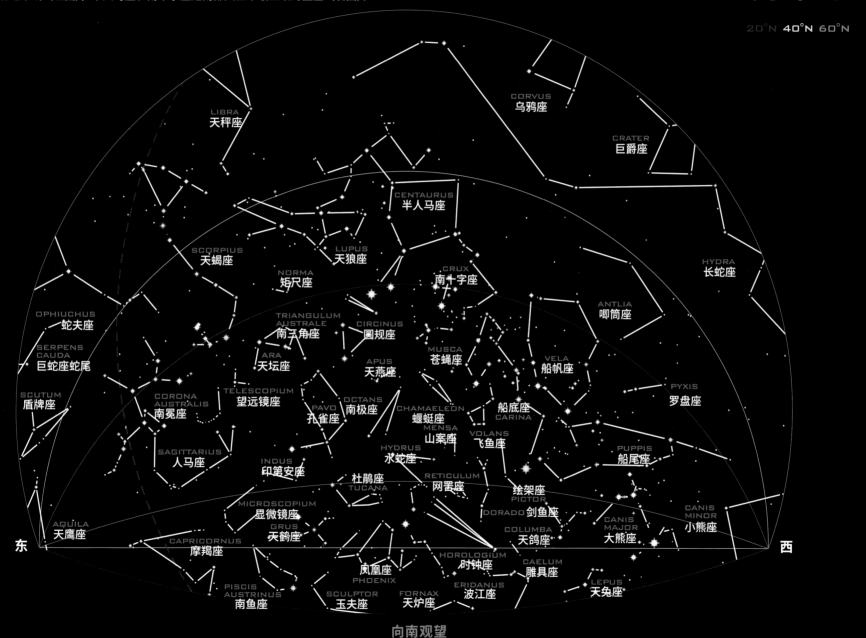

向南观望

六月

这两张图展示的是六月份的南半球星空，当地时间
6月1日晚上11点（如果是夏令时，相当于
晚上12点），当地时间6月15日晚上
10点和当地时间6月30日晚上
9点，皆可参考此图观测。

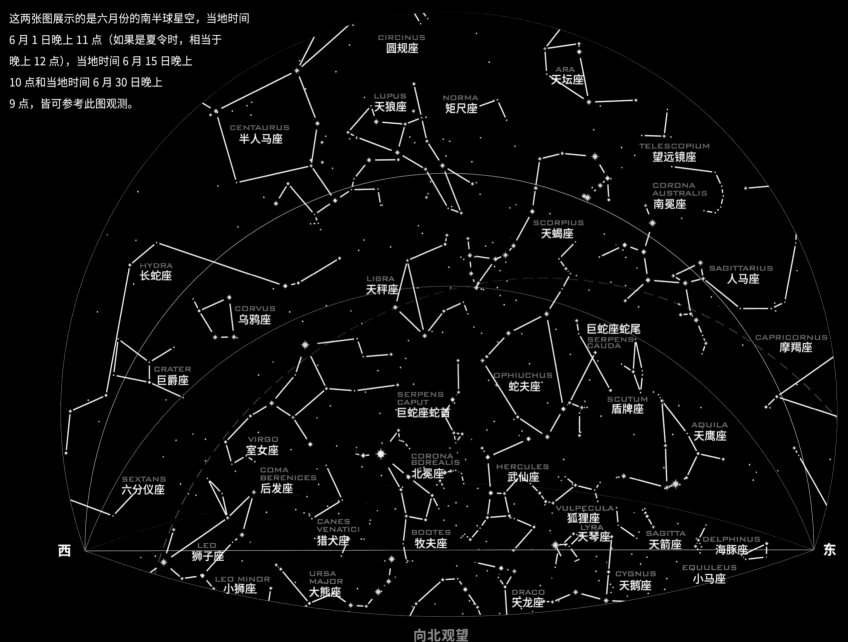

CIRCINUS
圆规座

ARA
天坛座

LUPUS
天狼座

NORMA
矩尺座

TELESCOPIUM
望远镜座

CENTAURUS
半人马座

CORONA
AUSTRALIS
南冕座

SCORPIUS
天蝎座

HYDRA
长蛇座

SAGITTARIUS
人马座

LIBRA
天秤座

CORVUS
乌鸦座

巨蛇座蛇尾
SERPENS
CAUDA

CAPRICORNUS
摩羯座

CRATER
巨爵座

OPHIUCHUS
蛇夫座

SCUTUM
盾牌座

SERPENS
CAPUT
巨蛇座蛇首

AQUILA
天鹰座

VIRGO
室女座

CORONA
BOREALIS
北冕座

HERCULES
武仙座

SEXTANS
六分仪座

COMA
BERENICES
后发座

VULPECULA
狐狸座
LYRA
天琴座

SAGITTA
天箭座

DELPHINUS
海豚座

CANES
VENATICI
猎犬座

BOOTES
牧夫座

LEO
狮子座

EQUULEUS
小马座

LEO MINOR
小狮座

URSA
MAJOR
大熊座

CYGNUS
天鹅座

DRACO
天龙座

西

东

向北观望

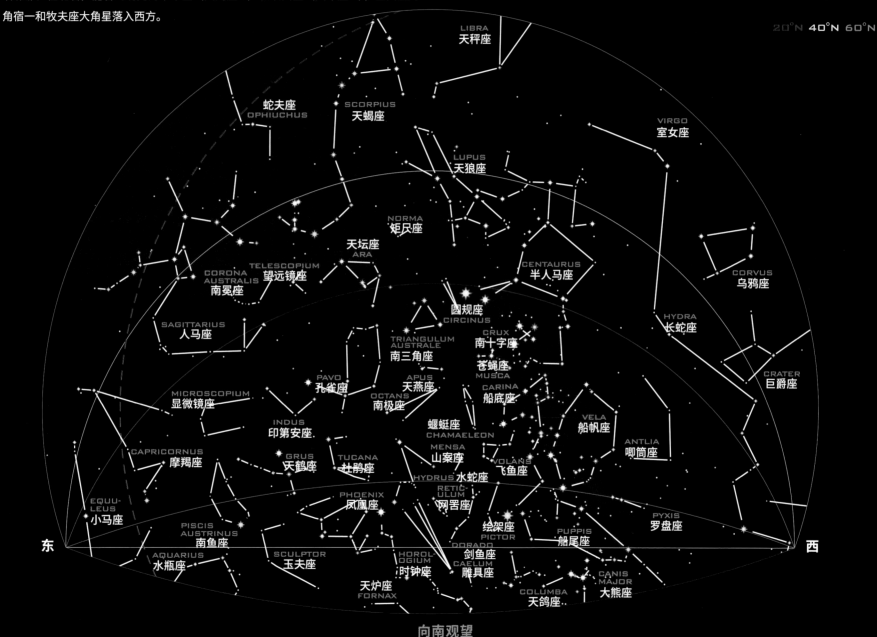

南半球进入深冬，明亮的心大星（天蝎座 α）高悬头顶，南三角座出现在南天极附近（右图）。往北看，能看到明亮的牵牛星（天鹰座 α）和织女星（天琴座 α），室女座的角宿一和牧夫座大角星落入西方。

南半球

20°N **40°N** 60°N

LIBRA
天秤座

SCORPIUS
天蝎座

OPHIUCHUS
蛇夫座

VIRGO
室女座

LUPUS
天狼座

NORMA
矩尺座

ARA
天坛座

CENTAURUS
半人马座

CORVUS
乌鸦座

TELESCOPIUM
望远镜座

CORONA
AUSTRALIS
南冕座

CIRCINUS
圆规座

HYDRA
长蛇座

SAGITTARIUS
人马座

CRUX
南十字座

TRIANGULUM
AUSTRALE
南三角座

MUSCA
苍蝇座

CRATER
巨爵座

PAVO
孔雀座

APUS
天燕座

CARINA
船底座

MICROSCOPIUM
显微镜座

OCTANS
南极座

CHAMAELEON
蝘蜓座

VELA
船帆座

INDUS
印第安座

MENSA
山案座

ANTLIA
唧筒座

CAPRICORNUS
摩羯座

GRUS
天鹤座

TUCANA
杜鹃座

VOLANS
飞鱼座

HYDRUS
水蛇座

EQUU-
LEUS
小马座

PHOENIX
凤凰座

RETIC-
ULUM
网罟座

PYXIS
罗盘座

PISCIS
AUSTRINUS
南鱼座

HOROL-
OGIUM
时钟座

PICTOR
绘架座

PUPPIS
船尾座

AQUARIUS
水瓶座

SCULPTOR
玉夫座

DORADO
剑鱼座

CAELUM
雕具座

FORNAX
天炉座

COLUMBA
天鸽座

CANIS
MAJOR
大熊座

东

西

向南观望

293

七月

这两张图展示的是七月份的南半球星空，当地时间
7 月 1 日晚上 11 点（如果是夏令时，相当于
晚上 12 点），当地时间 7 月 15 日晚上
10 点和当地时间 7 月 31 日晚上
9 点，皆可参考此图观测。

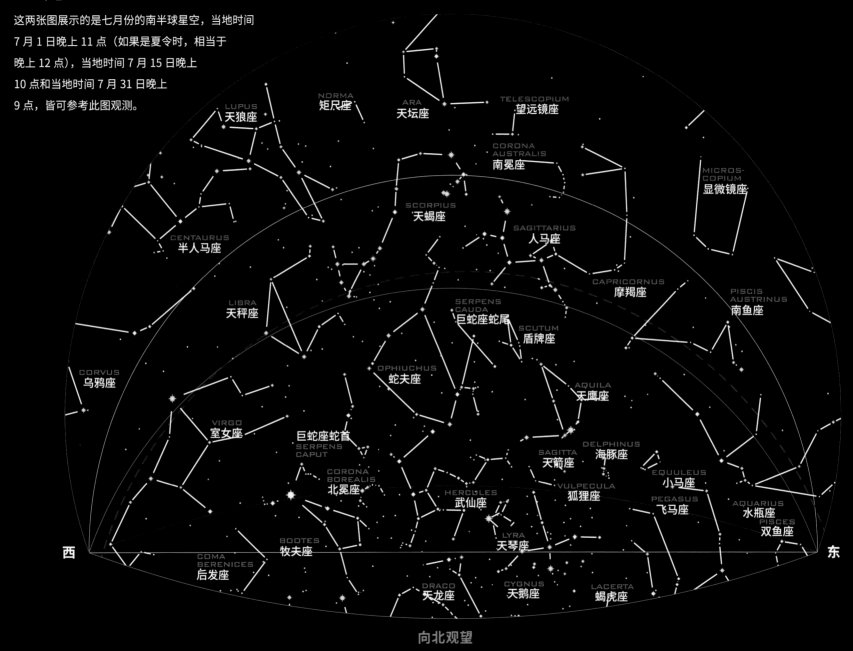

向北观望

南天球低纬度地区，由天鹰座的牵牛星、天琴座的织女星和天鹅座的天津四组成的北天球"夏季大三角"反挂在北地平线之上，黄道十二宫中的多个星座呈弧形排列在"夏季大三角"之上（左图）。头顶是位于人马座范围内星光最密集的一段银河。

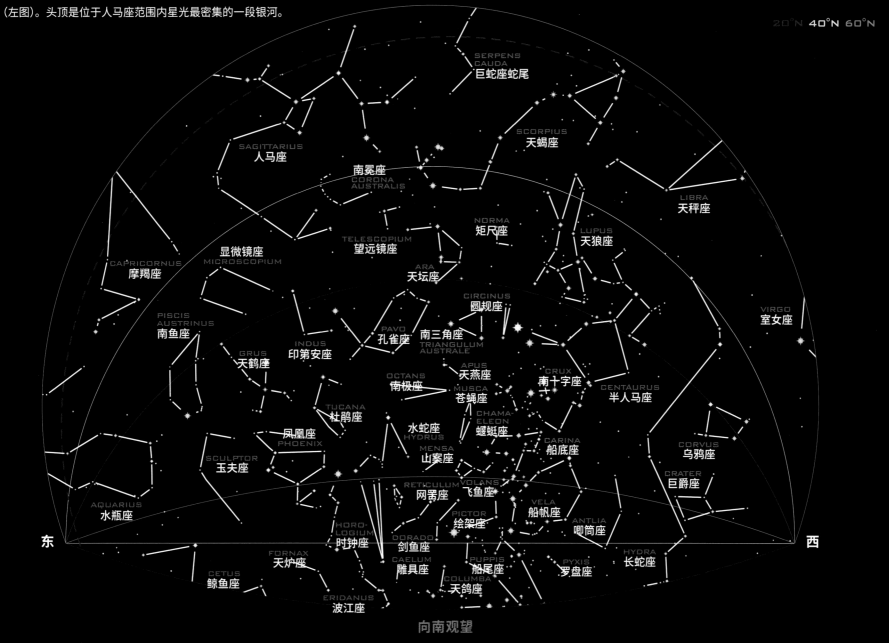

SERPENS CAUDA
巨蛇座蛇尾

SCORPIUS
天蝎座

SAGITTARIUS
人马座

南冕座
CORONA AUSTRALIS

LIBRA
天秤座

NORMA
矩尺座

TELESCOPIUM
望远镜座

LUPUS
天狼座

CAPRICORNUS
摩羯座

显微镜座
MICROSCOPIUM

ARA
天坛座

CIRCINUS
圆规座

VIRGO
室女座

PISCIS AUSTRINUS
南鱼座

PAVO
孔雀座

南三角座
TRIANGULUM AUSTRALE

GRUS
天鹤座

INDUS
印第安座

APUS
天燕座

CRUX
南十字座

CENTAURUS
半人马座

OCTANS
南极座

MUSCA
苍蝇座

TUCANA
杜鹃座

CHAMAELEON
蝘蜓座

CARINA
船底座

CORVUS
乌鸦座

水蛇座
HYDRUS

凤凰座
PHOENIX

MENSA
山案座

CRATER
巨爵座

SCULPTOR
玉夫座

RETICULUM
网罟座

VOLANS
飞鱼座

VELA
船帆座

AQUARIUS
水瓶座

HORO-LOGIUM
时钟座

PICTOR
绘架座

ANTLIA
唧筒座

DORADO
剑鱼座

HYDRA
长蛇座

FORNAX
天炉座

CAELUM
雕具座

PUPPIS
船尾座

PYXIS
罗盘座

CETUS
鲸鱼座

COLUMBA
天鸽座

ERIDANUS
波江座

东

西

向南观望

295

八月

这两张图展示的是八月份的南半球星空，当地时间
8 月 1 日晚上 11 点（如果是夏令时，相当于
晚上 12 点），当地时间 8 月 15 日晚上
10 点和当地时间 8 月 31 日晚上
9 点，皆可参考此图观测。

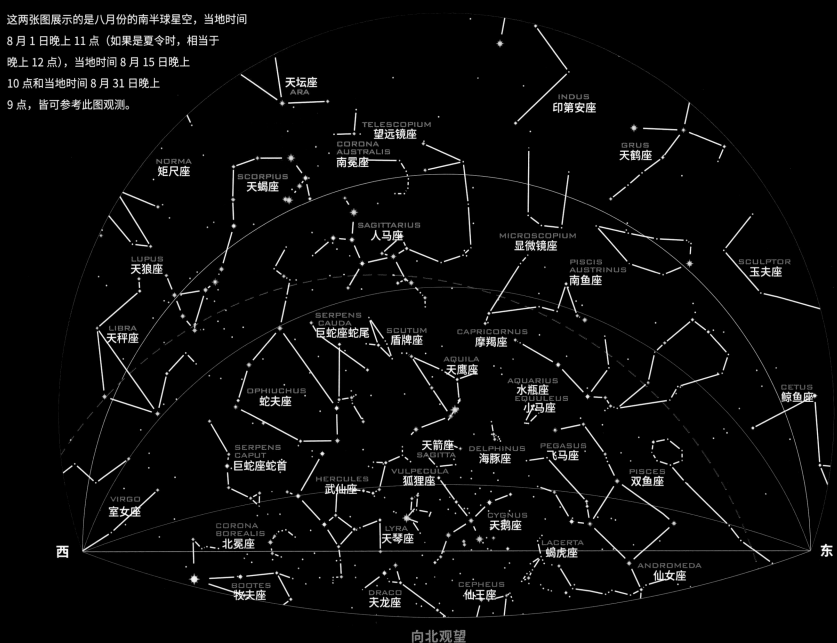

向北观望

往北看，飞马座四边形从东边升入天空，包括天箭座、小马座和海豚座在内的几个小
星座，早已赶在它的前头（左图）。北地平线之上，明亮的天鹅座正位于它的最高点，
武仙座已经消失在视野范围内。

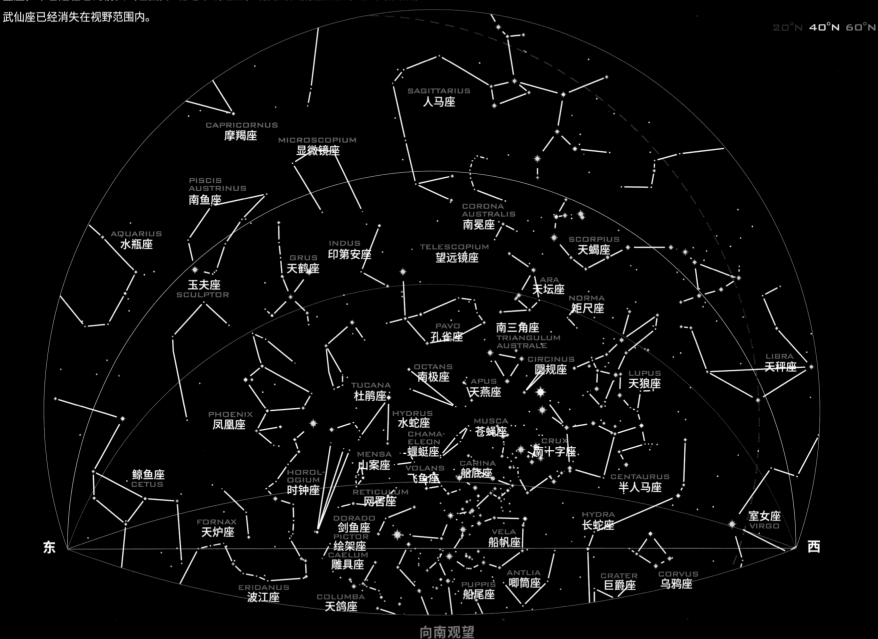

SAGITTARIUS
人马座

CAPRICORNUS
摩羯座

MICROSCOPIUM
显微镜座

CORONA
AUSTRALIS
南冕座

SCORPIUS
天蝎座

PISCIS
AUSTRINUS
南鱼座

AQUARIUS
水瓶座

GRUS
天鹤座

INDUS
印第安座

TELESCOPIUM
望远镜座

ARA
天坛座

NORMA
矩尺座

玉夫座
SCULPTOR

PAVO
孔雀座

南三角座
TRIANGULUM
AUSTRALE

CIRCINUS
圆规座

LIBRA
天秤座

OCTANS
南极座

APUS
天燕座

LUPUS
天狼座

TUCANA
杜鹃座

PHOENIX
凤凰座

HYDRUS
水蛇座

MUSCA
苍蝇座

CRUX
南十字座

CHAMA-
ELEON
蝘蜓座

MENSA
山案座

VOLANS
飞鱼座

CARINA
船底座

CENTAURUS
半人马座

鲸鱼座
CETUS

HOROL-
OGIUM
时钟座

RETICULUM
网罟座

HYDRA
长蛇座

室女座
VIRGO

FORNAX
天炉座

DORADO
剑鱼座

PICTOR
绘架座

VELA
船帆座

CAELUM
雕具座

ANTLIA
唧筒座

CRATER
巨爵座

CORVUS
乌鸦座

ERIDANUS
波江座

COLUMBA
天鸽座

PUPPIS
船尾座

东

西

向南观望

297

九月

这两张图展示的是九月份的南半球星空，当地时间
9月1日晚上11点（如果是夏令时，相当于
晚上12点），当地时间9月15日晚上
10点和当地时间9月30日晚上
9点，皆可参考此图观测。

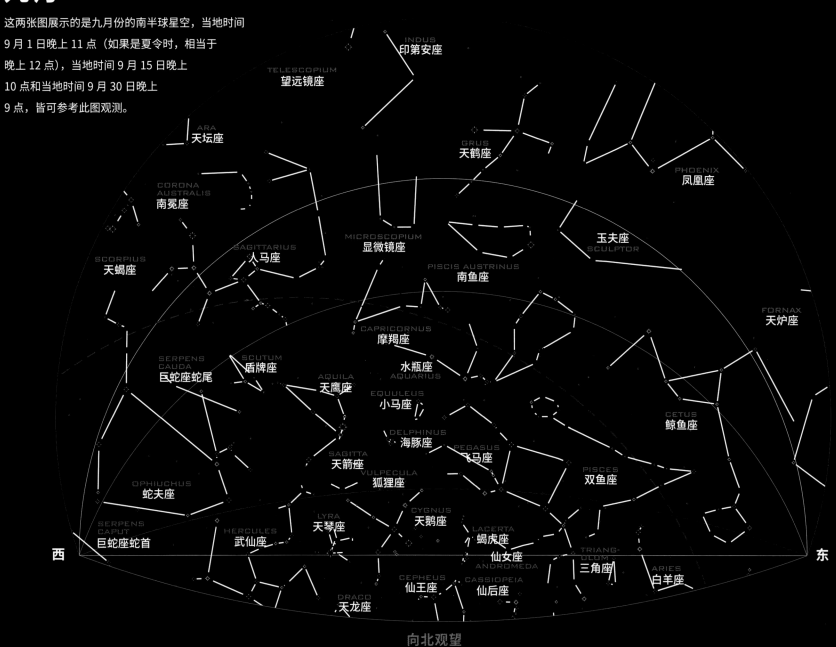

鲸鱼座和其中最著名的变星蒭藁增二（鲸鱼座 o）从东边升入北部天空（左图）。星光闪耀的银河星场中，蛇夫座、人马座和天蝎座即将从西边消失，明亮的北落师门（南鱼座 α）高悬头顶。往南看，头顶正上方的下面一点还有一颗亮星，那就是水委一（波江座 α）（右图）。

AQUARIUS 水瓶座
CAPRICORNUS 摩羯座
PISCIS AUSTRINUS 南鱼座
MICROSCOPIUM 显微镜座
SCULPTOR 玉夫座
SAGITTARIUS 人马座
GRUS 天鹤座
INDUS 印第安座
SCUTUM 盾牌座
PHOENIX 凤凰座
CORONA AUSTRALIS 南冕座
SERPENS CAUDA 巨蛇座蛇尾
TUCANA 杜鹃座
TELESCOPIUM 望远镜座
PAVO 孔雀座
CETUS 鲸鱼座
OPHIUCHUS 蛇夫座
FORNAX 天炉座
HYDRUS 水蛇座
TRIANGULUM AUSTRALE 南三角座
ARA 天坛座
SCORPIUS 天蝎座
HORO-LOGIUM 时钟座
OCTANS 南极座
APUS 天燕座
NORMA 矩尺座
RETICULUM 网罟座
CHAMAELEON 蝘蜓座
CIRCINUS 圆规座
MENSA 山案座
MUSCA 苍蝇座
VOLANS 飞鱼座
CRUX 南十字座
LUPUS 天狼座
CAELUM 雕具座
DORADO 剑鱼座
LIBRA 天秤座
ERIDANUS 波江座
PICTOR 绘架座
CARINA 船底座
CENTAURUS 半人马座
COLUMBA 天鸽座
PUPPIS 船尾座
VELA 船帆座
HYDRA 长蛇座
LEPUS 天兔座
CANIS MAJOR 大熊座
PYXIS 罗盘座
ANTLIA 唧筒座

东 西

向南观望

299

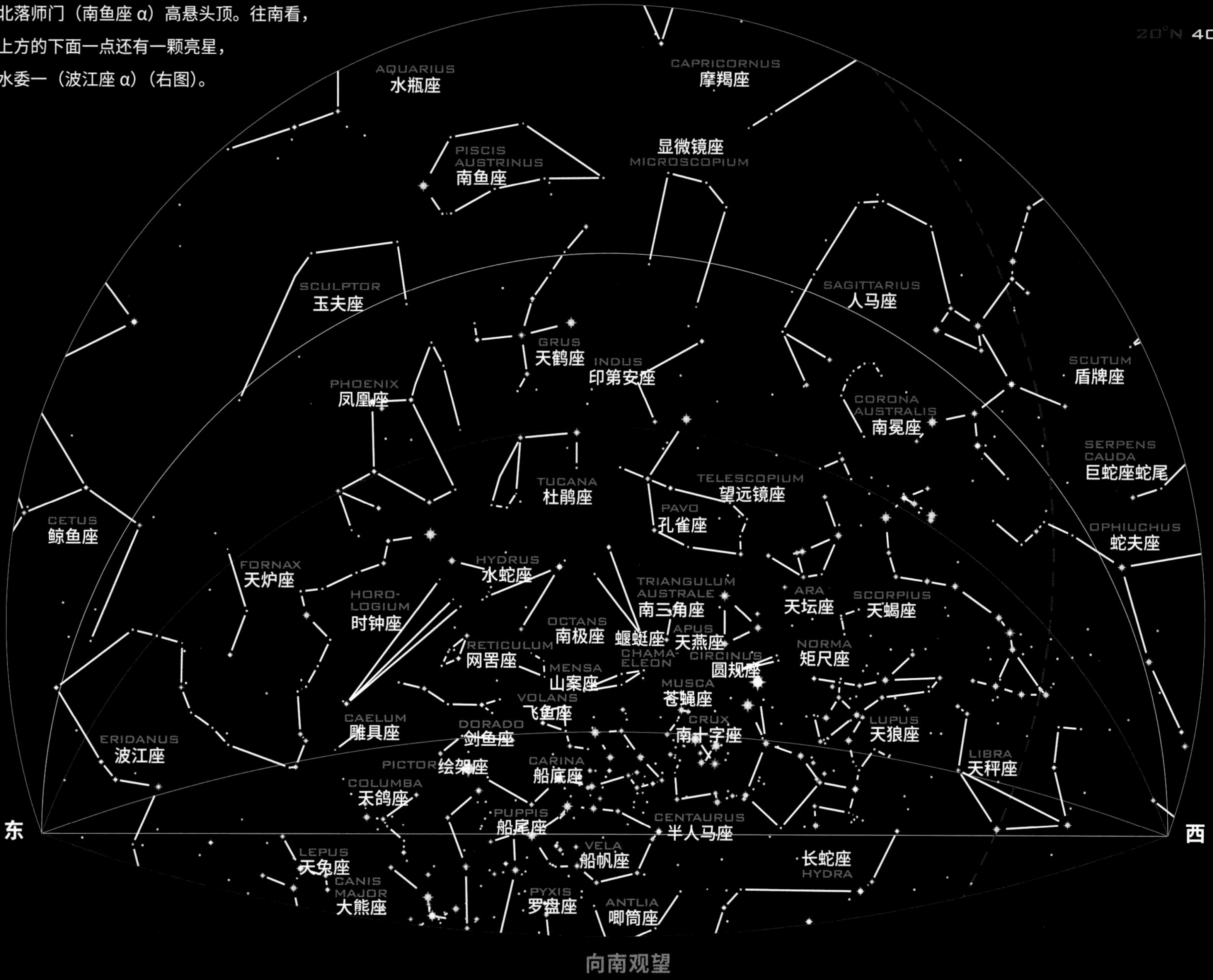

十月

这两张图展示的是十月份的南半球星空，当地时间
10月1日晚上11点（如果是夏令时，相当于
晚上12点），当地时间10月15日晚上
10点和当地时间10月30日晚上
9点，皆可参考此图观测。

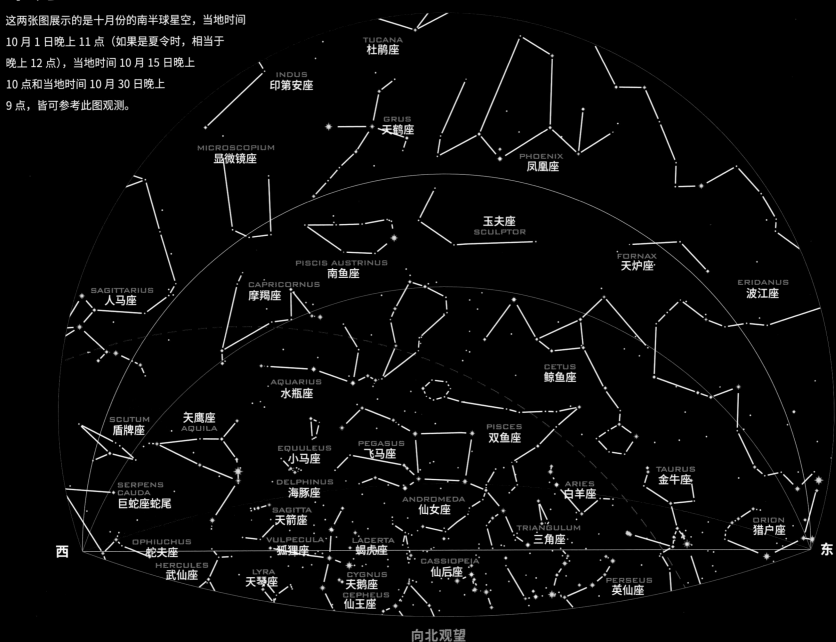

向北观望

此刻，飞马座悬挂在北方的地平线上，为我们提供了一个可以欣赏到明亮的仙女座和
三角座星系（左图）的机会。往南看，天空中没什么吸引人的目标，只有地平线附近
南银河有些亮星（右图）。

南半球

20°N **40°N** 60°N

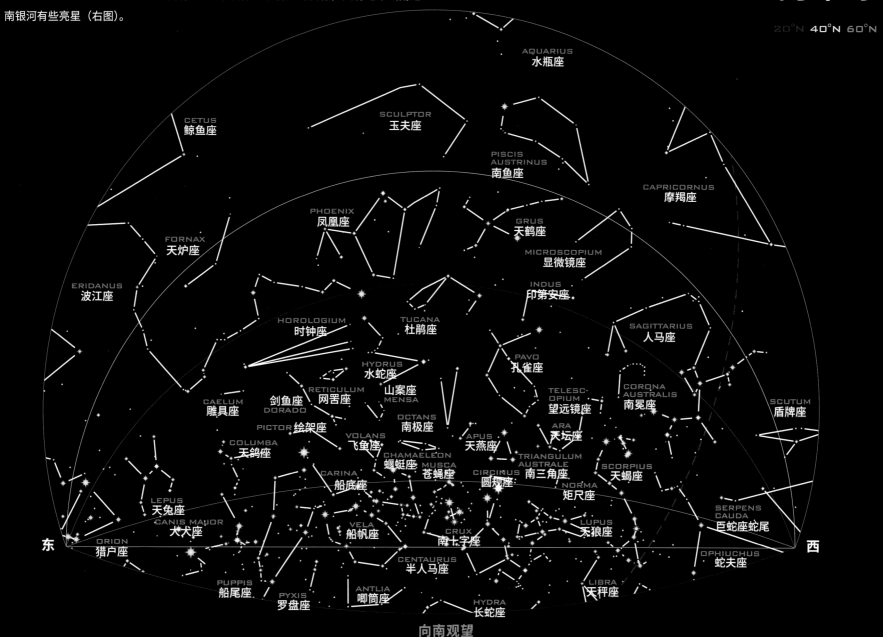

AQUARIUS
水瓶座

CETUS
鲸鱼座

SCULPTOR
玉夫座

PISCIS
AUSTRINUS
南鱼座

CAPRICORNUS
摩羯座

FORNAX
天炉座

PHOENIX
凤凰座

GRUS
天鹤座

MICROSCOPIUM
显微镜座

ERIDANUS
波江座

INDUS
印第安座

SAGITTARIUS
人马座

HOROLOGIUM
时钟座

TUCANA
杜鹃座

PAVO
孔雀座

CORONA
AUSTRALIS
南冕座

HYDRUS
水蛇座

TELESC-
OPIUM
望远镜座

CAELUM
雕具座

DORADO
剑鱼座

RETICULUM
网罟座

MENSA
山案座

OCTANS
南极座

ARA
天坛座

SCUTUM
盾牌座

PICTOR
绘架座

VOLANS
飞鱼座

APUS
天燕座

COLUMBA
天鸽座

CHAMAELEON
蝘蜓座

MUSCA
苍蝇座

TRIANGULUM
AUSTRALE
南三角座

SCORPIUS
天蝎座

CARINA
船底座

CIRCINUS
圆规座

NORMA
矩尺座

SERPENS
CAUDA
巨蛇座蛇尾

LEPUS
天兔座

VELA
船帆座

CRUX
南十字座

LUPUS
豺狼座

CANIS MAJOR
大犬座

ORION
猎户座

东

CENTAURUS
半人马座

OPHIUCHUS
蛇夫座

西

PUPPIS
船尾座

PYXIS
罗盘座

ANTLIA
唧筒座

HYDRA
长蛇座

LIBRA
天秤座

向南观望

301

十一月

这两张图展示的是十一月份的南半球星空，当地时间
11 月 1 日晚上 11 点（如果是夏令时，相当于
晚上 12 点），当地时间 11 月 15 日
晚上 10 点和当地时间 11 月 30 日
晚上 9 点，皆可参考此图观测。

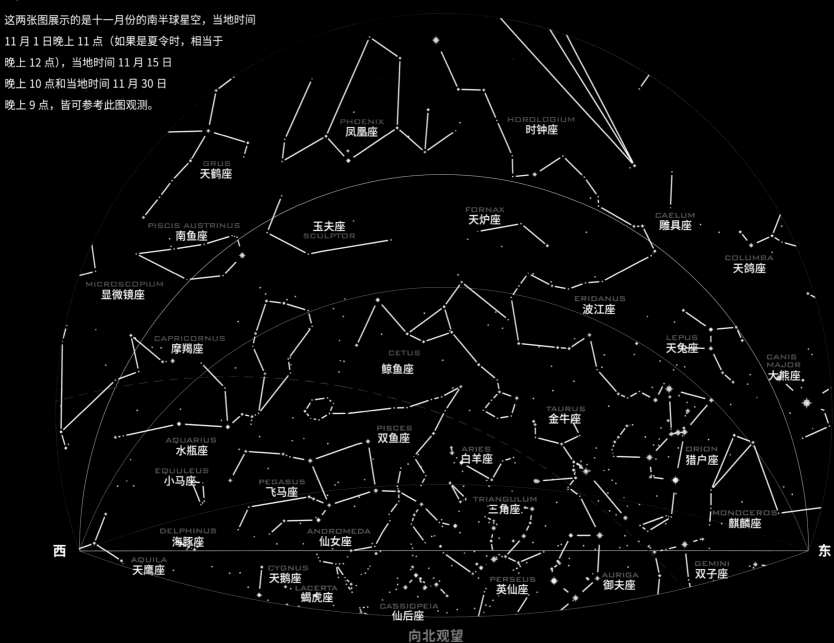

PHOENIX 凤凰座
HOROLOGIUM 时钟座
GRUS 天鹤座
PISCIS AUSTRINUS 南鱼座
FORNAX 天炉座
CAELUM 雕具座
玉夫座 SCULPTOR
COLUMBA 天鸽座
MICROSCOPIUM 显微镜座
ERIDANUS 波江座
CAPRICORNUS 摩羯座
CETUS 鲸鱼座
LEPUS 天兔座
CANIS MAJOR 大熊座
TAURUS 金牛座
AQUARIUS 水瓶座
PISCES 双鱼座
ARIES 白羊座
ORION 猎户座
EQUULEUS 小马座
PEGASUS 飞马座
TRIANGULUM 三角座
MONOCEROS 麒麟座
DELPHINUS 海豚座
ANDROMEDA 仙女座
AQUILA 天鹰座
CYGNUS 天鹅座
PERSEUS 英仙座
AURIGA 御夫座
GEMINI 双子座
LACERTA 蝎虎座
CASSIOPEIA 仙后座

西

东

向北观望

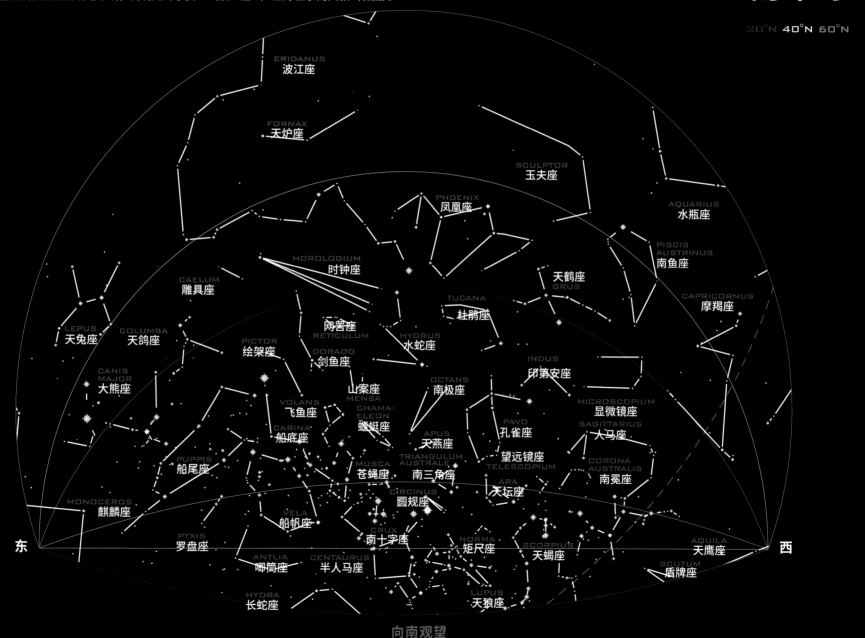

当金牛座和猎户座的亮星升入东北方的天空时，它们带来了许多美丽的深空天体（左图）。

白羊座和英仙座贴着北地平线，而明亮的水委一（波江座 α）正好位于南天极（右图）。

南半球

ERIDANUS 波江座

FORNAX 天炉座

SCULPTOR 玉夫座

PHOENIX 凤凰座

AQUARIUS 水瓶座

PISCIS AUSTRINUS 南鱼座

HOROLOGIUM 时钟座

天鹤座 GRUS

CAPRICORNUS 摩羯座

CAELUM 雕具座

TUCANA 杜鹃座

网罟座 RETICULUM

HYDRUS 水蛇座

LEPUS 天兔座

COLUMBA 天鸽座

PICTOR 绘架座

DORADO 剑鱼座

INDUS 印第安座

MICROSCOPIUM 显微镜座

CANIS MAJOR 大熊座

山案座 MENSA

OCTANS 南极座

VOLANS 飞鱼座

PAVO 孔雀座

SAGITTARIUS 大马座

CHAMAELEON 蝘蜓座

CARINA 船底座

APUS 天燕座

望远镜座 TELESCOPIUM

CORONA AUSTRALIS 南冕座

PUPPIS 船尾座

MUSCA 苍蝇座

TRIANGULUM AUSTRALE 南三角座

ARA 天坛座

MONOCEROS 麒麟座

CIRCINUS 圆规座

VELA 船帆座

PYXIS 罗盘座

CRUX 南十字座

NORMA 矩尺座

SCORPIUS 天蝎座

AQUILA 天鹰座

ANTLIA 唧筒座

CENTAURUS 半人马座

SCUTUM 盾牌座

HYDRA 长蛇座

LUPUS 天狼座

东　　西

十二月

这两张图展示的是十二月份的南半球星空，当地时间 12 月 1 日晚上 11 点（如果是夏令时，相当于晚上 12 点），当地时间 12 月 15 日晚上 10 点和当地时间 12 月 31 日晚上 9 点，皆可参考此图观测。

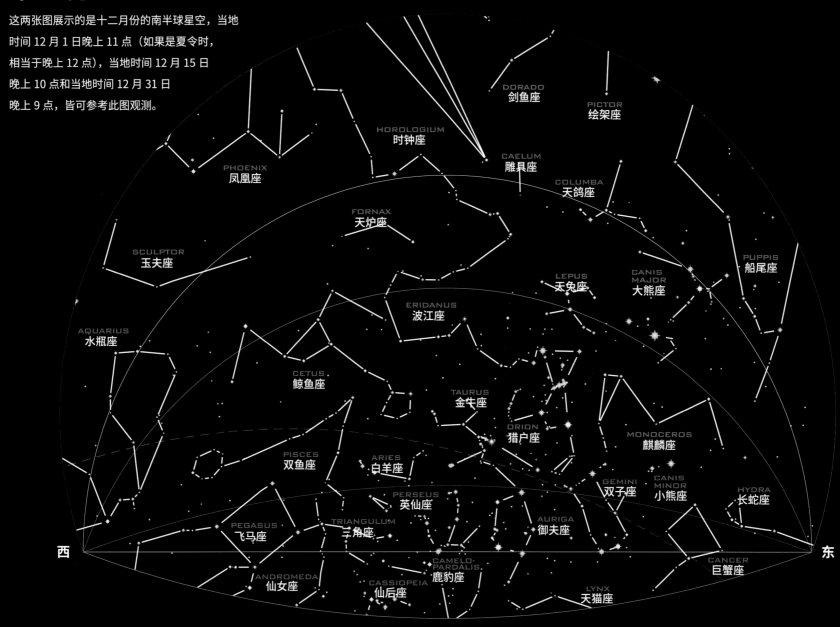

DORADO 剑鱼座

PICTOR 绘架座

HOROLOGIUM 时钟座

CAELUM 雕具座

COLUMBA 天鸽座

PHOENIX 凤凰座

FORNAX 天炉座

LEPUS 天兔座

CANIS MAJOR 大熊座

PUPPIS 船尾座

SCULPTOR 玉夫座

ERIDANUS 波江座

AQUARIUS 水瓶座

CETUS 鲸鱼座

TAURUS 金牛座

ORION 猎户座

MONOCEROS 麒麟座

PISCES 双鱼座

ARIES 白羊座

GEMINI 双子座

CANIS MINOR 小熊座

HYDRA 长蛇座

PERSEUS 英仙座

PEGASUS 飞马座

TRIANGULUM 三角座

AURIGA 御夫座

CANCER 巨蟹座

ANDROMEDA 仙女座

CASSIOPEIA 仙后座

CAMELO-PARDALIS 鹿豹座

LYNX 天猫座

西

东

向北观望

往北看，能看到金牛座，金牛座下面是御夫座和御夫座的亮星五车二。往金牛座东边看，能看到猎户座的、双子座、大犬座和小犬座中的一众亮星（左图）。与此同时，明亮的船底座、船帆座、船尾座也重新出现在东南方天空中（右图）。

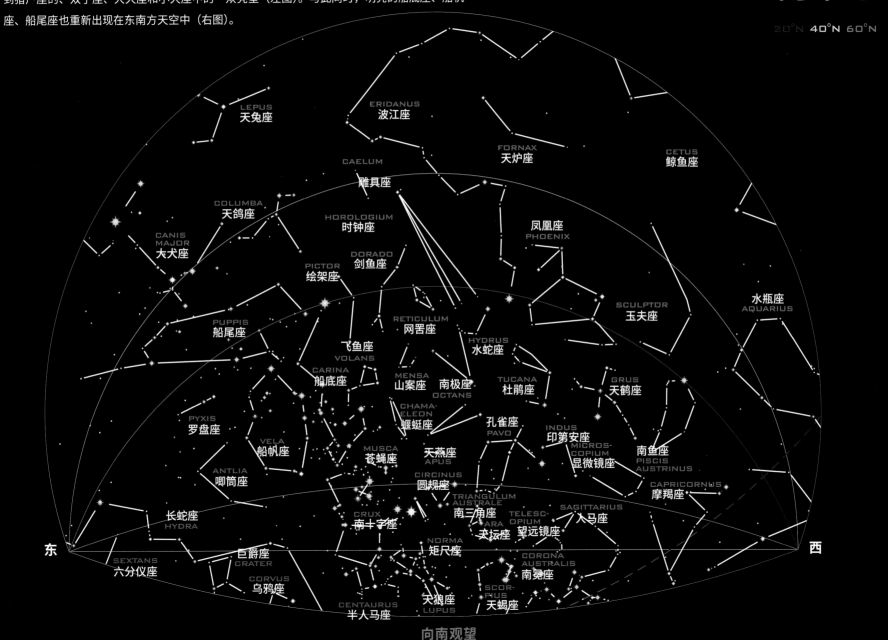

LEPUS 天兔座
ERIDANUS 波江座
FORNAX 天炉座
CETUS 鲸鱼座
CAELUM 雕具座
COLUMBA 天鸽座
HOROLOGIUM 时钟座
PHOENIX 凤凰座
CANIS MAJOR 大犬座
DORADO 剑鱼座
PICTOR 绘架座
SCULPTOR 玉夫座
AQUARIUS 水瓶座
PUPPIS 船尾座
RETICULUM 网罟座
HYDRUS 水蛇座
飞鱼座 VOLANS
MENSA 山案座
OCTANS 南极座
TUCANA 杜鹃座
GRUS 天鹤座
PYXIS 罗盘座
CARINA 船底座
CHAMAELEON 蝘蜓座
PAVO 孔雀座
INDUS 印第安座
VELA 船帆座
MUSCA 苍蝇座
APUS 天燕座
MICROSCOPIUM 显微镜座
PISCIS AUSTRINUS 南鱼座
ANTLIA 唧筒座
CIRCINUS 圆规座
TRIANGULUM AUSTRALE 南三角座
TELESCOPIUM 望远镜座
SAGITTARIUS 人马座
CAPRICORNUS 摩羯座
HYDRA 长蛇座
CRUX 南十字座
NORMA 矩尺座
ARA 天坛座
东
SEXTANS 六分仪座
CRATER 巨爵座
CORVUS 乌鸦座
CENTAURUS 半人马座
LUPUS 天狼座
SCORPIUS 天蝎座
CORONA AUSTRALIS 南冕座
西

向南观望

词汇表

活动星系
活动星系的中心区域会释放大量能量，星系中心存在一个超大质量的黑洞，释放的能量可能是在物质跌入黑洞的过程中产生的。

小行星
太阳系中的岩石结构天体难以计数，大部分位于火星轨道之外的小行星带。

天文单位
天文单位是广泛应用于天文界的测量单位，一个天文单位等于地球到太阳的平均距离，也就是大约 1.5 亿千米（9300万英里）。

大气层
受行星或恒星引力影响，包裹在星球周围的气体。

原子
物质的基本构成，中间是一个带正电的原子核，周围有一个或多个带负电的电子围绕原子核运行，整体不带电。原子中的亚原子数量取决于元素的具体构成。

棒旋星系
棒旋星系也属于旋涡星系，星系中一条由恒星和其他星际物质组成的直棒，旋臂通过直棒与轴心相连。

拜耳字母
以希腊字母指代星座中的亮星命名，字母顺序与星体亮度有关。

双星
一对围绕对方公转的星体。由于双星系统中的恒星通常同时诞生，可以将星体的各种特征进行对比。

黑洞
宇宙中密度超高的地方，通常是质量至少相当于五个太阳的恒星核坍缩之后形成的。黑洞引力非常强，就连光也无法逃脱。

棕矮星
棕矮星又称"失败恒星"，是指质量不足以触发星核内的氢产生核聚变的星体，这类星体永远无法像恒星一样发出耀眼的光芒。棕矮星会通过引力收缩和有限的核聚变，发出低能辐射（主要是红外辐射）。

天赤道
天空中位于地球赤道上方一条假想的线，将天球分为南、北两个半球。

天极
地球两极正上空自转轴延长线上的两个点。地球自转，天空中的天极固定不动，因此天空中的其他点看起来像是围着天极旋转。

天球
一个包裹着地球的假想球壳，可以作为绘制星图的实用"模型"。天球上的天赤道和天极对应着地球的赤道和两极。

拱极
用来形容靠近南天极或北天极的星座，天空中的大部分区域，这些星座永远不会经过。拱极星座只会日复一日地绕着天极移动。

彗星
由岩石和冰组成的小型天体，轨道通常在太阳系外围。彗星受到干扰之后，会进入将它们带往太阳的椭圆形轨道。太阳辐射导致彗星表层的冰蒸发，蒸发形成的气体将固体彗星核包裹起来，形成稀薄的彗发和彗尾。

星座
严格地说，星座是指将天空分割成的 88 区域，用赤经、赤纬描述星座的界限。一般来讲，星座是指将天空中特定的星体，通过假想的线条连在一起，由此组成的图形。

暗星云
由吸收光线的星际气体和星际尘埃组成的星云，当暗星云的背景是发光的星场或其他星云时，才能观察到暗星云的轮廓。

赤纬

赤道坐标系统的度量单位，与地球的纬线相似，配合赤经一起使用。

矮行星

围绕太阳运行的天体，引力足够将自身塑造成球体，但是与真正的行星不同，没有清空轨道上的其他天体。目前已知有三颗矮行星，分别是：小行星谷神星、柯伊伯带天体冥王星和阋神星。

食

参见日食、月食。

食双星

双星系统中，一颗恒星定期在另一颗恒星面前经过，导致双星系统总体亮度降低。

黄道

天空中一条可以用来表示太阳移动轨迹的路径，实际上是地球一年间围绕太阳运行的轨道。其他行星和月亮也在黄道面上。黄道经过黄道十二宫，也经过蛇夫座。

电磁辐射

一种包含电子和磁力波的能量，可以在真空中以光速传播。天体发出的辐射携带的能量及其温度，会对频率和波长产生影响，进一步反映天体的其他特征。

椭圆星系

星系中的恒星运行没有特定的规律，星系中缺少恒星形成所需的气体，天空中最大的星系和最小的星系都是椭圆星系，通常由寿命长、质量小的红星或黄星组成。

椭圆形轨道

拉长的闭环型轨道，一条轴（半长轴）长于另一条轴。椭圆形轨道内有两个焦点，分别位于半长轴两端，天体会绕着焦点运行。

发射星云

太空中的发光气体云，星云范围内全是"辐射线"。星云的能源来源于附近恒星发出的高能光波，发射星云通常和恒星形成区有关。

赤道坐标系统

天文界应用最广泛的坐标系统，用"与天赤道的角度差"确定天体纬度位置，赤经指的是与"白羊宫第一点"的角度差。

白羊宫第一点

天球上黄道与天赤道相交的北半球春分点。太阳来到白羊宫第一点，标志着太阳即将从南天球进入北天球，在赤道坐标系中，通常代表赤经 0 时。

弗兰姆斯蒂数

用来为星座中相对暗淡的星体命名（没有拜耳字母名称的星体）。星座中，以弗兰姆斯蒂数命名的星体通常按从东到西的顺序排列。

星系

一个由恒星、星际气体和其他星际物质组成的独立系统，星系尺寸达数千光年，其中的恒星多达百万，甚至数十亿。

巨行星

由巨大的气体外壳、液体或冰沙状的冰

（各种冰冻的化学物质）构成的行星，中间也可能包裹着一个较小的、岩石结构的星核。

球状星团

由形成时间较久、生命周期较长的恒星组成的星体密集的球形，通常在银河系之类的星系轨道上运行。

水平坐标

水平坐标是天文学界专用的坐标系统，用来表示天体在地平线之上的纬度，或与正北方之间的角度，即方位角。如果观测时间、观测地点不同，同一天体的水平坐标是完全不同的。

红外辐射

红外辐射是一种电磁辐射，携带的能量比可见光低。不够炙热的温暖天体，由于温度不够高不足以辐射出耀眼的可见光，通常会发出红外辐射。

不规则星系

不规则星系没有显而易见的结构，通常

蕴藏大量气体和尘埃，其中有很多恒星形成区。

柯伊伯带

柯伊伯带是海王星轨道之外一个冰冷的、甜甜圈形状的环带。最著名的柯伊伯带天体是冥王星和阋神星。

光年

光年是常用的天文学度量单位，一光年指的是光运行一年走过的长度，大约是9.5万亿千米（5.9万亿英里）。

光度

光度指代的是恒星的能量输出。严格来讲光度的度量单位应该是瓦特，但是由于恒星发出的光太强，通常只是简单地将恒星发出的光与太阳做对比。没有必要将恒星发出的可见光换算成恒星输出的能量。

月食

月球经过地球的阴影，无法直接接受太阳光照射的现象，被称为月食。

星等

视星等用数字描述星体亮度，数字越小，天体越亮。天空中最亮的恒星是天狼星，星等为 –1.4，肉眼可见的最暗的星等为6.0。星等相差 5 等，亮度相差 100 倍。绝对星等指的是在与星体相距 32.6 光年的位置，评估出的星体亮度。

主序

主序描述的是恒星生命周期最长的一个阶段，处于主序阶段的恒星相对稳定，通过星核中的氢（最轻的元素）聚变成氦（第二轻的元素）发光。可以通过恒星的质量、大小、光度和颜色判断主序星的基本信息。

聚星

是指由两颗或两颗以上星体组成，有相同"引力中心"（如果有两颗星体组成，也称为双星）的系统。银河系中的大部分恒星都是聚星系统中的成员，像太阳这样的独立恒星，实属特例。聚星系统中的大部分恒星相隔非常遥远，有的围绕彼此运行太过紧密，就算是高倍望远镜也无法分辨其中的个体，因此判断星体是否属于聚星系统，通常不是通过直接观测，而是对它们的轨道进行研究之后做出推断。

星云

星云是指飘浮在太空中的气体和尘埃云。恒星从星云中诞生，走到生命的尽头，最终也会消散成星云。星云包括发射星云、反射星云、暗星云和行星状星云。星云"nebula"在拉丁语中就是云"cloud"的意思，一开始指代的是天空中朦胧的天体，很多以前被视作星云的天体，后来发现是星团和遥远的星系。

中子星

中子星在超新星爆炸中形成，是大质量恒星坍缩之后形成的核。中子星由亚原子构成，是已知的密度最高的天体，很多大质量恒星，经过这个阶段后会变成黑洞。很多中子星最初的表现和脉冲星类似。

新星爆炸

双星系统容易发生激烈的爆炸，双星系统中白矮星会从伴星那里掠夺物质，在自己周围形成一圈气层，然后在猛烈的核爆中将气层烧光。

核聚变

轻量原子核（原子中心的核）聚在一起，温度、压力急剧升高，在这个过程中释放多余的能量，这就是核聚变。在聚变的过程中恒星发出光芒，最轻的氢元素聚变成第二轻的氦元素，是最高效的能量转化过程。

奥尔特星云

包裹住整个太阳系的气体外壳，厚度达两光年，其中潜伏着尚处于休眠状态的彗星。

疏散星团

来自同一恒星形成区的、明亮的年轻恒星聚集而成的星群，目前还位于气体云之中，没来得及离开。

轨道

一个小天体受大天体引力影响，通常在椭圆形轨道上围绕大天体运行。除此之外还有圆形轨道，圆形轨道也可以说是特殊的椭圆轨道。

行星

行星是指围绕太阳在特定轨道上运行的星球，质量足够大，可以将自己塑造成球体，而且已经扫清了周围空间的其他天体（卫星除外）。根据这个定义，太阳系中一共有八大行星，分别是：水星、金星、地球、火星、木星、土星、天王星、海王星。

行星连珠

从地球上看，天上的行星近距离相遇或排成直线，凑巧出现在同一方向。之所以会出现这种现象，是因为行星轨道都位于黄道面上（地球围绕太阳公转的轨道面）。

行星状星云

行星状星云是指扩散的发光气体云。星云中的气体来自垂死的红巨星，红巨星在变成白矮星的过程中，外层结构被迫剥离，形成气体云。

极星

极星是指恰巧位于天极的恒星，极星在短时期内是固定的。目前，北天极的极星是小熊座的北极星（小熊座 α），南天极附近目前没有相同星座的恒星。由于存在岁差效应，星体相对于天极缓慢移动，因此极星会随时间的流逝发生变化。

岁差

是指天球相对于恒星的自转运动，受太阳、月亮潮汐力的影响，地球的自转轴会发生缓慢的改变，也是同样的道理。岁差导致白羊宫第一点在天空中缓慢地朝西移动，南北天极也会在各个星体中间"游走"。结果导致天体的赤经、赤纬也会发生缓慢的变化。

原恒星

是指还处于成长阶段的恒星，气体云在恒星引力的作用下，还在继续坍缩。气体云中心温度升高，会发出红外辐射。

脉冲星

脉冲星是高速旋转的中子星（坍缩的恒星核），脉冲星的磁场非常强，通过狭窄的通道发出辐射，在高速旋转的过程中，就像宇宙中的灯塔，横扫整个天空。

R.A.

参见赤经。

无线电波

波长最长的低能电磁辐射。太空中的冰冷气体云会发出无线电波，除此之外，非常活跃的星系或脉冲星也会发出无线电波。

红矮星

红矮星质量比太阳小，体积小、亮度低、表面温度低。红矮星本就比太阳小，再加上星核中氢元素聚变成氦元素的速度非常慢，因此生命周期比太阳长得多。

红巨星

恒星进入红巨星阶段之前，亮度会暴增，然后外层扩散，表面温度降低。通常恒星核内的燃料耗尽就会进入红巨星阶段。

反射星云

反射星云是星际气体和尘埃云，星云的光是反射的附近恒星的光，反射星云通常呈蓝色。

赤经

赤经用来描述天体在天球上的坐标，与地球的经线类似，配合赤纬一起使用。赤经的单位是时、分、秒，表示的是天体相对于"白羊宫第一点"的位置，赤经 0 时指的就是白羊宫第一点。

岩质行星

岩质行星是指，主要由岩石和矿物组成的体积相对较小的行星，外层通常是气体或液体。地球是太阳系中最大的岩质行星。

日食

日全食比较罕见，是指月亮正好从太阳正面经过，导致月影投射到地球表面。出现日全食时，三个天体连成一条线，只能在地球上很窄的一块区域观测到。观测到日偏食的范围比较广，而且出现的概率也比较大。

光谱

光通过棱镜或类似的装置，分散成带状。棱镜会根据不同的波长和颜色使光线发生弯曲，因此光谱能显示不同波长的光的强度。

旋涡星系

旋涡星系中有一个由年迈的黄星构成的轴心，轴心周围扁平的星系盘中是相对年轻的恒星，以及气体和尘埃，旋臂中有恒星正在形成。

超新星

超新星又称为超新星爆炸，是指标志着质量远大于太阳的大质量恒星死亡的大规模爆炸。

超新星残骸

超新星残骸云，由超新星爆炸后留下的残渣和炙热的气体组成。超新星残骸也用来形容恒星核坍缩，形成中子星或黑洞后残留的天体。

变星

这类星体的亮度会随时间发生变化。变化幅度可能很小，也可能很大，变化周期有的很短，有的很长。亮度变化可能是受系统内其他天体的影响（如食双星和新星），也可能是单独星体的脉冲活动，使得自身尺寸或光度发生变化。

黄道十二宫

黄道十二宫由十二个历史悠久的星座组成，标志着一年间太阳在天空中移动的轨迹。行星和月亮会出现在这十二个星座中。受岁差的影响，现在黄道经过十三个星座，第十三个星座是代表捕蛇人的蛇夫座。

大规模流星雨

每年都会发生几次可预测的大规模流星雨。流星雨通常以流星辐射点所在的星座命名（参见第 255 页），沿着流星轨迹通常能找到流星体残骸。

名称	日期	高峰	辐射点赤经	辐射点赤纬	每小时天顶流星数 *	流星体
象限仪座流星雨	12 月 28 日 -1 月 12 日	1 月 4 日	15 时	+49°	120	未知
天琴座流星雨	4 月 16 日 -25 日	4 月 22 日	18 时	+34°	18	撒切尔彗星
船尾座 π 流星雨	4 月 15 日 -28 日	4 月 23 日	07 时	-45°	变	彗星 26P/ 格里格－斯克杰利厄普彗星
水瓶座 η 流星雨	4 月 19 日 -5 月 28 日	5 月 5 日	23 时	-1°	65	彗星 1P/ 哈雷彗星
白羊座流星雨	5 月 22 日 -7 月 2 日	6 月 7 日	03 时	+24°	54	彗星 96P/ 梅克贺兹一号彗星
六月牧夫座流星雨	6 月 22 日 -7 月 2 日	6 月 27 日	15 时	+48°	变	彗星 7P/ 庞士·温尼克彗星
水瓶座 δ 南流星雨	7 月 2 日 -8 月 23 日	7 月 29 日	23 时	-16°	16	彗星 96P/ 梅克贺兹一号彗星
仙后座 β 流星雨	7 月 3 日 -8 月 19 日	7 月 29 日	24 时	+59°	10	未知
摩羯座 α 流星雨	8 月 3 日 -5 日	7 月 29 日	20 时	-10°	5	彗星 167P/ 西尼奥彗星
英仙座流星雨	7 月 17 日 -8 月 24 日	8 月 12 日	03 时	+58°	100	彗星 109P/ 斯威夫特·塔特尔彗星
天鹅座 κ 流星雨	8 月 3 日 -25 日	8 月 17 日	19 时	+59°	3	小行星 2008 ED69
御夫座 α 流星雨	8 月 28 日 -9 月 5 日	8 月 31 日	06 时	+39°	6	彗星 C/911N1（基斯彗星）
天龙座流星雨	10 月 6 日 -10 日	10 月 8 日	17 时	+54°	变	彗星 21P/ 贾科比尼－津纳
南金牛座流星雨	9 月 10 日 -11 月 20 日	10 月 10 日	02 时	+09°	5	彗星 2P/ 恩克彗星
猎户座流星雨	10 月 20 日 -11 月 7 日	10 月 21 日	06 时	+16°	25	彗星 1P/ 哈雷彗星
北金牛座流星雨	10 月 20 日 -12 月 10 日	11 月 12 日	04 时	22°	5	小行星 2004TG10
狮子座流星雨	11 月 6 日 -30 日	11 月 17 日	10 时	+22°	5	彗星 55P/
麒麟座 α 流星雨	11 月 15 日 -25 日	11 月 21 日	08 时	+01°	变	未知
凤凰座流星雨	11 月 28 日 -12 月 9 日	12 月 6 日	01 时	-53°	变	彗星 D/1819W1(布朗潘)
船尾座－船帆座流星雨	12 月 1 日 -15 日	多日	08 时	-45°	10	未知（混合流星雨）
双子座流星雨	12 月 7 日 -17 日	12 月 13 日	07 时	+33°	120	小行星 3200 法厄同
小熊座流星雨	12 月 17 日 -26 日	12 月 23 日	14 时	+76°	10	彗星 8P/ 塔特尔彗星

* 每小时天顶流星数：当辐射点在天顶，每小时看到的流星数量。

索 引

致　谢

2: Babak Tafreshi, TWAN/Science Photo Library; 10: Gordon Garradd/Science Photo Library; 14: Jason Auch; 21tl:NASA, ESA, I. de Pater and M. Wong (University of California, Berkeley); tr: NASA, ESA, and the Hubble Heritage (STScI/AURA)-ESA/Hubble Collaboration; bl: ESO; br:NASA, ESA, and the Hubble Heritage Team (STScI/AURA); 28: Babak Tafreshi, TWAN/Science Photo Library; 30: David Parker/Science Photo Library; 32: Credit: NASA, ESA, HEIC, and The Hubble Heritage Team (STScI/AURA) Acknowledgment: R. Corradi (Isaac Newton Group of Telescopes, Spain) and Z. Tsvetanov (NASA); 34: T.A. Rector (University of Alaska Anchorage) and WIYN/NOAO/AURA/NSF; 36: Image Data - Subaru Telescope (NAOJ), Hubble Legacy Archive; Processing - Robert Gendler; 38: NASA/DOE/Fermi LAT Collaboration, CXC/SAO/JPL-Caltech/Steward/O. Krause et al., and NRAO/AUI; 40: T. A. Rector & B. A. Wolpa, NOAO, AURA, NSF; 42I: Research by Kloppenborg et al Nature 464, 870-872 (8 April 2010)". Graphic by John D. Monnier, University of Michigan.; r: Adam Block/Mount Lemmon SkyCenter/University of Arizona; 43: Adam Block/NOAO/AURA/NSF; 44: R. Barrena and D. López (IAC).; 46I: ESO; r: Robert Williams and the Hubble Deep Field Team (STScI) and NASA; 47: NASA, ESA and the Hubble Heritage Team STScI/AURA). Acknowledgment: A. Zezas and J. Huchra (Harvard-Smithsonian Center for Astrophysics); 48I: NASA/JPL-Caltech/STScI/CXC/UofA/ESA/AURA/JHU; r: NASA, ESA and R. de Grijs (Inst. of Astronomy, Cambridge, UK); 49: NASA, ESA and the Hubble Heritage Team STScI/AURA). Acknowledgment: J. Gallagher (University of Wisconsin), M. Mountain (STScI) and P. Puxley (NSF).; 50: X-ray: NASA/CXC/Univ. of Maryland/A.S. Wilson et al.; Optical: Pal.Obs. DSS; IR: NASA/JPL-Caltech; VLA: NRAO/AUI/NSF; 52I:

Credit for the NICMOS Image: NASA, ESA, M. Regan and B. Whitmore (STScI), and R. Chandar (University of Toledo), Credit for the ACS Image: NASA, ESA, S. Beckwith (STScI), and the Hubble Heritage Team (STScI/AURA); r: H. Ford (JHU/STScI), the Faint Object Spectrograph IDT, and NASA; 53: NASA, ESA, S. Beckwith (STScI), and The Hubble Heritage Team STScI/AURA); 54: ESO/L. Calçada; 56: Jack Burgess/Adam Block/NOAO/AURA/NSF; 58: ESA/Hubble and NASA; 60: The Hubble Heritage Team (AURA/STScI/NASA); 62: ESO; 64: NASA, ESA, the Hubble Heritage (STScI/AURA)-ESA/Hubble Collaboration, and the Digitized Sky Survey 2. Acknowledgment: J. Hester (Arizona State University) and Davide De Martin (ESA/Hubble); 66I: NASA/Marshall Space Flight Center; c: Image courtesy of NRAO/AUI ; r: Richard Yandrick (Cosmicimage.com); 67: T. A. Rector/University of Alaska Anchorage and WIYN/NOAO/AURA/NSF; 68I: Zachary Grillo & the ESA/ESO/NASA Photoshop FITS Liberator; r: T.A. Rector/University of Alaska Anchorage and NOAO/AURA/NSF; 69: NASA/JPL-Caltech/L. Rebull (SSC/Caltech); 70: Adam Block/NOAO/AURA/NSF; 72I: NASA/JPL-Caltech/UCLA; r: NASA, ESA and T. Lauer (NOAO/AURA/NSF); 73: Adam Evans; 74: Caltech, Palomar Observatory, Digitized Sky Survey; Courtesy: Scott Kardel; 76I: N.A.Sharp/NOAO/AURA/NSF; r: Jean-Charles Cuillandre (CFHT) & Giovanni Anselmi (Coelum Astronomia), Hawaiian Starlight; 77: NASA, ESA, NRAO and L. Frattare (STScI). Science Credit: X-ray: NASA/CXC/IoA/A.Fabian et al.; Radio: NRAO/VLA/G. Taylor; Optical: NASA, ESA, the Hubble Heritage (STScI/AURA)-ESA/Hubble Collaboration, and A. Fabian (Institute of Astronomy, University of Cambridge, UK); 78: Gemini Observatory, GMOS Team; 80: Richard and Leslie Maynard/Adam Block/NOAO/AURA/NSF; 82I: P.Massey (Lowell), N.King (STScI), S.

Holmes (Charleston), G.Jacoby (WIYN)/AURA/NSF; r: NASA/JPL-Caltech; 83: NASA, Hui Yang University of Illinois ODNursery of New Stars; 84: Eckhard Slawik/Science Photo Library; 86: NASA, ESA and AURA/Caltech; 87I: NASA/JPL-Caltech/J. Stauffer (SSC/Caltech); r: NASA and The Hubble Heritage Team (STScI/AURA) Acknowledgment: George Herbig and Theodore Simon (Institute for Astronomy, University of Hawaii); 88: Credits for Optical Image: NASA/HST/ASU/J. Hester et al. Credits for X-ray Image: NASA/CXC/ASU/J. Hester et al.; r: NASA/CXC/ASU/J. Hester et al.; 89: NASA, ESA, J. Hester and A. Loll (Arizona State University); 90: NASA, Andrew Fruchter and the ERO Team [Sylvia Baggett (STScI), Richard Hook (ST-ECF), Zoltan Levay (STScI)]; 92: Celestial Image Co./Science Photo Library; 94: MASIL Imaging Team; 96I: ESO; c: ESO/Oleg Maliy; r: ESO; 97: NASA, ESA and the Hubble Heritage (STScI/AURA)-ESA/Hubble Collaboration. Acknowledgement: Davide De Martin and Robert Gendler; 98: NOAO/AURA/NSF and N.A. Sharp (NOAO); 100I: NASA/ESA/Hubble Heritage Team (STScI/AURA); c: ESO; r: G. Fritz Benedict, Andrew Howell, Inger Jorgensen, David Chapell (University of Texas), Jeffery Kenney (Yale University), and Beverly J. Smith (CASA, University of Colorado), and NASA; 101: G. Fazio (Harvard-Smithsonian Astrophysical Observatory) L. Jenkins (Goddard Space Flight Center) A. Hornschemeier (Goddard Space Flight Center) B. Mobasher (Space Telescope Science Institute) D. Alexander (University of Durham, UK) F. Bauer (Columbia University); 102: NOAO/AURA/NSF; 104I: NASA and The Hubble Heritage Team (STScI/AURA); r: NASA/JPL-Caltech/R. Kennicutt (University of Arizona) and the SINGS Team; 105: NOAO/AURA/NSF; 106I: NASA/JPL-Caltech and The Hubble Heritage Team (STScI/AURA); r: X-ray: NASA/UMass/Q.D.Wang

et al.; Optical: NASA/STScI/AURA/Hubble Heritage; Infrared: NASA/JPL-Caltech/Univ. AZ/R.Kennicutt/SINGS Team ; 107: NASA and The Hubble Heritage Team (STScI/AURA); 108: Image Credit: Lynette Cook; 110: NASA/JPL-Caltech/L. Allen (Harvard-Smithsonian CfA) & Gould's Belt Legacy Team; 112I: NASA and The Hubble Heritage Team (STScI/AURA); c: ESA/Hubble & NASA; r: NASA/ESA, Friendlystar, 113: NASA, J. English (U. Manitoba), S. Hunsberger, S. Zonak, J. Charlton, S. Gallagher (PSU), and L. Frattare (STScI); 114I: ESO; r: NASA, ESA, STScI, J. Hester and P. Scowen (Arizona State University); 115: NASA, ESA, and The Hubble Heritage Team (STScI/AURA); 116: NASA & ESA; 118: NASA, ESA, the Hubble Heritage (STScI/AURA)-ESA/Hubble Collaboration, and A. Evans (University of Virginia, Charlottesville/NRAO/Stony Brook University); -; 119: Adam Block/Science Photo Library; 120: NASA, The Hubble Heritage Team (STScI/AURA); 122: NASA/WikiSky; 124: NASA, ESA, and the Hubble SM4 ERO Team; 126: Bruce Balick (University of Washington), Jason Alexander (University of Washington), Arsen Hajian (U.S. Naval Observatory), Yervant Terzian (Cornell University), Mario Perinotto (University of Florence, Italy), Patrizio Patriarchi (Arcetri Observatory, Italy), NASA; 128I: NASA/JPL-Caltech/Univ. of Arizona; r: ESO/VISTA/J. Emerson. Acknowledgment: Cambridge Astronomical Survey Unit; 129: NASA, ESA, C.R. O'Dell (Vanderbilt University), M. Meixner and P. McCullough (STScI); 130: NASA/JPL-Caltech/C. Martin (Caltech)/M. Seibert(OCIW); 132: Nigel Sharp/NOAO/AURA; 134I: Andrea Dupree (Harvard-Smithsonian CfA), Ronald Gilliland (STScI), NASA and ESA; r: NASA and The Hubble Heritage Team (STScI/AURA). Acknowledgment: C. R. O'Dell (Vanderbilt University); 135I: ESO/J. Emerson/VISTA. Acknowledgment: Cambridge Astronomical Survey Unit; r: © Stocktrek

Images/Corbis; 136l: NASA, ESA and L. Ricci (ESO); r: NASA; K.L. Luhman (Harvard-Smithsonian Center for Astrophysics, Cambridge, Mass.); and G. Schneider, E. Young, G. Rieke, A. Cotera, H. Chen, M. Rieke, R. Thompson (Steward Observatory, University of Arizona, Tucson, Ariz.); 137: NASA,ESA, M. Robberto (Space Telescope Science Institute/ESA) and the Hubble Space Telescope Orion Treasury Project Team; 138: NASA, ESA and H.E. Bond (STScI); 140l: NASA/ESA and The Hubble Heritage Team (AURA/STScI).; r: Nick Wright (Nwright6302); 141: ESO; 142: NASA, H.E. Bond and E. Nelan (Space Telescope Science Institute, Baltimore, Md.); M. Barstow and M. Burleigh (University of Leicester, U.K.); and J.B. Holberg (University of Arizona); 144l: NASA/JPL-Caltech/Harvard-Smithsonian CfA; c: NASA, ESA, and R. Humphreys (University of Minnesota); r: ESO/B. Bailleul; 145: NASA and The Hubble Heritage Team (STScI); 146: NASA, ESA, the Hubble Heritage (STScI/AURA)-ESA/Hubble Collaboration, and W. Keel (University of Alabama); 148l: NASA and The Hubble Heritage Team (STScI/AURA). Acknowledgment: C. Conselice (U. Wisconsin/STScI); c: NASA/WikiSky; r: ESO; 149: NASA, ESA, and the Hubble Heritage Team (STScI/AURA). Acknowledgment: R. O'Connell (University of Virginia) and the Wide Field Camera 3 Science Oversight Committee; 150: NASA, ESA, and the Hubble Heritage Team (STScI/AURA)-ESA/Hubble Collaboration; 152: Eckhard Slawik/Science Photo Library; 154l: ESO/WFI (Optical); MPIfR/ESO/APEX/A.Weiss et al. (Submillimetre); NASA/CXC/CfA/R.Kraft et al. (X-ray); r: NASA, ESA, and the Hubble Heritage (STScI/AURA)-ESA/Hubble Collaboration. Acknowledgment: R. O'Connell (University of Virginia) and the WFC3 Scientific Oversight Committee; 155: ALMA (ESO/NAOJ/NRAO); ESO/Y.Beletsky; 156l: ESO; r: NASA

and The Hubble Heritage Team (STScI/AURA). Acknowledgment: A. Cool (SFSU); 157: NASA, ESA, and the Hubble SM4 ERO Team; 158: NASA and The Hubble Heritage Team (STScI/AURA). Acknowledgment: C.R. O'Dell (Vanderbilt University); 160: N.A.Sharp, Mark Hanna, REU program/NOAO/AURA/NSF; 162l: NASA, The Hubble Heritage Team, STScI, AURA; c: NASA/Wikisky; r: Robert Gendler/Science Photo Library; 163: Royal Observatory, Edinburgh/AAO/Science Photo Library; 164: ESO; 166l: ESA/Hubble & NASA; r: ESO/INAF-VST/OmegaCAM. Acknowledgement: OmegaCen/Astro-WISE/Kapteyn Institute; 167: ESO; 168l: ESO/S. Guisard; r: NASA/CXC/MIT/F. Baganoff, R. Shcherbakov et al. ; 169: NASA/JPL-Caltech/ESA/CXC/STScI; 170: Hubble/Wikisky; 172: NASA, ESA and P. Kalas (University of California, Berkeley, USA); 174: ESO and Digitized Sky Survey 2. Acknowledgment: Davide De Martin; 176l: ESO/J. Emerson/VISTA. Acknowledgment: Cambridge Astronomical Survey Unit; c: ESO; r: ESO/R. Gendler; 177: NASA, ESA, S. Beckwith (STScI) and the HUDF Team; 178: NASA/JPL-Caltech/T. Pyle (SSC); 180: WikiSky; 182: NASA/JPL-Caltech/SSC; 184: NASA, ESA and Orsola De Marco (Macquarie University); 186: ESO; 188: ESO; 190l: NASA, ESA, and P. Hartigan (Rice University); r: The Hubble Heritage Team (STScI/AURA/NASA); 191: ESO; 192: NASA, ESA, and M. Livio and the Hubble 20th Anniversary Team (STScI); 194: NOAO/AURA/NSF; 195l: NASA, ESA, R. O'Connell (University of Virginia), F. Paresce (National Institute for Astrophysics, Bologna, Italy), E. Young (Universities Space Research Association/Ames Research Center), the WFC3 Science Oversight Committee, and the Hubble Heritage Team (STScI/AURA); r: X-ray: NASA/CXC/CfA/M.Markevitch et al.; Optical: NASA/STScI; Magellan/U.Arizona/D.

Clowe et al.; Lensing Map: NASA/STScI; ESO WFI; Magellan/U.Arizona/D.Clowe et al.; 196l: ESA/PACS/SPIRE/Thomas Preibisch, Universitäts-Sternwarte München, Ludwig-Maximilians-Universität München, Germany.; r: Credit for Hubble Image: NASA, ESA, N. Smith (University of California, Berkeley), and The Hubble Heritage Team (STScI/AURA). Credit for CTIO Image: N. Smith (University of California, Berkeley) and NOAO/AURA/NSF; 197: ESO/T. Preibisch; 198: ESO/Y. Beletsky; 200: Raghvendra Sahai and John Trauger (JPL), the WFPC2 science team, andNASA/ESA; 202: NASA, Andrew S. Wilson (University of Maryland); Patrick L. Shopbell (Caltech); Chris Simpson (Subaru Telescope); Thaisa Storchi-Bergmann and F. K. B. Barbosa (UFRGS, Brazil); and Martin J. Ward (University of Leicester, U.K.); 204: X-ray: NASA/CXC/UVa/M. Sun et al; H-alpha/Optical: SOAR/MSU/NOAO/UNC/CNPq-Brazil/M.Sun et al.; 206: ESO; 208: NASA/WikiSky; 210: ESO; 212: NASA/JPL-Caltech/University of Virginia/R. Schiavon (Univ. of Virginia); 214l: ESA/Hubble (Davide De Martin), the ESA/ESO/NASA Photoshop FITS Liberator & Digitized Sky Survey 2; c: ESO; r: NASA and Ron Gilliland (Space Telescope Science Institute); 215: NASA, ESA, and G. Meylan (Ecole Polytechnique Federale de Lausanne); 216l: ESA/Hubble and Digitized Sky Survey 2. Acknowledgements: Davide De Martin (ESA/Hubble); r: NASA, ESA and A. Nota (ESA/STScI, STScI/AURA); 217: NASA, ESA, and the Hubble Heritage Team (STScI/AURA) - ESA/Hubble Collaboration; 218: NASA/WikiSky; 220: ESO/A.-M. Lagrange et al.; 222l: ESO; c: NASA, ESA, and the Hubble Heritage Team (STScI/AURA)-ESA/Hubble Collaboration. Acknowledgment: D. Gouliermis (Max Planck Institute for Astronomy, Heidelberg); r: ESO/R. Fosbury (ST-ECF); 223: NASA, ESA, F. Paresce (INAF-IASF, Bologna, Italy), R. O'Connell

(University of Virginia, Charlottesville), and the Wide Field Camera 3 Science Oversight Committee; 224: ESO; 226: ESO; 228: Alex Cherney, Terrastro.com/Science Photo Library; 230: F. Char/ESO; 234: Roger Ressmeyer/CORBIS; 236: George Post/Science Photo Library; 239bl: MESSENGER, NASA, JHU APL, CIW; br: NASA/SOHO; 241bl: Brocken Inaglory; br: NASA/JPL; 243bl: NASA and The Hubble Heritage Team (STScI/AURA). Acknowledgment: J. Bell (Cornell U.), P. James (U. Toledo), M. Wolff (SSI), A. Lubenow (STScI), J. Neubert (MIT/Cornell); br: Larry W. Koehn/Science Photo Library; 244: NASA/JPL-Caltech/UCAL/MPS/DLR/IDA; 245bl: NASA, ESA, J. Parker (Southwest Research Institute), P. Thomas (Cornell University), L. McFadden (University of Maryland, College Park), and M. Mutchler and Z. Levay (STScI); br: NEAR Project, NLR, JHUAPL, Goddard SVS, NASA; 247bl: NASA/JPL; br: NASA/JPL; 249bl: NASA and The Hubble Heritage Team (STScI/AURA). Acknowledgment: R.G. French (Wellesley College), J. Cuzzi (NASA/Ames), L. Dones (SwRI), and J. Lissauer (NASA/Ames); br: NASA/JPL-Caltech/Space Science Institute; 251bl: Erich Karkoschka (University of Arizona) and NASA; br: NASA/JPL; 253bl: NASA/JPL; br: NASA/JPL/USGS; 254: ESO/Sebastian Deiries; 255bl: Gil-Estel; br: Dr Fred Espenak/Science Photo Library; 256: Ben Canales/Science Photo Library;

All other maps and illustrations by Pikaia Imaging www.pikaia-imaging.co.uk

图书在版编目（CIP）数据

星座全书 / (英) 贾尔斯·斯帕罗著；董乐乐译.
— 北京：北京联合出版公司, 2018.3（2021.1重印）
ISBN 978-7-5596-1354-7

Ⅰ.①星… Ⅱ.①贾… ②董… Ⅲ.①星座 – 普及读
物 Ⅳ.①P151-49

中国版本图书馆CIP数据核字(2017)第325907号

北京版权局著作权合同登记 图字：01-2017-7927号

CONSTELLATIONS: A Field Guide to the Night Sky by Giles Sparrow
Copyright © 2013 Quercus Editions Ltd
First published in Great Britain in 2013 by Quercus Editions Ltd
Published by agreement with Quercus Editions Limited, through The
Grayhawk Agency Ltd.

中文简体字版©2018北京紫图图书有限公司

星座全书

作　　者　[英]贾尔斯·斯帕罗
译　　者　董乐乐
责任编辑　杨　青　高霁月
项目策划　紫图图书ZITO®
监　　制　黄　利　万　夏
特约编辑　路思维
营销支持　曹莉丽
装帧设计　紫图装帧

北京联合出版公司出版
（北京市西城区德外大街 83 号楼 9 层　100088 ）
北京瑞禾彩色印刷有限公司印刷　新华书店经销
字数 220 千字　889 毫米 ×1194 毫米　1/16　20 印张
2018 年 3 月第 1 版　2021 年 1 月第 6 次印刷
ISBN 978-7-5596-1354-7
定价：299.00 元